분자 조각가들

타이레놀에서 코로나19 백신까지
신약을 만드는 현대의 화학자들

백승만 지음

분자 조각가들

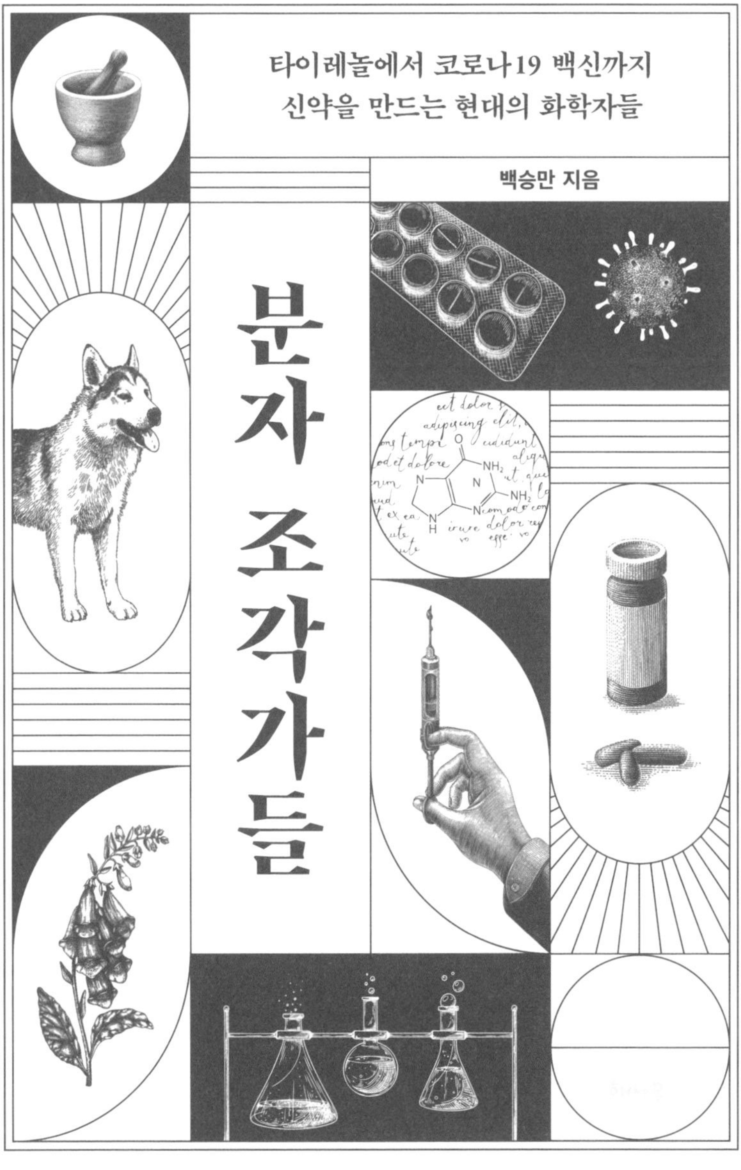

차례

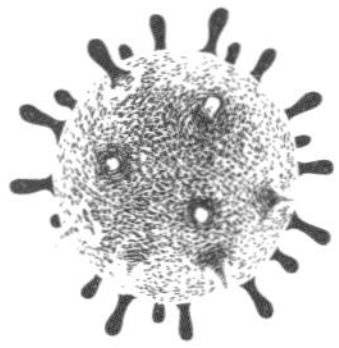

3장

사람을 연구하다

4장

물질을 창조하다

5장

지금은 어떻게 약을 만들까

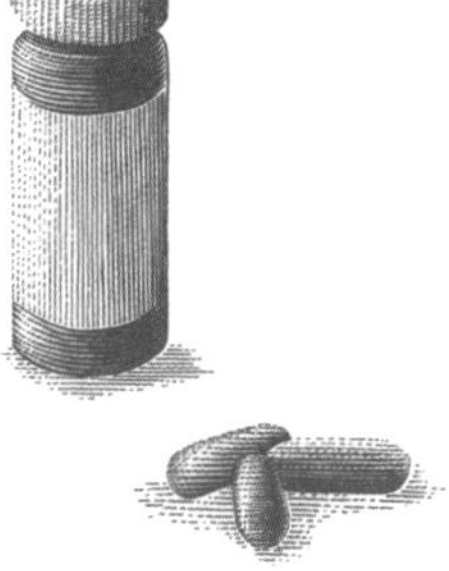

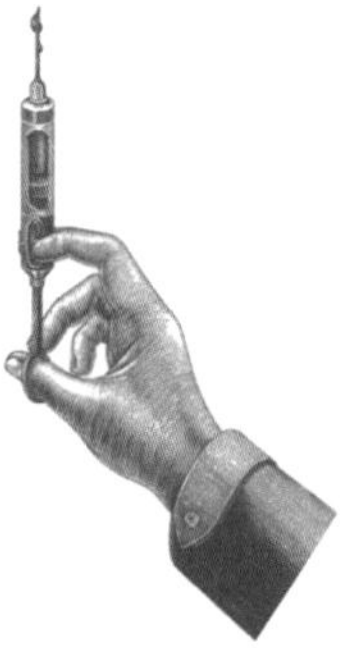

6장

mRNA와 분자 조각의 미래

들어가는 말

분자를 조각하다

미켈란젤로의 피에타 조각상을 실물로 봤을 때의 충격을 잊지 못한다. 머릿결, 옷 주름과 같은 디테일부터 성스러운 표정까지 한데 담겨 있는 아름다운 대리석 조각은 없던 신앙심까지 불러일으킬 정도였다. 피에타 상을 완성했을 때의 미켈란젤로의 나이는 고작 24세. 천재는 천재다.

나도 조각을 한다. 물론 미켈란젤로의 조각과는 많이 다르다. 내가 조각하는 것은 화합물이다. 주어진 물질에 탄소나 산소, 수소 같은 원자를 붙이거나 제거하면서, 또는 다른 커다란 분자를 연결하면서 적당한 모양을 완성한다. 내가 만드는 조각품의 최종 목적은 아름다움이 아니다. 나쁜 단백질에 찰싹 달라붙어 기능을 못하도록 하

피에타 상.

는 것이 목표다. 사람들은 보통 이런 화합물을 약이라고 부른다.

그래도 본질은 비슷하다. 미켈란젤로가 최고의 원석을 고르기 위해 로마 근교의 대리석 산지를 돌아다니고 잘 손질한 조각 기구와 함께 작업장에 들어선 것처럼, 나는 좋은 약을 만들기 위해 열심히 시약회사 홈페이지를 돌아다니고 플라스크와 시약을 가지고 실험대 앞에 선다. 그리고 하루하루 열심히 분자를 다듬는다. 나는 분자 조각가다.

내가 조각하는 물질이 아직 미켈란젤로의 작품처럼 감동을 준 적은 없다. 하지만 이 세상에는 수많은 분자 조각가들이 있고, 그들이 만드는 물질은 환자들에게 큰 감동을 주고 있다. 1980년대 후반에 만성 골수성 백혈병chronic myeloid leukemia, CML의 원인 단백질이 밝혀졌을 때, 사람들은 그 단백질의 기능을 제어하는 것은 불가능할 것이라고 생각했다. 하지만 도전적인 분자 조각가들은 구조를 바꾸고, 활성을 검색하고, 합성법을 개선하고, 회사 경영진을 설득하고, 환자를 모집하고, 임상시험을 진행하면서 기적의 항암제 글리벡Gleevec(성분명* 이마티닙imatinib)을 조각해냈다.

열정적인 제약회사 연구진이 만들어낸 글리벡은 만성 골수성 백혈병의 원인 단백질과 완벽하게 결합하여 활성을 멈추게 하였고, 기대 수명이 4년에 불과했던 환자들은 별다른 문제없이 지금도 잘 살아가고 있다. 물론 날마다 약을 하나 먹는 일상이 추가되긴 했지만 말이다. 그리고 2023년을 지나고 있는 현재, 글리벡은 일반인들에게도 비교적 친숙한 의약품이 되었다. 아마도 글리벡을 먹고 삶을 연장한 환자들에게는 이 약의 구조가 미켈란젤로의 피에타 상보다 더욱 아름답게 보일 것이다.

실제로 글리벡의 주성분인 이마티닙은 아름다운 분자 조각의 결정체이다. 탄소 10개, 수소 9개, 질소 3개로 이루어진 최초의 화합물($C_{10}H_9N_3$)에서 미약하나마 원하는 활성을 찾아낸 후, 많은 전문가들이 달려들어 이 물질을 다듬기 시작했다. 화학자, 생물학자, 의사, 심

* 의약품의 상품명은 어떤 약을 독점적으로 생산하여 판매하는 제약회사가 약에 부여한 명칭이다. 반면에 성분명은 의약품이 포함하고 있는 화학적 성분을 나타낸다. 때문에 같은 성분명의 약이 제약회사마다 다른 상품명을 가지는 경우도 생긴다.

2001년 5월 〈타임〉 표지.

지어 환자들까지 포함된 이 거대한 프로젝트는 결국 탄소 19개, 수소 22개, 질소 4개와 산소 하나가 추가된 화합물($C_{29}H_{31}N_{7}O$), 이마티닙이라는 물질을 만들어냈다. 그리고 기적이 되었다. 처음 조각을 시작할 때의 원석과는 비교도 안 될 정도의 거대하고 정교한 작품이 탄생한 것이다. 2001년 글리벡의 발매에 맞춰 〈타임〉은 표지 기사에서 이 물질을 '마법의 탄환magic bullet'이라고 소개하면서 인류가 암과 싸울 수 있는 새로운 무기를 개발했다고 높이 평가했다.

20여 년이 지난 지금은 어떨까? 글리벡의 제조사인 노바티스Novartis의 보고에 따르면 글리벡 한 품목의 2022년 매출이 9800억 원에 달한다. 참고로 한국 바이오의약계의 선두 주자 격인 셀트리온의 2022년 전체 매출액이 2조 2000억 원가량 된다. 시간이 지났지만 글리벡은 여전히 많은 사람들에게 의미를 지니고 있는 것이다. 하지만 글리벡에 내성을 보이는 백혈병 환자도 많아져서 새로운 약에 대한 수요 또한 늘어나고 있다. 분자 조각가들의 신약 개발 연구는 현재 진행형이다.

현미경으로도 볼 수 없는 조각상

아프면 병원에 간다. 병원에서 증상을 이야기하면 의사가 진단을 한다. 보통 일차적인 진단은 문진이나 청진기, 혈액 검사 등이다. 검사로 끝나지는 않는다. 필요한 경우 메스를 들어 수술을 한다. 의사의 도구들이다.

보다 세밀한 차원으로 들어가면 생물학의 영역이다. 현미경으로 세포를 관찰하고 병균을 검사한다. 항체를 이용하여 눈에 보이지 않는 병원체를 판별하기도 하고, 좀 더 전문적인 장비를 이용하여 단백질이나 유전자의 이상을 확인한다. 생물학자의 도구들이다.

더 깊은 차원으로 들어가면 화학의 영역이다. 화학자들은 단백질이나 유전자를 탄소나 질소, 산소의 차원에서 판별하고 어떤 부분에 이상이 발생했는지 구체적으로 살펴본다. 화학자들 역시 그들 나름의 차원에서 치료 방법을 연구한다. 그리고 화합물을 조각해 의약품을 만들고자 한다.

그런데 눈에 보이지도 않는 화합물을 어떻게 조각하는 것일까?

눈에 보이지도 않는 크기의 분자를 조각할 수 있는 조각칼은 없다. 영화에 등장하는 나노머신은 있을까? 안타깝게도 그런 기계 역시 없다. 칼도 못 만드는데 기계를 어떻게 만들겠는가. 줄기세포의 핵을 스포이트(피펫)로 치환하는 실험 장면을 미디어에서 자주 접하는 까닭에 화학자들도 그렇게 작업하는 것으로 생각하는 사람이 많은데, 실상은 전혀 다르다. 아스피린 한 알에 들어 있는 주성분의 양은 천문학적으로 많다. 화학에서는 분자의 숫자를 세기 위해 '아보가드로 수Avogadro constant'*라는 상수를 사용한다. 고등학교 화학 시간의 기억을 대충 떠올려봐도 분자의 개수라는 것이 스포이트로 일일이 조작할 수 있는 차원이 아니라는 것을 알 수 있다. 화학자가 화학반응을 설계해야 하는 이유이기도 하고, 적절한 시약을 찾기 위해 동분서주하는 까닭이기도 하다. 시약과 플라스크, 유기화학 교과서. 화학자의 도구들이다.

그런데 한편으로 이렇게 분자를 조각해가는 방식은 신비한 과정이기도 하다. 화학자가 할 수 있는 일은 분자 구조의 특성을 이용해 적절하게 반응할 수 있는 시약을 넣어주는 일이 전부다. 보통 생각하는 이미지와는 달리 막상 화학자가 반응 실험을 하는 것을 보면 한가하기 짝이 없다. 시약을 넣고 교반기를 이용해 섞기만 하면 된다. 교반기의 스위치만 켜면 알아서 시약들이 섞이며 반응이 진행된

* 아보가드로 수는 물질 1몰mol에 포함된 입자의 개수를 의미하며, 대략 6×10^{23}의 값을 가진다.

다. 특별히 위험한 반응이 아니라면 화학자가 굳이 교반기 앞에 서서 지켜볼 이유는 없다.

화학자의 능력이 교반기의 성능과 상관있을 리는 없다. 교반기는 다 거기서 거기다. 중요한 것은 어떤 합성 전략을 짜느냐다. 운전자가 목적지에 도달하기 위해 머릿속으로 경로를 생각하듯이, 화학자들은 만들고자 하는 화합물로 도달할 수 있는 최적의 합성 경로를 고민한다. 그러므로 화학반응은 일종의 길 찾기인 동시에 고차원적인 퍼즐이다. 중간에 어떤 장애물이 있을지, 어떤 구조가 불안정할지를 예측할수록 경로 짜기는 쉬워진다. 눈에 보이지도 않는 분자를 연필로 그려가며 분자의 특성을 이용해 원하는 모양으로 조각하는 일은 경이로운 작업이다. 그리고 완성한 구조를 확인하는 순간의 희열은 그 어떤 성취와도 비교하기 힘들 정도로 짜릿하다. 분자 조각은 어려운 작업이다. 그렇기 때문에 더 재미있다.

생명을 조절하는 분자 예술

이렇게 조각한 화합물은 어떻게 약이 될 수 있을까? 여러 가지가 있지만, 가장 대표적인 비결은 크기와 모양에 있다. 우리 몸에 질병이 생기는 이유는 대부분 단백질이나 유전자의 이상이다. 그런데 단백질이나 유전자는 너무 작아서 직접 관찰하는 것이 어렵다. 특수한 경우에 한해서 단백질을 고해상도로 보는 것은 가능하다. 2017년의 노벨화학상은 이러한 연구를 수행한 학자들이 받았다. 그런데 노벨상 받은 연구를 모두가 다 할 수 있는 것은 아니다. 단백질을 고해상도로 보기 위해서는 숙련된 기술뿐 아니라 고가의 장비도 필요한데, 일선 병원에서 이러한 조건들을 충족하는 것은 불가능하다.

그저 관찰하는 것도 어려운데 단백질이나 유전자를 직접 교정한다는 것은 꿈도 못 꿀 일이다. 지금 우리가 가지고 있는 칼이나 망치는 뭉툭하기 짝이 없어서 세포 내 특정 유전자나 단백질을 물리적으로 교정하는 것이 불가능하다. 그러므로 우리는 화합물의 힘을 빌릴 수밖에 없다. 화합물은 유전자나 단백질보다 훨씬 작기 때문에 정교한 작업이 가능하다. 물론 이 화합물이 잘 조각되어 있을 때에 해당하는 말이다.

약으로 쓰는 화합물은 단백질이나 DNA에 비해 얼마나 작을까? 분자의 무게를 재는 단위로 분자량이 있다. 크기와 무게는 대체로 비례한다는 점을 고려해서 분자량으로 크기를 비교해보자. 현대에 개발되는 일반적인 의약품의 분자량은 500을 넘지 않는다. 탄소, 수소, 산소 등의 원소들이 복잡하게 연결되어 분자가 커질수록 분자량은 늘어나고 만들기 어려워진다는 것을 경험적으로 알기 때문이다. 의약품의 대명사인 아스피린의 분자량은 180이다.

단백질은 어떨까? 혈당을 조절하는 호르몬인 인슐린은 분자량이 5808이다. 일반적인 의약품의 분자량인 500보다 훨씬 크다. 그런데 인슐린은 단백질 중에서 작은 편에 속한다. 대부분의 단백질은 분자량이 1만 이상인 거대 화합물이다. 앞서 언급한 아스피린의 분자량은 180인데, 아스피린이 작용하는 단백질의 분자량은 7만가량이다. 화학자들은 분자량이 180밖에 되지 않는 분자를 만들고서 쾌거를 외치고 노벨상도 받았는데, 정작 우리 몸은 크기가 그 400배가량 되는 단백질을 조용히 만들어서 쓰고 있는 것이다. 분자량이 400분의 1밖에 되지 않는 물질로 우리 몸의 염증을 없애고 통증을 줄이니까 어떤 의미에서는 가히 기적이라고 할 수 있다. 그만큼 정밀하게 조각된 분자라는 의미이기도 하다.

그런데 이런 정밀한 조각에도 한계가 있다. 바로 독성이다. 화합물은 내가 원하는 대로 움직이지 않는다. 화합물은 너무나도 작기 때문에 우리 몸의 모든 조직에 도달한다. 병이 난 조직이나 이상이 있는 유전자·단백질에만 작동하면 좋겠지만 화합물은 그런 것에는 관심이 없다. 사심 없이 돌아다니며 많은 장기에 들어가고 의도치 않은 단백질에 기웃거린다. 가끔 결합도 한다. 한마디로 너무 공정하다. 고지식할 정도로 공정하다. 그래서 암세포를 죽이라고 만든 약이 정상세포도 죽일 수 있다. 약이 위험한 이유기도 하다. 나쁜 세포에만 약을 보낼 수 있는 기술이 있으면 좋겠지만, 내가 아는 한 원하는 부위에만 약을 보내는 일반적인 기술은 아직 없다. 우주여행도 가능한 2023년의 상황이다.

그래서 화학자들은 한층 더 열심히 분자를 조각한다. 정상적인 유전자나 단백질은 가만히 놔두면서, 이상이 있는 유전자나 단백질에만 결합할 수 있도록 차별화된 모양을 계획하고 만들어낸다. 쓸모는 있지만 크기가 작아서 어디로 튈지 모르는 화합물을 효율적으로 제어하는 방법은 이것뿐이다. 방망이 깎는 노인처럼 쉬지 않고 열심히 약의 분자 구조를 다듬는다. 이렇게 해야만 약은 안전해진다.

연금술사의 변신

지금 화학자들이 고민하는 것은 크게 두 가지다. '무엇을 만들까?'와 '어떻게 만들까?'이다. 사실 화학자들만의 고민은 아닐 것이다. 이 시대를 살아가는 많은 사람들이 하는 고민이라고 해도 틀린 말은 아니다. 그래도 분자 구조를 고민한다는 측면에서 화학자들만의 차별화된 지점도 분명 존재한다.

그런데 현대의 화학자들만 이런 고민을 한 것은 아니었다. 화학자들의 선조라고 볼 수 있는 연금술사들도 비슷한 고민을 했다. 다만 결정적인 차이가 하나 있다. 연금술사들은 '무엇을 만들까?'에 대해서는 고민을 별로 하지 않았다. 그들의 목표는 단순했다. 금이었다. 물론 연금술사도 추구하는 바가 다양하긴 했지만, 그래도 일반적으로 이야기하자면 그들은 주로 '어떻게 하면 금을 만들까?'를 고민했다. 그리고 실패했다.

그리고 몇 백 년의 시간이 지나, 조잡한 지식과 광기에 휩싸여 금을 추구하던 연금술사들은 어느덧 화학 지식으로 무장하고 의약품을 연구하고 있다. 그리고 금보다 더 비싼 물질, 즉 의약품을 쑥쑥 만들어내고 있다. 앞서 언급한 글리벡은 지금 한 알(0.1그램)에 대략

11,000원가량 한다. 금의 시세가 1그램당 10만 원 내외이니 거의 동일하다고 봐도 된다. 하지만 글리벡은 하루에 네 알 복용해야 하고, 완치가 어려운 만큼 계속 먹어야 한다. 건강보험도 적용되지 않고 제네릭(복제약)도 없던 시판 초기에는 환자 부담이 훨씬 더 컸을 것이다. 하물며 지금 세상에는 글리벡과는 비교도 안 될 정도로 비싼 의약품이 많이 존재한다. 2022년 11월 미국에서 허가된 B형 혈우병 유전자 치료제 '햄제닉스Hemgenix'의 가격은 40억 원이 넘는데, 8000만 원짜리 골드바로 환산하면 50개에 해당하는 가격이다. 연금술사들이 금을 만드는 데 실패했지만, 현대의 분자 조각가들이 금보다 비싼 것을 만들어내고 있다는 데에는 이견의 여지가 없다.

이 책에서 말하는 분자 조각가는 약을 만드는 화학자다. 보통은 의약화학자medicinal chemist라고 부른다. 도대체 그동안 무슨 일이 있었기에 연금술사는 분자 조각가로 변신할 수 있었을까? 분자 조각가들의 여정을 따라가다 보면 자연스럽게 의약품이 어떤 방식으로 개발되었는지를 알 수 있다. 또한 신약 개발의 기본적인 전략이 어떻게 변화했는지도 이해할 수 있다. 여기에는 우연히 개발된 의약품도 있고, 나와서는 안 될 약이 나와 세상을 어지럽힌 사례도 포함된다. 그리고 의약품을 만들기 위한 피나는 노력 끝에 화학 기술이 눈부시게 발전한 사례들도 있다. 이 책에서는 또한 화학자들의 몇 안 되는 친구인 생물학자나 동식물학자와의 우정도 다룰 예정이다. 타이레놀부터 코로나19 백신 개발까지 수많은 의약품이 좋은 사례로 남아 있다.

그리고 의약품 개발의 배경이나 뒷이야기도 함께 이야기할 예정이다. 오랜 시간이 지난 지금, 노벨상급 선배들의 인간적인 고민이나 황당한 실수를 되돌아보는 일은 무척이나 재밌다. 이런 이야기들은 이 분야에 익숙하지 않은 독자들도 쉽게 이해할 수 있을 것이다. 어차피 사람 사는 거 다 비슷하지 않을까? 과학자라고 별로 다를 거 없다.

신약을 향한 분자 조각가들의 좌충우돌 연금술, 이제 시작이다.

1장

운으로 찾아내다

⁝ 프랑켄슈타인의 괴물

프랑켄슈타인이라고 하면 흔히 머리에 나사가 박힌 괴물을 떠올린다. 하지만 괴물은 이름도 없는 '괴물'일 뿐, 프랑켄슈타인은 괴물을 만든 과학자의 이름이다. 빅터 프랑켄슈타인Victor Frankenstein은 생명을 창조하겠다는 일념으로 시체에서 팔다리를 가져와서 기워 붙인 소설 속 미친 과학자다. 하지만 자신이 창조한 생명이 눈을 뜨자 그 기괴한 모습에 놀라 도망치며 새 생명을 방기한다. 이후 이름조차 가지지 못한 그 피조물이 괴물이 되어 살인을 저지르는 것을 알게 되자 자신이 만든 괴물을 제거하겠다며 다짐하지만, 막상 실행에 옮기지는 못하는 모습을 보여준다. 독서 토론의 단골 주제이다. 괴물이 나쁜가 프랑켄슈타인이 나쁜가.

『프랑켄슈타인』은 메리 셸리Mary Shelley가 1818년에 발표한 소설이다. 메리 셸리는 친구들과 함께 스위스 여행을 떠났지만, 막상 날씨가 좋지 않아 숙소에만 머물러야 하자 돌아가면서 무서운 이야기를 하나씩 지어내기 시작했다. 이때 셸리는 프랑켄슈타인과 괴물에 대한 영감을 얻었고, 여행이 끝난 후 집필에 몰두하여 소설을 출간한다. 200년 전에 출간된 SF 소설이라니 놀랍지만, 더 놀라운 사실은 『프랑켄슈타인』을 발표할 당시 셸리가 21세였다는 점이다. 지금으로 치자면 대학교 3학년 학생이 200년이 넘도록 살아남을 캐릭터와 이야기를 창조한 것이다.

셸리가 21세에 불과했고 실제 소설을 집필할 때는 18세에 불과하긴 했지만, 그녀는 당시의 유행을 정확히 파악하고 있었다. 그녀가 가장 주목했던 유행은 두 가지이다. 하나는 이제 갓 태어나 세상을 놀라게 하고 있던 생리학이다. 당시의 과학은 일종의 쇼이기도 했다. 그리고 과학자들은 진리 탐구에 몰두하는 학자들인 동시에 사람들을 모아 놓고 놀라운 광경을 보여주는 인플루언서이기도 했다. 생리학도 별반 다르지 않았다.

셸리가 프랑켄슈타인을 집필할 당시 가장 크게 세상을 뒤흔들었던 생리학 사건은 18세기 후반에 루이지 갈바니Luigi Galvani가 시연한 개구리 뒷다리 실험이었다. 죽은 개구리 뒷다리에 전기를 가하자 개구리 뒷다리가 움직이기 시작했다. 사체가 움직인다는 것은 당시로서는 전례가 없는 일이었기 때문에 많은 관심을 불러일으켰고, 이후 알레산드로 볼타Alessandro Volta 같은 학자가 원인을 규명하여 전기에

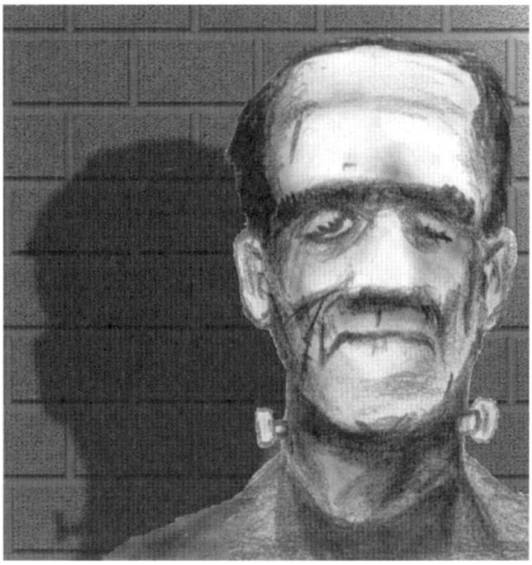

프랑켄슈타인의 일반적 이미지는 대부분 20세기 초반의 영화나 연극에서 유래한 이미지이며, 그나마도 작중에 등장하는 괴물의 모습일 뿐, 소설 속 과학자 프랑켄슈타인의 모습은 아니다.

대한 과학적 기초를 쌓게 된다.

그런데 사람들은 복잡한 과학적 원리보다는 눈앞의 사체가 움직이는 것 자체에 더 관심을 가졌다. 이러한 사건은 입에서 입으로 전파되어 스위스의 호텔에서 궂은 날씨를 피해 무서운 이야기를 생각하던 셸리의 귀에도 들어갔다. SF 장르를 좋아하는 나로서는 고마운 일이다. 그런데 셸리가 『프랑켄슈타인』을 집필하면서 생리학보다도 더 크게 영향을 받았던 분야가 따로 있다. 바로 연금술이다.

⁝ 연금술, 과학이 되다

금은 예나 지금이나 귀하다. 금을 캘 수만 있다면 미국 대륙의 사막과 황무지를 건너 한 달이 넘도록 달려가는 것은 당연한 일이다. 이러한 금을 고철에서 만들 수 있다면 더할 나위 없이 좋을 것이다. 싼 것을 비싼 것으로 바꾸는 일, 즉 가치를 창조하는 일은 언제나 모든 직업의 기본이다.

연금술은 이러한 기본적인 욕망을 뿌리로 하고 있지만, 구체적인 기술은 빈약하기 그지 없었다. 중세 사람들은 모든 금속을 일곱 가지로 구분했다. 금, 은, 구리, 수은, 주석, 철, 납이었는데, 이 모든 금속의 귀결점은 금이라고 보았다. 어린아이가 어른으로 자라듯이 납도 수은을 거쳐 최종적으로는 금까지 자랄 것으로 생각했던 것이다. 그러므로 적당한 자극만 준다면 모든 금속을 금으로 바꾸는 것도 가능하리라 여겼다. 이러한 발상은 과학이 발전하기 전 고대인들의 사고였지만 중세와 근대를 넘어오면서도 일관되게 유지되었다. 금을 향한 집착 때문이었으리라 생각한다.

그들은 일곱 가지 금속 중 상대적으로 저렴한 구리, 주석, 철, 납 등을 섞어서 합금을 만들었다. 이후 수은을 가해 은색을 띠게 한 후 소량의 금을 섞어주었다. 이렇게 하면 '금의 정령'이 내려와 합금이 금으로 바뀐다고 생각했기 때문이다. 연금술사들은 합금의 비율과 혼합 조건을 적절하게 조정하면 궁극적으로 금을 만들 수 있다고 생각했다. 연금술은 수백 년 동안 유행처럼 유럽 전역에 퍼졌고, 많은 과학자들이 이 유사 과학을 연구하느라 정력을 쏟았다. 이런 과학자들 중에는 생각보다 유명한 과학자도 있는데, 아이작 뉴턴Issac Newton이 대표적이다.

뉴턴은 20대에 물리학의 기본 법칙을 정립한 후 남은 인생 중 상당 부분을 연금술 연구에 쏟았다. 당연히 그가 금을 만들어내지는 못했지만, 이런 금속 관련 연구에 대한 전문성을 인정받아 영국의 조폐국장으로 임명됐다. 이후 그는 수많은 위조지폐범을 검거하는 등 전문가로서 활약했지만 어쨌든 그가 금을 만드는 데 실패한 것은 부정할 수 없다.

인류가 자랑하는 천재인 뉴턴마저 실패한 연금술이라면 세상 누가 금을 만들어낼 수 있을까? 기본적으로 지구상의 금속은 일곱 가지가 아니며, 금의 정령 또한 존재하지 않는다. 금속을 바꾸기 위해선 핵분열이나 중성자 가속 같은 물리학적 기술이 동원되어야 하는데, 이러한 물리학 혁명은 뉴턴 세계관에 수정을 가한 아인슈타인 같은 천재가 나타난 이후에 일어난 일들이다. 17세기의 연금술사들은 금을 만들어낼 수 없었다.

하지만 꾸준한 실패 속에서 연금술사들은 조금씩 세상을 바꿔가고 있었다. 우선 그들은 혼합물의 조성을 최적화하기 위해서 물질의 질량을 재고 조성을 분석하는 작업들을 정교하게 수행했다. 이들의 기술은 이후 '질량 보존의 법칙' 같은 화학의 기본 원리의 발견에 일조하게 된다. 연금술사alchemist에서 화학자chemist로 가는 기초를 쌓은 것이다.

셸리의 작품으로 돌아가자면, '프랑켄슈타인의 괴물'이 창조되는 순간에서도 연금술의 향기를 강하게 느낄 수 있다. 괴물이 눈뜨는 순간, 즉 작품의 하이라이트에서 프랑켄슈타인이 시체를 꿰매어 만든 괴물에 '존재의 불꽃'을 불어넣었다는 표현이 나온다. 연금술사들이 합금에 금의 정령을 불어넣듯, 무생물에 존재의 불꽃을 부여하는 모습은 셸리가 연금술의 기본적인 트렌드를 숙지하고 있었음을 보여준다.

⁝ 생물과 무생물

프랑켄슈타인이 시체에게 생명을 불어넣은 것은 소설일 뿐이지만, 그로부터 10년 후인 1828년에 독일의 한 화학자는 무생물에서 생명체의 흔적을 만들어내는 데 성공했다. 당시 사회가 마치 SF 소설 속 내용이 현실에서 벌어진 것과 같은 충격을 받은 것은 당연하다. 200년 전 독일 화학계에서는 무슨 일이 있었던 것일까?

1828년에 프리드리히 뵐러Friedrich Wöhler는 이소시안산은silver isocyanate($AgNCO$)과 염화암모늄ammonium chloride(NH_4Cl)을 섞고 열을 가했다. 그는 평소에 관련 화합물을 분류하는 연구에 매진했는데 이번 실험 역시 같은 맥락이었다. 그런데 실험을 통해 만들어진 하얀색 고체는 이전에 만들었던 물질들과는 성질이 많이 달랐다. 일단 은이 없었다. 은이 제일 귀한 원소인데, 은은 어디로 갔을까? 그리고 남아 있는 하얀색 고체 물질은 무엇일까? 뵐러는 급한 마음에 만들어진 물질을 분석했는데, 뜻밖에도 플라스크에 남아 있던 물질은 요소urea였다. 1773년에 사람의 소변에서 정제한 물질, 생명체에서 얻어진 화합물이었다.

"생물과 무생물은 교차가 불가능하다. 생물은 생물을 만들고 무생물은 무생물을 만들며 각각에서 만들어진 물질 또한 교차할 수 없다." 당시로서는 이렇게 생각했다. 일종의 신분제였다. 어디 하등한 무생물 따위가 고귀한 생명체에게 비빈단 말인가? 그리고 신분은 세습되는 법. 생명체가 만들어내는 부산물, 가령 혈액이나 노폐물 또한 무생물로서는 범접할 수 없는 생명력, 가령 '존재의 불꽃' 같은 특별한 것이 깃들어 있다고 보았다. 그런데 뵐러가 플라스크에서 소변의 부산물을 만들어낸 것이다. 그가 플라스크에 넣어주었던 물질은 모두 무생물이었다. 이소시안산은, 염화암모늄, 열, 물 모두 생명력이라고는 찾아볼 수 없는 물질들이었다. 그런데 어떻게 생명의 물질이 탄생했을까?

실험은 정확했다. 다른 사람들에 의해서도 재현되었다. 그렇다면 기본 가정부터 다시 살펴봐야 한다. 생물과 무생물은 사실 근본적으로 별 차이가 없는 것이 아닐까? 무생물을 이용해 생물을 만들어냈다면 이 둘은 굳이 구분할 필요가 없을 것이다. 물론 반론도 있었다. 하나의 반례는 부족하지 않냐는 것. 수백 년 간 이어져온 패러다임의 전환을 위해서 다른 학자들은 보다 확실한 증거를 요구했다.

1845년에 확실한 증거가 추가됐다. 또 다른 독일 화학자 헤르만 콜베Hermann Kolbe가 탄소, 황화철, 염소, 물, 수소 등의 무기물을 가해 초산acetic acid을 만들어낸 것이다. 초산은 추가적인 사례일 뿐 아니라 요소보다도 고차원적인 생물 유래 물질이다. 우리는 이런 물질을 유기물이라고 부른다. 탄소와 탄소가 연결되어 뼈대를 이루고 있는 화합물이자 생명의 근간을 이루는 물질이다.

이러한 결과들이 쌓이며 사람들은 생명에 관한 기본적인 사실부터 다시 공부해야 했다. 생물체라고 특별한 것이 없다는 사실을 확인했기 때문이었다. 학계도 큰 변화를 겪었다. 우선 독일 학계에서는 뵐러와 콜베와 같은 독일 화학자들의 발견을 바탕으로 생물이 무생물로부터 만들어진다고 주장했다. 간단한 영양분만 섞어두고 방치하면 파리와 같은 생물체가 생기는 관찰을 예로 들며 자연발생설을 주장했던 것인데, 안타깝지만 그들의 생각은 이후 프랑스의 루이 파스퇴르Louis Pasteur의 목이 긴 플라스크를 이용한 실험과 생물속생설로 근본까지 반박된다. 이 논쟁은 한동안 학계를 뒤흔들었고, 최초의 생물체가 어디에서 왔는지에 대한 논쟁으로 지금까지도 이어지고 있다.

그런데 최초의 생물체 논쟁과는 상관없이, 생물과 무생물의 경계가 허물어졌다는 점 자체도 의약품을 개발하는 사람들에게는 중요한 변화로 다가왔다. 생명체를 실험실에서 만드는 것은 불가능했다. 프랑켄슈타인의 괴물은 소설 속 상상이었다. 그래도 간단한 물질 정도는 만들 여력이 생겼고, 이런 물질이 생명을 조절하는 물질과 별반 다를 게 없다는 사실도 이제 알았다. 그렇다면 건강에 도움 되는 간단한 물질을 만들 수는 없을까?

⋮ 슈퍼스타를 향한 대책 없는 동경

어떤 물질이 몸에 좋을까? 이에 대해 제대로 연구하려면 우리 몸에 대해 알아야 하고, 더 깊이 들어가려면 세포나 단백질, 근본적으로는 유전자나 DNA에 대한 지식도 필요하다. 모두 20세기에 들어서 본격적으로 밝혀진 사실들이다. 그런데 이런 기본적인 사실을 알지 못하면서도 사람들은 경험적으로 화합물에 대해 연구를 진행했다. 당장 앞서 이야기한 요소와 초산을 합성하는 과정에서, 뵐러와 콜베는 탄소가 어떻게 결합을 형성하는지도 모르는 채로 화합물을 합성했다.

그런데 역설적이지만 화학의 기본도 모르는 채로 진행했기 때문에 성공한 경우도 있다. 퀴닌quinine을 합성하려다가 새로운 염료를 발견한 사례가 좋은 예다. 말라리아 치료제인 퀴닌은 세계사를 바꾼 의약품을 논할 때 거의 빠지지 않고 등장하는 의약품이다. 말라리아는 대표적인 풍토병으로서 외지인들이 아프리카 대륙에 들어올 때 아프리카를 지켜주는 역할을 했다. 유럽인들은 아메리카라는 신대륙을 점령하고 많은 현지 농장을 차리면서 노동력은 아프리카에서 수입하는 노예로 충당했다. 그냥 아프리카에 농장을 차리고 아프리카 노예들로 작물을 생산하면 더 효과적이지 않았을까? 그런데 유럽인들은 아프리카에 살 수 없었다. 농장을 관리하려면 결국 현지에서 관리하는 사람이 필요했는데, 말라리아는 유럽인을 살려두지 않았다. 결국 유럽인들은 아프리카 해안가에서 흑인 노예만 신속하게 실은 후 아메리카 식민지로 데려가 노예로 부리곤 했다.

이런 관행은 1820년에 퀴닌이 분리되면서 바뀌기 시작한다. 퀴닌이 말라리아에 대한 치료 효과를 보인 것이다. 그렇다면 이제 아프리카 대륙 깊숙이 들어갈 수도 있지 않을까? 이때부터 영국과 프랑스는 아프리카를 종단·횡단하면서 식민지를 양산한다. 그만큼 제국주의의 민낯도 심해졌고, 결국 전쟁으로까지 치닫는다. 이때에도 중요한 것은 퀴닌의 보급이었다. 말라리아를 정복하는 자가 아프리카를 지배할 수 있었고, 전쟁에도 승리할 수 있었다. 이러한 흐름은 제2차 세계대전을 지나 베트남 전쟁까지도 이어진다. 제2차 세계대전 당시 열대 우림에서 펼쳐진 전투나 베트남의 정글 지대에서 벌어진 전쟁에서 항상 승리한 것은 말라리아를 옮기는 모기들이었다.

퀴닌의 수요가 하늘을 찌르던 1856년, 독일의 화학자 A. 빌헬름 호프만A. Wilhelm von Hofmann은 영국 왕실의 초대를 받아 영국에 화학 기술을 전수하고 있었다. 당시 전성기를 누리던 세계 최고의 화학자였기에 그와 함께 연구할 수 있다면 가문의 영광이 될 것이 분명했던 바, 많은 영국의 청년들이 호프만과 함께 연구하기 위해 몰려들었다. 그중에 19세의 풋풋한 청년 윌리엄 퍼킨William Perkin이 있었다. 금세 천재성을 드러낸 퍼킨에게 호프만은 재미있는 연구 주제를 줬다. 퀴닌을 화학적으로 합성해보라는 것이었다.

열아홉 살짜리가 알아봐야 얼마나 알았겠는가. 지금으로 치면 대학교 1학년 신입생이다. 그런 그에게 퀴닌을 합성하라고 했는데, 그게 가능한 일이었을까? 결론부터 말하자면 퀴닌이 화학적으로 합성된 것은 1944년의 일이다. 퀴닌을 합성한 사람은 유기화학의 예술가 로버트 우드워드Robert Woodward이며 그는 이후 노벨상을 받았다(우드워드는 2장에서 다시 만날 것이다). 적어도 1856년의 화학 지식으로 19세 청년에게 맡길 주제는 아니었다. 참 대책 없는 지도교수다.

호프만은 무슨 생각으로 퀴닌의 합성을 시켰던 것일까? 불쌍한 퍼킨에게 시킬 때 전략이라도 짜줬어야 제대로 된 지도교수가 아닐까? 영국 왕실이 초대할 정도로 명망 있는 화학자라면 응당 그렇게 했을 것이다. 물론 호프만도 퀴닌 합성 전략을 짰다. 퍼킨에게 이대로 하면 퀴닌이 만들어질 것이니 적당한 조건을 찾으라고 이야기했다. 그런데 그가 제시한 전략은 지금의 관점에서 보자면 실현 불가능한 전략이었다.

퀴닌은 탄소, 수소, 질소, 산소들이 어우러져 복잡한 3차원적 구조를 형성하고 있는 물질이다. 같은 원소를 가지고도 어떻게 연결되느냐에 따라 화합물의 성질은 완전히 달라지며, 이 연결된 모양을 우리는 화합물의 '구조'라고 부른다. 당시는 퀴닌의 구조를 모르던 때였다. 주기율표도 없던 시대니 그러려니 하자. 화학자들이 퀴닌에 대해 가지고 있던 정보는 탄소 20개, 수소 24개, 질소 2개, 산소 2개로 이루어져 있다는 사실뿐이었다. 이를 보통 조성식 $C_{20}H_{24}N_2O_2$로 표현한다. 이 정도 분석 기술은 그 당시에도 있었다. 그래도 이 알량한 정보만 가지고 화학자가 할 수 있는 일은 별로 없다. 하지만 모르면 용감하다고나 할까. 호프만은 간단한 물질을 붙여서 연결하면 퀴닌과 같은 조성식을 가진 화합물들이 나올 것이고 그중에서 퀴닌도 있지 않을까 기대했다. 혹시 아는가. 출발물질만 잘 찾으면 귀한 것이 나올지. 원래 남들이 안 하는 일, 말도 안 된다고 하는 일을 해야 대박을 치는 법이다.

호프만의 눈에 들어온 출발물질은 석탄 찌꺼기에서 분리한 물질이었다. 알릴톨루이딘allyl toluidine이라는 화합물명이 붙은 이 찌꺼기는 석탄 연료를 사용한 후 남은 콜타르에서 분리한 물질이었다. 즉, 산업 폐기물인데 이 물질의 조성식도 알려져 있었다. 탄소 10개, 수소 13개, 질소 1개. $C_{10}H_{13}N$. 아직은 퀴닌과 거리가 멀다. 하지만 만약 적당한 자극을 가해서 이 석탄 찌꺼기 두 분자가 합쳐진다면 어떻게 될까? 각 원소의 개수에 2를 곱하면 된다. 탄소 20개, 수소 26개, 질소 2개가 될 것이다. $C_{20}H_{26}N_2$. $C_{20}H_{24}N_2O_2$인 퀴닌과 좀 비슷해졌다. 탄소나 질소 개수는 퀴닌과 같다. 그래도 갈 길은 멀다. 수소가 두 개 적어야 하고, 산소가 두 개 더 필요하다. 그래야 퀴닌과 조성식이 같아진다.

그런데 수소를 없애고 산소를 더하는 반응을 우리는 산화oxidation라고 부른다. 당시에도 산화제는 있었고, 산화반응을 어떻게 하는지도 알고 있었다. 그렇다면, 플라스크에 위에서 언급한 석탄 찌꺼기를 넣고 산화제와 함께 반응시킨다면, 원하는 대로 두 분자가 합쳐지고 수소가 제거되며 산소가 추가된 물질, 즉 $C_{20}H_{24}N_2O_2$인 물질들이 만들어지지 않을까? 그렇다면 퀴닌과 조성식이 같으니 그중에는 퀴닌도 있을 것이다. 남은 건 분리 작업뿐. 비트코인이 저장된 하드디스크가 있다면 쓰레기장을 파헤쳐서라도 찾아내려 하는 게 사람 심리다. 실험실에서 퀴닌을 분리하는 작업은 비교도 안 될 정도로 수월한 일이다. 즉, 잘만 한다면 석탄 찌꺼기에서 시대가 필요로 하는 약을 만들어낼 수 있는 것이다. 석탄의 연금술. 거창하다. 그런데 한 가지 전제가 필요하다. 진짜로 이런 반응이 일어나긴 할까?

불가능하다. 화학은 수학이 아니다. 조성식이 $C_{20}H_{24}N_2O_2$인 물질이 한두 개인가? 어림잡아 계산해도 수억 개는 될 터이고 그중에서도 퀴닌은 없다. 퀴닌은 출발물질인 알릴톨루이딘과 원소의 결합 형태가 전혀 다르기 때문에 한 분자도 만들어지지 않는다. 우리는 조성식이 같지만 구조가 다른 물질을 이성질체isomer라고 부른다. 이성질체에 대한 개념이 전혀 없었던 시기의 순진한 사고방식일 뿐이다. 심지어 원하는 대로 중합반응과 산화반응이 일어나 $C_{20}H_{24}N_2O_2$인 물질이 나올지 안 나올지도 모르는 일이었다. 하지만 호프만은 이 반응을 하고 싶었고, 퍼킨은 어렸다. 불쌍한 연구원이 세상에 한 명 더 늘었다.

19세기 청년 벤처

퍼킨은 열심히 연구했다. 온도, 시약, 용매, 나중에는 출발물질까지 바꿔가면서 퀴닌을 만들어내려고 했다. 하지만 애초에 불가능한 일. 실패만 반복했다. 그러던 중 퍼킨은 색다른 경험을 하게 되었다. 합성이 안 되는 건 똑같다. 안 되면 다시 해야 한다. 그러려면 플라스크부터 씻어야 한다. 플라스크는 소중하니까. 그런데 플라스크를 다시 쓰기 위해 안에 있던 내용물을 씻던 중 퍼킨은 뜻밖의 아름다움을 보게 된다.

처음에 그는 당연히 물로 플라스크를 헹궜다. 설거지의 기본이다. 그런데 검은색 찌꺼기는 씻겨 나가지 않고 플라스크에 진득하니 남아 있었다. 물에 불려도 지워지지 않는 기름때에는 세제가 필요했다. 변변찮은 세제 하나 없던 19세기 중반, 그가 사용한 것은 당시 관행처럼 사용하던 알코올이었다. 알코올에는 어지간한 기름때도 다 씻긴다. 그런데 씻겨 나가는 기름때 속에서 퍼킨은 뜻밖에도 선명한 보라색을 관찰했다. 검은색인 줄 알았던 기름때가 희석되면서 본연의 찬란한 보라색을 나타낸 것이다.

보통 사람들은 이런 보라색을 보고 "예쁘네…" 하면서 버렸을 테지만 퍼킨의 천재성은 여기서 드러났다. 죽어라고 고생해도 안 만들어지는 퀴닌을 만드는 대신, 보라색 염료를 만드는 일에 집중한 것이다. 어떤 물질이 염료로 쓰이기 위해서는 두 가지 조건이 필요하다. 색이 예뻐야 하고, 물에 녹으면 안 된다. 물에 녹으면 세탁할 때마다 색이 빠질 것이다. 퍼킨이 우연히 관찰한 보라색은 두 가지 조건에 정확히 부합했다. 석탄에서 유래한 찌꺼기로 만든 색이다. 기름 유래 물질인 이상 물에 녹지 않을 것은 분명했다. 그리고 예뻤다.

당시 보라색 염료는 천연 소라고둥에서 추출하곤 했다. 바닷가까지 가서 소라고둥을 채취한 후 색을 채취하는 게 쉬울까, 집 앞 공장에서 석탄 찌꺼기와 산화제를 끓여서 생산하는 게 쉬울까? 당연히 집 앞 공장에서 생산하는 방식이 나을 것이다. 물론 쉬운 결정은 아니었다. 퀴닌 합성에 대한 미련을 버린다는 것은 호프만과 결별하는 것을 뜻했다. 세계 최고의 석학과 공부할 수 있는 기회를 19세 청년이 흔쾌히 버리기는 어려운 일이었다. 하지만 퍼킨은 누구도 가본 적이 없는 길을 걷기로 결심한다. 그는 친구와 형을 설득해 셋이서 집 앞 헛간에 염료 회사를 차렸다. 그렇게 퍼킨은 퀴닌과 이별하고 염료로 갈아탔다.

그는 우연히 만들었던 보라색 물질을 정제하고 모베인mauveine(또는 모브mauve)이라는 이름을 붙였다. 퍼킨은 재현성 있게 모베인을 생산하는 방법을 확립한 후 대량 생산에 들어갔다. 처음에 반대했던 아버지도 이쯤 되면 말릴 수가 없었다. 그들은 생산된 모베인을 통에 담고 지역의 모직물 제조상에게 찾아갔다. 그들이 만든 모베인은 소라고둥에서 추출한 천연 염료보다 아름다웠고 값은 훨씬 저렴했다. 안 살 이유가 없었다.

하지만 모직업자는 말했다. "안 사요." 세 명의 나이를 합쳐도 60밖에 되지 않는 어린 친구들을 믿고 지금껏 거래해온 소라고둥 추출업자와의 거래를 끊는다는 것은 무모했다. 변화 앞에서 젊은이만큼 유연하게 대처하기는 어려운 법인가 보다. 퍼킨은 지역의 많은 업자들을 찾아갔지만 그들은 대부분 모베인 거래를 거절했다. 19세기 중반의 청년 벤처는 이렇게 판로 확보에 실패하고 약간의 샘플만 남긴 채 폐업할 위기에 처했다.

그런데 놀라운 반전이 일어난다. 당시 영국 최고의 얼리 어답터

빅토리아 여왕.

early adopter이자 인플루언서였던 빅토리아 여왕이 모베인으로 염색한 천의 샘플을 보고 반한 것이다. 지금도 유명인이 뜻 있는 벤처기업을 지원하기 위해 벤처기업 제품을 착용하는 경우가 있다. 그 유명인이 영국의 전성시대를 열었던 빅토리아 여왕이라면 더 이상의 홍보 수단은 없을 것이다. 1858년에 빅토리아 여왕이 모베인으로 염색한 옷을 입고 딸의 결혼식에 등장한 이후 귀족들이 앞다투어 모베인을 찾기 시작했다. 이후 프랑스 나폴레옹 3세의 황후였던 외제니 황후도 모베인 드레스에 동참한다. 영국과 프랑스를 중심으로 모베인 열풍이 불기 시작했고, 퍼킨을 매몰차게 거절했던 모직업자들은 퍼킨에게 달려가 사과를 해야 했다.

19세기 화학회사

모베인이 대유행을 타자, 퍼킨의 벤처는 염료 전문 회사로 성장해서 대성공을 거둔다. 이렇게 한차례 화학계에 혁신이 일어나자 분발한 나라가 바로 제조업의 강국 독일이다. 애초에 최고의 화학자들은 독일에 있었다. 그리고 석탄 찌꺼기에서 염료를 얻는 과정에 특별한 기술이 필요한 것은 아니었다. 독일의 화학자들은 출발물질의 조성이나 첨가제를 조금만 바꾼다면 다른 색이 나올 수도 있을 것이라고 예측했다. 색은 예민하다. 약간의 변화로도 전혀 다른 색이 나올 수 있었다.

그들의 예측은 정확했다. 기술의 나라답게 독일은 영국의 모베인 제조 기술을 금방 따라잡았고 더욱 다양한 색의 염료를 생산해내기 시작했다. 이후 그들은 앞선 기술력을 바탕으로 관련 회사를 설립했는데 바이엘Bayer, 회흐스트Hoechst, 바스프BASF 등이 모두 이때 설립되었다. 1863년에서 1865년까지의 일이다. 그리고 이들 회사는 지금까지도 명맥을 이어오는 거대 화학회사이자 제약회사이다. 현대 화학기업의 출발은 대부분 염료회사였다.

이들 회사가 대기업이란 것보다도 중요한 사실은 이때 만들어진 염료들이 화학계에 미친 변화들이 엄청나다는 사실이다. 세포 내의 DNA를 포함하는 구조물인 '염색체chromosome'는 염색이 잘됐기 때문에 붙은 이름인데, 세포의 유전 정보를 저장하는 역할을 제대로 표현하지 못하는 이름이다. 다른 예로, 인슐린을 분비하는 조직인 랑게

르한스섬islet of Langerhans은 베를린 의대생이던 파울 랑게르한스가 조직을 염료로 염색하다가 발견했다. 그런데 이처럼 세포나 조직을 염색해서 의학자들에게 정보를 제공하던 염료는 어느 순간 전혀 다른 용도로 쓰이게 된다. 바로 기생충을 염색하는 것이다.

세포나 조직을 염색하는 것과 살아 있는 개체를 염색하는 것은 다른 작업이다. 개체는 자기 몸에 들어온 물질을 배설할 수 있다. 그러므로 다른 차원의 접근이 필요했다. 기생충을 잘 염색하기 위해서는 보다 다양한 염료를 테스트할 필요가 있었다. 다행히 시험해볼 염료는 많았다. 당시 염료회사들은 자신들의 포트폴리오를 자랑하기에 바빴고, 출혈 경쟁을 피하기 위해 다른 분야로의 진출 역시 노리고 있었다. 자신들의 염료가 의학자들의 관심을 끈다는 것은 더할 나위 없이 바람직한 일이었다.

과학자들은 염료회사에서 제공한 다양한 염료로 기생충을 염색하기 시작했다. 이 분야의 일인자는 단연 파울 에를리히Paul Ehrlich였다. 그는 의과대학을 다니던 시절부터 학업 못지않게 많은 시간을 염색 시약에 투자하던 학생이었는데, 이후 그는 재능을 특화해 세포 내 조직 염색에서 세계 최고의 전문가가 되었다. 그리고 이 특화된 능력을 한 차원 더 어려운 난관인 말라리아 원충을 염색하는 작업에 쏟아 부었다.

앞서 퀴닌을 언급하면서 설명했듯이 말라리아는 언제나 전쟁의 걸림돌이었다. 그리고 에를리히가 말라리아 유충에 대한 연구를 진행하던 때는 20세기 초반이었다. 독일이 갓 통일을 하고 식민지를 얻기 위해 세계로 진출하던 때였다. 결국 에를리히는 그가 시도했던 많은 염료 중 메틸렌 블루methylene blue라는 염료가 말라리아 유충을 선택적으로 염색한다는 사실을 알아냈다. 그렇다면 말라리아 유충을 선택적으로 죽이는 것도 가능하지 않을까?

이후 에를리히는 메틸렌 블루에 독성을 띠는 원소인 비소를 연결하는 데 연구 역량을 집중했다. 수많은 의약화학자들과 함께 화합물을 조각하면서 메틸렌 블루의 구조를 바꾸고 비소를 첨가했다. 그가 목표로 했던 질병도 수차례 바뀌었다. 말라리아에 대한 관심은 곧 제국이 겪는 더 큰 풍토병인 아프리카 수면병으로 바뀌었고, 관련 물질을 테스트하면서 최종적으로는 매독으로 바뀐다. 에를리히의 연구진이 수많은 고생 끝에 만든 물질이 아프리카 풍토병에는 효과가 없었지만, 매독균은 죽일 수 있었던 것이다. 좋은 게 좋은 거다. 그렇게 의약화학자들이 순수하게 화학적으로 합성한 최초의 매독 치료제 살바르산salvarsan이 개발되었다. 살바르산은 '마법의 탄환'이라는 칭호를 얻은 최초의 약이며, 1940년에 같은 제목의 영화로도 개봉되었다.

처음 호프만이 퍼킨에게 퀴닌을 합성해보자고 제안했을 때, 일이 이렇게 흘러갈 것으로 예상했을 리는 없다. 수많은 우연과 도전, 혁신을 거쳐서 화학계는 기틀을 잡았고 의약학계는 성과를 얻었다. 항상 그렇다. 모든 것을 알고 시작할 수는 없다. 처음에는 잘 몰라도 하면서 알게 되는 경우가 있다. 동네의 작은 가게가 아니라 전 세계를 주름잡는 화학계여도 마찬가지다. 사람 일은 다 비슷하다.

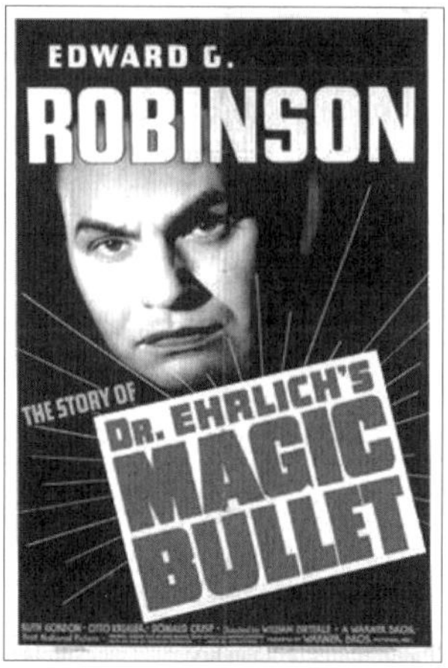

1940년 상영된 영화의 포스터.

19세기 의약품과 타이레놀

19세기 중반에 화학자들이 화합물로 염료를 만들며 노다지를 찾고 있을 때의 일이다. 화학자들은 벤젠(C_6H_6)의 수소 하나가 질소 작용기*(NH_2)로 바뀐 아닐린aniline($C_6H_5NH_2$)이라는 물질을 만들어 냈는데, 이 물질은 염료의 제조 과정에서 출발물질로 적합한 물질이었다. 석탄 찌꺼기인 콜타르에서 분리하거나 벤젠과 질산, 철 등에서

* 유기화합물의 화학적 특성을 결정하는 데 중요한 역할을 하는 특정 원자 구조를 작용기functional group라고 부른다.

화학적으로 만드는 방법을 통해 확보했는데, 어쨌든 당시로서는 몇 안 되는 순수한 유기화합물 중의 하나였다. 그런데 화학자들은 이 물질로 염료만 만드는 것이 아니라 다른 물질도 조금씩 만들기 시작했다.

아세트아닐라이드acetanilide도 그중의 하나다. 이 물질은 1852년에 독일의 한 화학자가 합성했는데, 당시 어떤 이유로 물질을 만들었는지, 또 어떤 용도로 사용했는지는 정확하게 알려진 바가 없다. 하지만 화학자들은 화학계에 새롭게 소개된 이 하얀색의 고체 물질을 어여쁘게 여겼다. 화학자들은 예나 지금이나 하얀색 고체만 보면 흥분한다. 하물며 제대로 된 주기율표도 나오기 전인 1850년대였고, 순수하게 합성된 물질이 그다지 많지 않았음을 감안하자.

그런데 비교적 생소한 이 물질은 어떤 일을 계기로 의학계의 전면에 등장하게 되었다. 바로 조제 오류 사건이다. 1886년에 독일의 한 병원에 기생충 치료를 위해 방문한 환자가 있었다. 담당 의사는 환자에게 당시 구충제로 쓰이던 나프탈렌을 처방했다. 하지만 약을 조제하는 과정에서 나프탈렌 대신 시약장에 놓여 있던 아세트아닐

아닐린과 아세트아닐라이드의 구조.

라이드가 환자에게 전달되었다. 환자는 의사가 처방한 것이라 안심하고 약을 복용했다. 이 환자의 기생충이 죽었는지에 대해서는 알려진 바가 없다. 하지만 이 환자는 다시 병원을 방문했고, 같은 약을 찾았다. 그러면서 의사에게 약을 복용하는 동안 열이 많이 내렸다는 것을 알려주었다. 담당 의사는 나프탈렌을 해열제로 개발할 수 있는 실마리를 찾았다며 흥분했고 곧이어 다른 사람들에게도 열심히 나프탈렌을 처방했다. 이번에는 제대로. 하지만 원하는 효과는 나오지 않았고 의사는 원인을 처음부터 다시 규명해나갔다. 그리고 결국 처음 처방했을 때 약이 바뀐 채로 지급되었다는 것을 확인했다. 아세트아닐라이드의 해열 효과가 밝혀지는 순간이었다.

당시 해열제로는 앞서 설명했던 퀴닌 정도가 쓰이고 있었다. 제대로 된 해열제가 없던 시절에 운 좋게 해열 효과가 있는 성분이 얻어걸린 것이다. 심지어 이때는 아스피린이 개발되기도 전이었다. 아스피린은 1897년에 개발되었으니, 그야말로 최초의 현대적인 의약품이라는 타이틀을 차지할 기회였다. 독일의 의료진은 회사와 연계해서 아세트아닐라이드를 해열제를 뜻하는 안티페브린Antifebrin('anti'와 'fever'의 합성어)이라는 상품명으로 팔기 시작했다.

하지만 이 물질은 치명적인 부작용이 확인되었다. 바로 적혈구의 구조와 기능에 이상을 초래하는 것이었다. 적혈구가 붉은 이유는 적혈구 속 단백질인 헤모글로빈이 붉은색을 나타내기 때문이다. 헤모글로빈의 가운데에 박힌 철 이온은 적절하게 산소와 결합하고 떨어지는 과정을 반복하면서 폐 속 산소를 각 조직에 보낸다. 그렇게

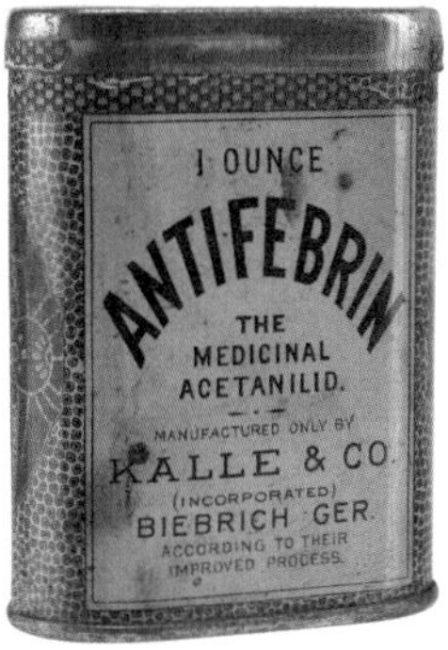

당시 시판되던 안티페브린.

우리 몸속 조직은 산소를 이용해 영양분을 연소시키고 에너지를 생산한다. 그런데 안티페브린을 복용한 일부 환자들에게서 적혈구가 제대로 작동하지 않는 증상이 관찰된 것이다.

메트헤모글로빈혈증methemoglobinemia이라 부르는 이 증상은 헤모글로빈에 결합한 철의 산화 상태가 교란되어 산소를 전달하지 못해서 발생한다. 이 과정에서 적혈구는 붉은색이 아니라 푸른색을 띠게 된다. 상태가 심해지면 심장 이상으로 죽을 수도 있는 이 증상은 19세기 미국 켄터키주에 거주하던 한 가족의 푸른 피부색으로 유명한 증상이었다. 푸가테 가족Fugate family이라 불린 이 가족은 유전자 이상으로 메트헤모글로빈혈증을 겪고 있었다. 이 유전자는 열성 유전자이므로 쉽게 발현될 일이 없다. 하지만 하필 부모가 모두 이 유전자를 가지고 있었고, 일곱 명의 자식들에게 무작위로 전달하면서 그중 네 명이 푸른 피부를 가지게 되었다. 푸가테 가족은 주위의 지나

19세기 푸가테 가족의 초상화. 푸른색은 실제 얼굴색을 표현한 것이다.

친 관심만 제외한다면 다행히도 건강상의 큰 문제없이 살고 있었다.

그런데 안티페브린을 복용한 사람들이 이러한 부작용을 겪게 된다면 이야기가 다르다. 일반인이 직관적으로 판단하기에도 위험한 이 부작용이 일부 환자들에게 보고되면서 안티페브린은 사장될 위기에 놓였다.

정작 화학자들의 생각은 달랐다. 안티페브린이 비록 치명적 한계를 보였지만 그래도 개선하면 되지 않겠냐는 것. 이럴 때 보면 화학자들은 참 낙관적이다. 그런데 안티페브린이 개발된 과정도 엄밀히 따지면 운이었다. 화학자들이 쉽게 생각하는 것도 일견 납득할 만하다. 그리고 논리적으로 생각해봐도 그렇다. 운 좋게 개발된 약이 최고의 약일 리는 없지 않은가. 이 물질이 처음 발견되었던 때와는 달리 다른 시약들도 이제 어느 정도 준비되어 있었다. 화학계의 수준도 당연히 높아졌다.

1890년대의 학자들은 안티페브린에 미련을 버리지 못한 채 쓸 만한 시약이 없는지 화학회사의 판매용 카탈로그를 뒤졌다. 그들이 찾아낸 물질은 4-아미노페놀4-aminophenol이란 화합물이었다. 혹시 이 출발물질을 이용해 해열 효과는 유지하면서 메트헤모글로빈혈증은 유발하지 않는 유사한 약을 만들 수 있지 않을까? 출발물질의 구조가 비슷하니 동일한 합성 전략으로 원하는 물질을 확보할 수 있을 것이 분명했다. 심지어 4-아미노페놀은 확보하기도 쉬웠다. 당시 화학회사는 유행에 따라 염료를 만들기 위해서 관련 구조를 다양하게 확보하고 있었는데, 4-아미노페놀도 비슷한 계기로 쉽게 확보할 수 있었다.

1893년에 4-아미노페놀을 이용해서 유사한 합성이 진행되었고, 일사천리로 진행된 이 과정을 통해서 만들어진 물질은 4-아세트아미노페놀4-acetaminophenol이었다. 우리가 지금 아세트아미노펜acetaminophen으로 부르는 물질이며, 약국이나 편의점에서 구입할 수 있는 타이레놀Tylenol의 주성분이다. 타이레놀은 생각보다 오래된 약이다. 라이벌이라고 할 수 있는 아스피린보다 먼저 개발된 유서 깊은 물질이다.

그런데 정작 아세트아미노펜은 뛰어난 해열진통 효과에도 불구

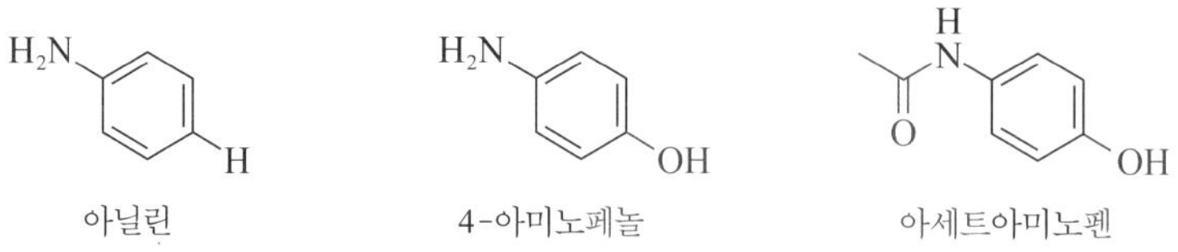

아세트아미노펜 관련 화합물의 구조.

하고 발견된 당시에는 약으로 개발되지 못했다. 치명적인 부작용이 발견되었기 때문이었다. 바로 메트헤모글로빈혈증. 아세트아닐라이드의 부작용이었던 그 증상이 여전히 따라왔던 것이다. 이 치명적인 부작용을 개선하기 위해 다른 물질을 개발했던 것인데 그 망령에서 벗어나지 못한 셈이다. 이 과정을 지휘한 사람은 요제프 폰 메링Joseph von Mering으로, 훗날 수면제를 개발했으며 당시에도 최고의 약물학자로 유럽에 명성을 떨치던 사람이었다. 전 세계에서 손꼽히는 과학자가 발표한 이 결과에 사람들은 실망했고 관련 연구에도 제동이 걸렸다.

그런데 아세트아미노펜을 먹을 때 메트헤모글로빈혈증이 생긴다니 좀 이상하다. 지금 우리가 복용하는 타이레놀은 주성분이 아세트아미노펜인데 이런 부작용이 없다. 타이레놀을 먹고 피부색이 파랗게 변한 사람이 있단 말인가? 비밀은 메링이 실험하던 샘플에 아세트아미노펜 외에 출발물질인 4-아미노페놀이 섞여 있었다는 데 있다. 메링이 아세트아미노펜을 생산하는 과정에서 4-아미노페놀이 완벽하게 제거되지 않았고, 동물실험을 할 때 소량 혼입되어 동물의 체내에 들어갔다. 이후 4-아미노페놀은 동물의 적혈구를 제대로 기능하지 못하게 하는 치명적인 부작용을 일으켰는데, 메링은 이 부작용이 주성분인 아세트아미노펜 때문에 생긴 결과라고 해석했던 것이다. 당시의 기술력으로는 화합물을 완벽하게 분리하는 데 어려움이 있었음을 감안하더라도 아쉬운 해석임이 분명하다.

이후 아세트아미노펜은 누명을 벗고 혈구 관련 부작용이 없는 해열제라는 재평가와 함께 타이레놀이라는 상품명으로 시판되었다. 무려 60년이 지난 1953년의 일이다. 그 사이 세상에는 다른 계열의 소염진통제인 아스피린이 등장해서 시장을 장악하고 있었다. 타이레놀로서는 잃어버린 60년이라고 해도 과언이 아니다.

타이레놀 개발의 시초가 되었던 조제 오류나 개발을 지연시켰던 불순물 혼입 같은 사건들은 19세기의 의약품 개발 수준을 적나라하게 보여준다. 지금의 관점으로 당시 상황을 판단해서는 안 되겠지만, 그래도 생각보다 엉뚱하게 개발되었다는 느낌이 든다. 물론 1950년대 들어서 관련 기술이 비약적으로 발전하고 체계 또한 잡혀가면서 타이레놀이라는 블록버스터 의약품을 탄생시킨 것은 인정해야 할 부분이다.

그런데 이렇게 개발한 타이레놀도 본질적으로는 안전한 약이 아니다. 2017년에 미국에서 발표된 자료에 따르면 매년 500명가량의 환자가 타이레놀의 주성분인 아세트아미노펜 부작용으로 사망하고 있다. 급성 간 손상으로 병원을 찾는 환자도 매년 5만 명 이상이며 그중 1만 명가량은 입원을 하게 된다. 우리나라에서도 관련 부작용은 사회적 문제가 되고 있다. 하물며 타이레놀은 편의점 상비약이며 아무런 복약지도 없이 구매할 수 있다 보니 문제가 더 커지는 경향도 있다.

타이레놀의 또 다른 역설은 타이레놀이 어떻게 해열·진통 효과를 보이는지 그 작용 기전을 모른다는 점이다. 지금은 기전부터 연구하고 이 기전을 조절할 수 있는 약을 만드는 게 정석인데, 100년 전에 그런 게 어디 있었겠는가. 단백질이 뭔지도 제대로 모르던 시절이었다. 일단 만들어놓은 다음에, 적당히 안전하고 효과가 있으면 약으로 팔고, 그러다 사람이 죽으면 회수하는 것이 의약품 개발의 평범한 사이클이던 때였다. 지금은 쉽게 상상하기 힘든 시스템이지만 그때는 달랐다.

준비 끝에 찾아온 행운

1754년에 영국의 극작가 호러스 월폴Horace Walpole은 동료에게 편지를 쓰면서 '세렌디피티serendipity'라는 표현을 사용했다. 당시 그는 '오랜 준비 끝에 찾아온 행운'이라는 의미로 썼는데, 지금은 '우연히 찾아온 행운' 정도의 뜻으로 쓰인다. 단어 자체가 주는 어감이 좋고 부합하는 사례들도 꽤 많아서 이후 하나의 단어로 정착했다. 예전에 강의할 때는 세렌디피티라는 단어를 설명하기 위해 우화 '세렌딥의 세 왕자'의 내용을 이야기하고, 2002년에 나온 영화 〈세렌디피티〉를 캡쳐해서 가져오고, 학교 앞 소개팅의 성지이던 '세렌디피티'라는 레스토랑 사진을 보여주고, 카카오맵 지도에 '세렌디피티'라는 가게가 얼마나 많은지를 보여주면서 설명을 시작했는데 이제는 그러지 않는다. BTS 지민의 솔로곡 〈세렌디피티〉를 언급하면 바로 관심을 가진다. 연예인은 대단하다.

세렌디피티는 의약품 개발에서도 큰 의미를 지닌다. 앞서 언급한 타이레놀 개발의 계기가 되었던 구충약 조제 오류 사건 역시 여기에 해당한다. 그래도 일반적으로 의약품의 역사에서 세렌디피티의 대표적인 예시로 드는 사건은 페니실린 개발이다. 푸른곰팡이가 아래층에서 날아 올라와 윗층 연구실의 우연히 열려 있던 창문으로 들어오고, 마침 실수로 뚜껑이 열려 있던 샬레에 살포시 내려 앉아 따듯한 8월의 런던 햇살 아래 무럭무럭 성장하며 다른 균을 죽인 것은 세렌디피티의 전형적인 사례다. 알렉산더 플레밍Alexander Fleming은 여름 휴가 동안 찾아온 이 행운을 계기로 페니실린을 발견했고, 17년이 지난 1945년에 노벨상까지 수상한다.

그런데 타이레놀이나 페니실린뿐 아니라 많은 의약품이 우연한 계기로 개발되었다. 두 가지 이유가 있다. 우선 과거에는 의약품을 개발하는 방법이 효율적이지 않았다. 주기율표가 1869년에 등장했고 DNA는 1953년에서야 그 구조가 밝혀졌다. 그 이전에도 약은 있었을 것 아닌가. 그중 상당수의 약은 우연찮은 계기로 개발되어 전승되어왔다.

또 하나의 이유는 자연의 힘이 그만큼 강력하다는 것이다. 지금도 자연을 거스르는 것은 어렵다. 하물며 과학이 제대로 발전하지 않았던 과거는 지금과 비교도 불가능했을 것이다. 사람들은 자연이 주는 선물을 감사히 받아들였다. 그리고 그 선물은 대부분 우연한 기회에 찾아왔다.

심장을 강하게 뛰게 하여 심부전증에 쓰이는 약물, 디곡신digoxin을 보자. 디곡신은 디기탈리스라는 식물에서 추출되어 지금도 많은 환자들의 심장을 강하게 뛰도록 하는 약, 즉 강심제로 쓰는 물질이다. 그런데 디기탈리스의 약효는 우연한 계기로 알려지게 되었다. 윌리엄 위더링William Withering은 1770년대에 영국 맨체스터 지역의 의사로 활동하고 있었다. 하지만 그 당시의 의사들이 쓸 수 있는 약은 그렇게 많지 않았다. 의사들의 왕진 가방에 제대로 된 약이 채워지기 시작한 것은 1920년대에 들어서였고, 그 이전에 의사들이 주로 하는 일들은 왜 자신이 환자를 치료할 수 없는지를 설명하는 일이었다. 안타깝지만 어떡하겠는가. 방법이 없는데.

위더링은 어느 날 부종으로 고생하는 한 여자 환자를 상담했고, 항상 그랬듯이 이 환자에게 두 달을 넘기기 힘들 것 같으니 마음의 준비를 하라는 가슴 아픈 권고를 내렸다. 심장이 제대로 뛰지 못해 몸에 물이 고여서 생기는 부종이었다. 답이 없었다. 그런데 6개월이 지난 후에 이 환자를 산책 중에 만난 것이다. 자신의 진단이 다행히도 틀렸던 것일까? 그렇게 생각하기엔 처음 진료하던 당시 환자의 상태가 너무 안 좋았다. 오히려 6개월이 지난 지금은 혈색이 더 좋아졌다. 어떤 기적이 있었던 것이 틀림없었다. 환자는 위더링에게 친절하게 설명을 해주었다. 떠돌이 집시가 처방해준 약초를 달여 먹고 좋아졌다는 믿기 힘든 설명이었다. 하지만 믿을 수밖에 없었다. 살아 있는 증거가 눈앞에 있었다.

위더링은 오랜 기다림 끝에 떠돌이 집시를 만나 비방을 전해 듣는다. 집시가 가르쳐준 비방은 한눈에 보기에도 조잡했다. 이상한 약초 스무 개 이상을 섞어서 우려내면 효과가 좋다는 것이었는데, 과연 저 약초들이 다 필요한가도 의문이었다. 위더링은 그 약초들을 하나씩 선별해가며 정말 효과가 있는 단 하나의 약초를 찾아냈다. 디기탈리스였다. 그 후 디기탈리스 추출액은 심부전을 치료하는 약으로 세상에 소개되었다.

위더링이 디기탈리스를 찾아낸 것은 행운이었다. 하지만 지나가는 행운을 놓치지 않고 분석하여 제대로 된 의약품을 개발한 것은 위더링이 그만큼 철저히 준비된 의사였기 때문이다. 세렌디피티의 원래 뜻은 '오랜 준비 끝에 찾아온 행운'이다. 준비를 하지 않으면 행운은 지나가버린다. 적어도 의약품 개발에서 아무런 준비도 하지 않았는데 우연히 찾아온 행운은 없다.

타이레놀이나 페니실린, 디기탈리스의 예에서 보듯이 우연한 행운으로 의약품이 많이 개발되었다고는 하지만, 우연에 기대는 이런 방법은 완전하지 못하다. 우선 어떤 기적이 나타날 때까지 무작정 기다려야 한다. 아무리 철저히 준비하는 사람이라고 해도 기적을 기다리는 건 어려운 일이다. 그렇기 때문에 성공률이 낮다. 옛날 사람들에게 쓸모 있는 약이 부족했던 이유이다.

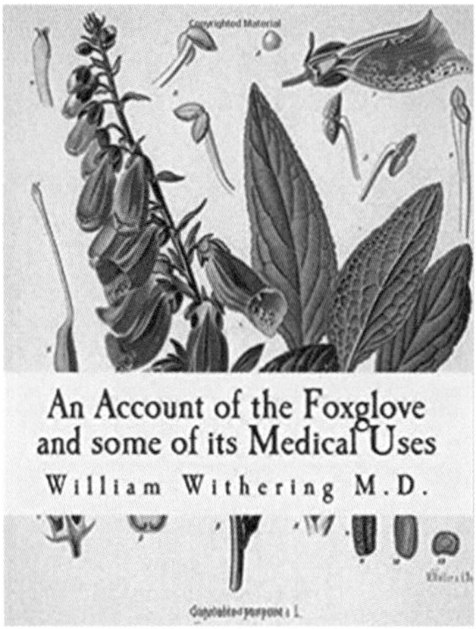

디기탈리스가 그려진 위더링의 책과 〈가셰 박사의 초상〉(반 고흐, 1890년 작).

당장 디기탈리스도 처음에는 심장 질환 치료제로 사용되었지만, 시간이 지나서는 다른 질환에도 처방됐다. 정신병처럼 심장과는 별 상관이 없는 질환에도 사용했는데, 이유는 정신병 환자를 치료할 약이 없었기 때문이다. 가령 화가 빈센트 반 고흐의 주치의였던 폴 가셰 박사는 고흐에게 디기탈리스를 처방해야 하는지 확신이 없었다. 쓸 만한 약은 없는데 뭔가를 하기는 해야 하는, 그래서 디기탈리스를 만지작거리는 마지못한 상황은 고흐의 역작 〈가셰 박사의 초상〉에 잘 드러나 있다.

19세기 초반까지만 해도 약이라고 할 만한 물질이 거의 없었다. 아편을 술에 탄 러다넘laudanum, 강심제인 디기탈리스, 살충제인 파울

러의 용액Fowler's solution($KAsO_2$) 정도가 전부였다. 현대적 의약품의 시초인 아스피린은 1897년에 개발되었다. 우연에 기대는 것 말고, 보다 효율적으로 의약품을 개발할 수 있는 방법은 없을까? 훨씬 더 좋은 개발 플랫폼이 필요했다. 가뭄에 콩 나듯 나오는 약에 의존할 수는 없었다. 인구가 증가하고 수명도 길어지면서 의약품에 대한 수요는 커졌다. 언제까지 이런 방식으로 약을 개발할 수는 없었다. 이럴 때 필요한 것이 좋은 스승이다. 그리고 인류의 곁에는 언제나 좋은 스승이 있었다.

바로 자연이다.

더 들어가기

생명의 중심

앞서 본문에서 퀴닌, 알릴톨루이딘, 모베인, 아닐린 등 어려운 이름을 대면서 관계를 설명했지만 그림으로 보면 더 직관적으로 와 닿을 수 있다. 소설책보다는 만화책이 더 와 닿는 법. 그림은 언제나 옳다. 화합물의 경우에는 구조식이라서 조금 다르기는 하지만, 복잡한 화합물 구조를 그림으로 간단하게 표현하고자 하는 바람은 화학자도 마찬가지다. 화학자라고 특별히 복잡한 것만 좋아하는 이상한 사람들은 아니다.

퀴닌의 구조는 다음 그림에 나와 있다. 선이 겹치거나 실선이 굵어지는 부분도 있는 만큼 실제 화학 구조 자체도 복잡하기 짝이 없고, 그만큼 화학적으로 만드는 것도 어렵다. 반면 앞서 언급한 알릴톨루이딘의 구조는 비교적 간단하다. 6개의 탄소 원자로 이루어진 벤젠고리와 질소가 연결되어 있고, 그 옆에 탄소가 더 연결되어 있음을 뜻하는 실선이 이어져 있다. 어쨌든 중요한 것은 퀴닌과는 구조가 상당히 다르다는 점이다. 이런 물질을 넣고 끓인다고 해서 퀴닌이 나오는 것은 일반적인 화학반응으로는 기대할 수 없다.

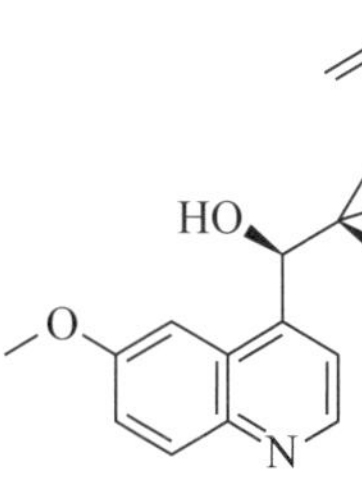

퀴닌

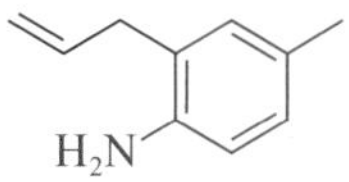

알릴톨루이딘

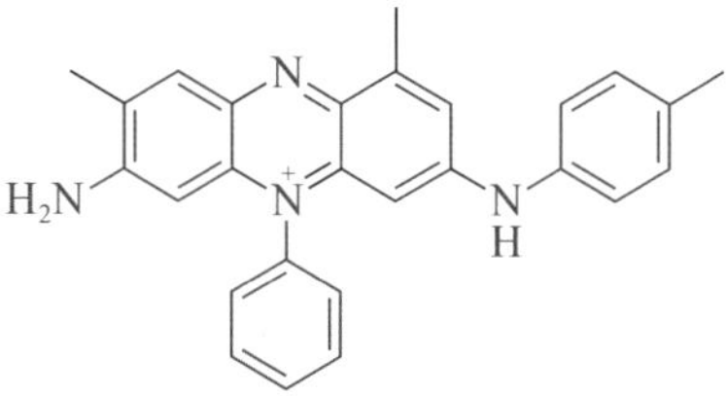

모베인에서 보라색을 띠는 대표적인 물질의 구조

모베인 생산을 설명하는 과정에서 언급한 화합물들의 구조.

반면 모베인의 구조는 알릴톨루이딘의 보라색으로 표시한 구조가 여럿 포함되어 있다. 아마도 적당한 화학반응을 거쳐서 연결되었음을 짐작할 수 있다. 물론 모베인이 만들어지는 과정에는 알릴톨루이딘 외에 퍼킨이 이것저것 시험했던 다른 출발물질들도 관여했다. 그리고 모베인은 순수한 하나의 화합물이 아니라 여러 개의 유사한 구조가 섞여서 특유의 색을 낸다. 그렇다고 해도 복잡하기 짝이 없는 반응이고 여러 물질들이 무질서하게 섞여 있었을 텐데, 이 과정을 재현성 있게 조절하고 가치 있는 염료로 개발한 것을 보면 퍼킨은 천재가 맞다.

화학 염료의 거장 에를리히가 사랑한 물질인 메틸렌 블루의 구조는 다음 그림과 같다. 복잡하다. 그런데 자세히 보면 모베인의 핵심 구조와 비교적 유사함을 알 수 있다. 6원환 고리가 셋 연결되어 있는 중심 골격이 사뭇 흡사하다. 물론 차이는 있다. 메틸렌 블루에는 모베인에는 없는 황sulfur(S)이 있다. 그리고 치환기*도 조금씩 다르다. 이런 차

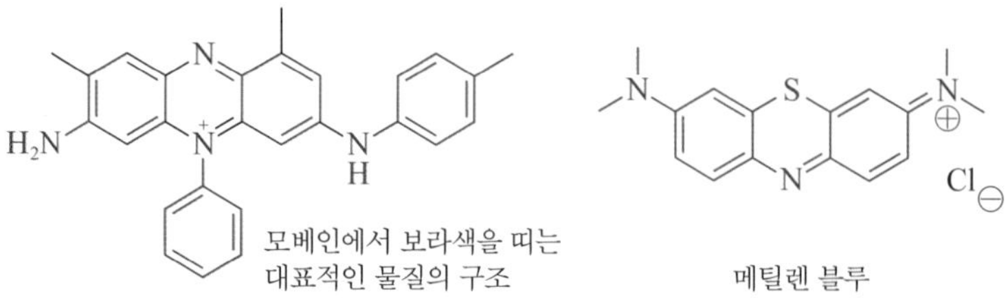

모베인과 메틸렌 블루의 구조 비교.

이 때문에 모베인의 보라색이 아니라 고유의 푸른색을 띈다. 그리고 양전하를 띠고 있어 모베인과는 다르게 물에도 조금은 녹는다. 그래서 옷을 염색하는 대신에 세포를 염색하거나 조직을 관찰하는 데 사용할 수 있었다.

화합물들의 구조를 보면 비슷하기는 하지만 어쨌든 다르긴 다르다. 구조가 다르면 성질도 달라진다. 어떤 물질은 독성이 강해서 쓸 수 없는 반면, 살짝 바꾼 구조가 훌륭한 약이 되어 세상을 바꾸기도 한다. 잠재력 충만한 주인공이 어둠을 뚫고 나와 영웅이 되는 것마냥 화합물의 효과 또한 극적으로 달라진다.

화합물의 구조를 바꾸는 학문이 유기화학이다. 좀 더 화학적으로 표현하자면 탄소 위주의 물질을 바꾸는 학문이 유기화학이다. 탄소는 지구상에 존재하는 118개 원소 중에서 가장 안정성이 높고 다양한 결합을 하는 원소다. 그러므로 진화적으로 탄소 위주의 생명체가 오랜 환

* 유기화합물에서 수소 원자와 치환된 원자 또는 원자 그룹을 치환기substituent라고 부른다.

경의 변화 속에서 살아남았을 것이다. 구체적으로 설명하자면, 유전자의 근본이 되는 DNA 이중나선이나 생리적 현상을 조절하는 효소, 세포를 구성하는 세포막 등 우리 몸 대부분을 구성하는 물질은 탄소와 탄소가 연결된 유기화합물에 기반하고 있다.

그러므로 우리 몸에 필요한 물질들도 대부분 유기화합물이다. 탄수화물은 이름 그대로 탄소를 가지고 있다. 단백질이나 지방도 탄소 기반인 것은 마찬가지다. 비타민도 그렇다. 우리가 떠올릴 만한 중요한 생리적 물질은 거의 다 탄소-탄소 결합 하나 정도는 가슴에 품고 있는 물질들이다. 본문에서 언급한 의약품 및 그와 관련된 화합물들도 여기에 해당한다. 의약품이 될 물질에서 구조상의 자그마한 차이는 엄청난 변화를 가져온다. 유기화학자들이 약을 만드는 과정에서 작은 구조 하나 허투루 넘길 수 없는 이유이며, 지난 10여 년간 약학대학이 자체적으로 신입생을 선발할 때 생물, 물리, 화학 외에 추가로 유기화학을 평가했던 이유이기도 하다.

유기화학은 호불호가 극명하게 갈리는 과목이다. 일단 진입 장벽이 높다. 화학의 다른 분야에 비해 유기화학은 배우기 전에 일단 외워야 할 것이 많다. 작용기의 이름을 익혀야 하고, 기본적인 반응 원리도 숙지해야 한다. 구조식 그리는 법도 알아야 한다. 이처럼 준비 과정이 길다 보니 대부분의 유기화학 강좌는 규칙만 배우다 끝난다. 세상 어떤 게임이든 간에 규칙만 배우고 마는 게임이 재미있을 리는 없다. 유기화학을 언어에 비유한다면 단어나 문법만 배우고 글 한 편 읽지 않은 채 끝나는 외국어 과목이다. 많은 사람들이 유기화학 반응식을 라틴어나스와힐리어 대하듯 한다. 하지만 유기화학의 초기 진입장벽을 넘어선 사람들은 유기화합물을 자유자재로 조각할 수 있다. 유기화학에 호불호가 갈리는 이유다.

2장

자연을 모방하다

품질 개선을 위한 눈물겨운 노력

약은 항상 있었다. 사람들은 언제나 아팠고, 항상 방법을 찾으려 했다. 그들이 찾은 방법은 경험을 통해 전승되어왔다. 직접 임상시험을 거쳤으므로 확실한 결과들이었다. 이러한 경험은 책으로 집필되어 후대에 널리 퍼지게 되었다. 허준의 『동의보감』은 그렇게 나왔다. 『동의보감』뿐 아니라 더 오래된 고문헌들에서도 다양한 약을 찾아볼 수 있다. 우리나라만 그랬던 것이 아니라 화타나 히포크라테스 같이 고대의 동서양에 실존했던 의사들도 그랬다.

고대부터 전해진 약들의 특징은 대부분 생약재라는 점이다. 우리나라의 경우에는 약초를 갈아서 달여 만든 한약이 대부분이었다. 물론 이러한 추출물도 장점이 있다. 사람에게 투여한 경험이 있다는 것은 무엇과도 바꿀 수 없는 소중한 데이터다. 이런 데이터는 지금도 잘 사용되고 있는데, 당장 동아에스티가 2002년부터 위염치료제로 시판해 2011년에는 800억 원이 넘는 매출을 기록했던 스티렌Stillen 정은 쑥 추출물을 건조해 알약으로 만든 것이다.

하지만 추출물을 그대로 이용하는 방법은 한계가 있다. 아편의 경우를 보자. 아편은 양귀비 열매즙을 채집해서 건조시킨 추출물이다. 아편은 기원전부터 사용된 수면·진정제이지만 단점이 있었다. 중독성과 호흡마비도 큰 문제지만, 이건 약물 자체의 문제이므로 잠깐 논외로 하자. 여기서는 제조상의 문제점을 언급하고 싶은데, 같은 방법으로 양귀비를 길러 아편을 생산한다고 해도 주성분의 함량이 다르다는 것이 심각한 문제였다.

아편의 주성분은 모르핀morphine이다. 모르핀의 함량은 양귀비 종에 따라 다르다. 히말라야 양귀비는 모르핀을 함유하고 있지 않다. 같은 지역에서 재배했다고 하더라도 재배 조건, 즉 온도나 강수량에 따라 품질에 차이가 생긴다. 그나마 일관되게 품질이 낮으면 낫다. 처음에는 품질이 높다가 나중에 품질이 떨어지면 싸움이 나는 것이다. 같은 돈을 주고 산 아편이 어느 날 아무 효과가 없다면 유통 과정상의 누군가를 탓하게 되는 건 당연하다. 지금처럼 현대화된 시설에서 품질 관리를 엄격하게 하는 시대에도 종종 발생하는 일이다. 하물며 19세기에는 오죽 했을까.

품질의 차이는 주성분의 차이다. 일반적으로 아편 내 모르핀의 함량은 20퍼센트를 넘기지 않는다. 나머지는 결국 다른 물질이 차

19세기 인도의 아편 생산 시설.

지하고 있고 그 비율에 따라 품질의 차이가 생기는 것인데, 그렇다면 처음부터 모르핀을 분리하는 게 더 효율적이지 않을까? 다행인지 불행인지 1800년대 초반에 아편은 비교적 수월하게 구입할 수 있는 약재였다. 영국이 중국에 아편을 팔기 위해서 인도에 대규모의 아편 생산 시설을 짓고 삼각무역을 했던 것도 마침 이때였다. 인도에서 대량 생산된 아편은 유럽으로도 넘어와 중독자들을 연일 양산했지만, 이런 흐름은 연구자들에게는 부족한 연구비로 귀한 아편을 손쉽게 구입할 수 있는 기회이기도 했다.

1804년, 마침내 아편에서 진정·진통·수면 효과를 가진 주성분 모르핀이 분리된다. 생약재에서 주성분이 분리된 첫 사례이며, 이후 다른 유명 생약재의 주성분이 모조리 파헤쳐지기 시작한다. 코카인, 퀴닌, 니코틴과 같이 한 시대를 주름잡은 물질들이 모두 이 시기에 분리되어 순수한 형태로 세상에 공개되었다. 19세기를 지나며 생약재가 화학 성분으로 진화한 것이다. 그리고 이 성분은 더 좋은 약물로 나아가고 있었다.

마침 이 시기는 한창 화학이 연금술의 굴레를 벗어나 과학으로 탈바꿈하는 시절이기도 했다. 질량 보존의 법칙처럼 현대의 화학 교과서에도 실리는 기본 지식들이 쏟아져 나왔고, 이를 뒷받침하기 위한 실험 기기나 실험 방법들이 정립되고 있었다. 도제 시스템을 통해 한 세대의 기술이 다음 세대로 넘어가도록 틀이 잡힌 시기이기도 하다. 이러한 과학·기술의 진보는 이전에는 불가능했던 것들을 미약하게나마 점점 가능케 하고 있었다.

화학자들은 모르핀도 바꾸고 싶었다. 더 안전한 약으로 만들기 원했다. 이제 모르핀이라는 순수 화합물을 확보한 상황이지 않은가. 기술이 있는 마당에 화학자들은 거칠 것이 없었다. 적당한 시약을 가해 구조를 바꾸면 금방이라도 모르핀의 부작용인 호흡마비나 중독성 문제를 해결하고 완벽한 수면·진정·진통제로 바꿀 수 있을 것으로 기대했다.

원래 어설프게 알 때 두려움이 없는 법이다. 시대는 겨우 1850년대였다. 모르핀을 분리했다고는 하지만 아직 모르핀의 구조도 모르던 때였다. 화학의 기본이라고 할 수 있는 주기율표도 없고 원소들이 어떻게 결합하는지에 대해 별다른 지식도 없던 시절에 화학자들이 깊이 있게 구조를 바꿀 수 있을 리가 없었다. 그저 모르핀이 가진 작용기에 약간의 변화를 주는 정도뿐이었다. 그리고 이 정도의 변화에 독성이 사라질 모르핀이 아니었다.

1897년에 독일 제약회사인 바이엘의 연구진들은 모르핀의 구조를 바꿔서 헤로인heroin이라는 이름의 약으로 팔았다. 처음 만들고 나서 그들은 중독성이 없는 진통제를 발견했다고 생각했지만, 막상 시장에 나온 헤로인은 모르핀보다 훨씬 더 강력한 마약이었다. 중독성이 너무나도 강해 지금은 약학적 용도가 거의 없는 물질이 헤로인이다. 세상에 나와선 안 될 물질이 1897년에 일찌감치 등장한 것이다. 그리고 지금도 어둠의 시장을 통해 암암리에 유통되고 있다. 마약이라고 해도 다 같은 마약이 아닌데, 헤로인은 마약 중에서도 가장 위험한 단계의 마약이고 그만큼 무서운 괴물이다. 아이러니한 것은 헤로인이 발매될 당시에는 이러한 독성에 대해서 크게 주목하지 않았다는 것이다. 초기에 헤로인은 그 뛰어난 진통 효과 덕분에 기침약

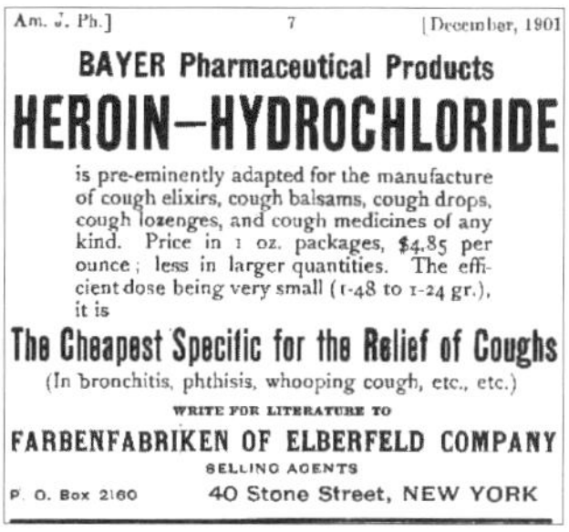

초기의 헤로인 광고.

이나 감기약으로 주로 소개되곤 했다.

1925년에 모르핀의 구조가 드디어 밝혀졌다. 모르핀이 최초로 분리된 지 대략 120년이 지나서야 구조가 밝혀졌으니 의아할 법도 하지만, 원래 구조를 밝히는 것은 어려운 일이다. 하얀 가루로 분리하고 그 가루를 녹여서 주사로 맞는 것과 분자 구조를 알아내는 것은 완전히 다른 일이다. 훨씬 더 많은 연구를 필요로 한다. 모르핀의 구조 역시 그랬다. 간단한 분석 실험을 통해 $C_{17}H_{19}NO_3$이라는 조성식을 찾아냈고 그 구조 안에 산소와 질소 작용기가 있음을 알아냈으며 이것을 바탕으로 헤로인을 만들었지만, 정확한 분자 구조를 확정하는 데는 오랜 시간이 걸렸다.

모르핀의 구조를 정확하게 추론한 사람은 영국의 화학자 로버트 로빈슨Robert Robinson으로, 기초 실험을 통해 구조를 역으로 추적하여 제시했다. 이때는 모르핀에 현상금도 걸렸다. 미국의 사업가이자 정치가인 헤르만 메츠Herman Metz가 모르핀을 화학적인 방법으로 생산하는 최초의 사람에게 당시 돈으로 무려 10만 달러, 우리나라 돈으로 약 1억 원을 주기로 한 것이다.

메츠의 이런 통 큰 후원에는 두 가지 목적이 있었다. 첫 번째 목적은 모르핀을 저가로 생산하여 국가에서 관리하도록 하자는 것이다. 불법으로 양귀비를 재배해서 모르핀을 생산하는 것보다 공장에서 대량으로 모르핀을 생산하는 과정이 더 경제적인 공정이 된다면 불법으로 양귀비를 재배하는 일은 줄어들 것이다. 그리고 대량 생산은 국가가 관리하기 쉽다. 즉, 음지에 있던 불법 재배를 고사시키고

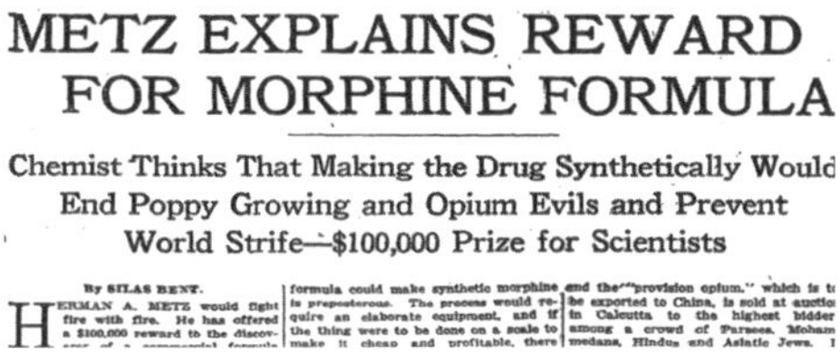

METZ EXPLAINS REWARD FOR MORPHINE FORMULA

Chemist Thinks That Making the Drug Synthetically Would End Poppy Growing and Opium Evils and Prevent World Strife—$100,000 Prize for Scientists

By SILAS BENT.

HERMAN A. METZ would fight fire with fire. He has offered a $100,000 reward to the discov-

formula could make synthetic morphine is preposterous. The process would require an elaborate equipment, and if the thing were to be done on a scale to make it cheap and profitable, there

and the "provision opium," which is to be exported to China, is sold at auction in Calcutta to the highest bidder among a crowd of Parsees, Mohammedans, Hindus and Asiatic Jews.

1925년 6월 7일 자 뉴욕 타임스에 실린 모르핀 상금 기사.

양지로 끌어올리려는 목적이었다. 물론 이러한 과정에서 메츠가 얻을 이익도 상당할 것이 분명했다.

두 번째 목적은 첫 번째 목적과 연결이 되는데, 사회에 만연한 마약 중독을 줄이는 것이었다. 여기에는 메츠가 상금을 거는 데 큰 역할을 했던 뉴욕 경찰서장 칼턴 사이먼Carlton Simon의 바람이 담겨 있었다. 사이먼은 나날이 늘어가는 마약 중독자들 때문에 머리가 아팠다. 터키에서 재배되고 프랑스를 거쳐서 미국으로 건너오는 불법적인 아편 유입 경로는 뉴욕 경찰서장이 어떻게 할 수 있는 부분이 아니었다. 그래서 그는 단속을 강화하는 동시에 경제적인 접근을 했다. 마약 생산자들이 수익을 얻을 수 없는 방법을 찾으려 한 것이다. 그는 사업가인 메츠를 설득해 좋은 생산법을 찾도록 했고, 그렇게 거액의 상금이 걸리게 되었다.

이 레이스의 최종 승자는 미국의 전도유망한 37세 화학자 마셜 게이츠Marshall Gates Jr.였다. 그는 독창적인 방법으로 모르핀을 실험실에서 만드는 데 성공했고, 그 물질이 아편에서 정제한 모르핀과 동일하다는 것도 확인했다. 150년간의 수수께끼가 풀리는 순간이었다. 비록 31단계나 되는 긴 합성법에 전체 수득률이 0.06퍼센트밖에 되지 않는, 지금으로서는 비효율적인 합성법이었지만, 로버트 로빈슨이 추론한 모르핀의 구조를 확인했다는 점에서는 역사적으로 중요한 합성법이었다. 다만 그는 메츠의 상금을 받지 못했다. 게이츠가 모르핀을 화학적으로 합성한 때는 1952년으로 메츠가 사망한 지 18년이 지난 뒤였다. 메츠는 알프레드 노벨Alfred Nobel과는 달리 죽은 뒤의 상금에 대해서는 특별한 말을 남기지 않았다. 그래도 게이츠는 상금을 받는 대신 역사에 이름을 남겼으니 아쉬움은 좀 덜하지 않았을까 생각해본다.

어쨌든 모르핀의 구조가 규명되었으니 구조와 활성의 상관관계를 보다 체계적으로 밝혀낼 수 있을 것이 분명했다. 예전에는 장님이 코끼리를 만지듯이 화합물의 구조를 바꿨다면, 이제 완벽한 도면을 가지고 분자를 조각할 수 있으니 의약화학자들이 활약할 여지가 다분했다. 구조와 활성의 상관관계를 알게 되면 그토록 찾아 헤맸던 중독성 없는 진통제의 개발도 가능할 것으로 생각되었다.

결론적으로 이야기하자면 이러한 시도는 실패했다. 모르핀의 구조를 체계적으로 바꾸는 것은 가능했지만, 그렇다고 해서 원하는 만큼 중독성이 줄어들고 진통 효과가 유지되는 것은 아니었다. 만들어서 활성을 측정하기 전까지는 아무도 모르는 법이다. 결국 많은 연구를 통해 더 강력한 진통 효과를 가지는 물질은 만들어냈지만, 진통 효과는 이미 모르핀으로도 충분했다. 모르핀을 기반으로 하는 진통제 중 중독성 문제가 없는 의약품은 내가 아는 한 없다. 1960년에 개발된 펜타닐fentanyl은 그 탁월한 진통 효과와 간단한 분자 구조 덕분에 각광받았지만, 중독성 또한 강해서 지금은 길거리 마약으로 사용되어 세상을 더 피곤하게 만들고 있다. 분자를 조각한다고 해서 항상 원하는 효과가 나오는 것은 아니다. 그래서 더 어렵다.

⁝ 오디션으로 찾은 대형 신인

모르핀은 식물체에서 나오는 물질을 분리해 의약화학자들이 조각을 했던 대표적인 물질이다. 아편이 오래전부터 널리 사용해오던 생약재였던 덕에 주성분인 모르핀이 학계의 각광을 받은 것이다. 그렇다면 다른 약초들에서도 좋은 물질들이 나오지 않을까? 꼭 잘 정리된 문헌을 공부할 필요는 없었다. 자신들의 경험을 문헌으로 정리하지 않는 오지의 부족들이라고 하더라도 약효가 좋은 약초들은 알고 있을 것이 분명했다. 남들이 가보지 않은 곳일수록 새로운 물질이 있을 가능성도 더 높았다. 실제로 이와 같은 전략하에 많은 의약품이 개발되었다. 지금도 많은 학자들이 미지의 세계를 탐험하며 식물을 찾고 있다.

그런데 이렇게 마구잡이로 험한 지역을 다닐 것이 아니라, 그냥 모든 식물의 성분을 데이터베이스로 만든다면 어떨까? 쉬운 일은 아니다. 한 종류의 식물이라고 해도 뿌리, 열매, 가지, 잎 등에서 만들어내는 물질이 다르며, 재배되는 방법이나 환경에 따라서도 만들어 내는 물질이 달라진다. 모든 식물과 그로부터 나오는 생약재를 일목요연하게 정리하는 것은 사실상 불가능하다. 하지만 어쨌든 더 많은 식물을 데이터베이스로 정리할수록 더 많은 약이 나올 것이라고 기대할 법하다. 이러한 기대를 바탕으로 거대한 프로젝트가 시작되었다. 미국 국립암연구소와 미국 농림부가 합작해서 벌인 이 계획은, 이후 20여 년간 진행되며 3만 5000여 종의 식물에서 11만여 개의 샘플을 확보하는 거대 프로젝트로 발돋움했다.

아서 바클리Arthur Barclay는 이 프로젝트의 일원이었다. 무더위가 기승을 부리던 1962년의 8월, 그는 세 명의 대학원생과 함께 워싱턴주의 파크우드 지역에 도착했다. 미국 지도로 치자면 북서쪽의 가장 외진 지역인데, 이곳까지 오면서 그들은 수많은 약초 샘플을 채취하고 정리했다. 본부로 보내진 샘플은 적당한 방식으로 추출물을 뽑아냈고, 그 추출물에 원하는 효과가 있는지 그때그때 테스트할 예정이었다. 그러다가 좋은 효과가 나오는 샘플은 본격적으로 분리하면 된다. 오래된 문헌이고 뭐고 필요 없이 자신들이 직접 효과를 확인할 예정이었다. 참으로 대담하고 단순한 아이디어였다. 보통 이런 아이디어들은 현장의 열정적인 활동이 있을 때 대박을 치는 법이다. 그리고 바클리와 조사팀은 충분히 열정 넘치는 현장 요원들이었다.

그들은 파크우드에서도 샘플을 추가로 확보했다. 그중에는 껍질이 붉은색인 주목朱木도 있었다. 조사팀은 주목의 다양한 조직에서 샘플을 채취했는데, 이 중에는 그들이 B-1046이라고 이름 붙인 샘플도 있었다. 1046번째 샘플이라는 심심한 의미의 이름이었다.

샘플을 얻었으면 효능을 확인해야 한다. 바클리 팀이 채취한 샘플도 항암 활성을 확인해야 했다. 다량의 샘플 물질 중에서 원하는 활성을 가진 샘플을 찾는 작업을 '활성 검색' 또는 '스크리닝screening' 이라고 한다. 당시에는 플레이트에 깔아둔 암세포를 얼마나 잘 죽이는지 혹은 성장을 멈추는지를 확인하면서 항암 활성을 보는 방식이었다. 그리고 이 테스트에서 B-1046은 비교적 낮은 농도에서도 암세포를 죽이는 결과를 보여주었다. 따라서 바클리는 다시 한번 파크우드를 방문해 주목 껍질을 벗겨 가져가야만 했다. 이후 다시 한번 물질이 추출되었고, 간단한 정제를 거쳐서 보다 깔끔해진 이 샘플은 처음 활성 검색을 했을 때보다 1000배 이상 좋은 항암 활성을 보여주었다. 안 그래도 좋은 효과가 더 좋아진 이유는 불순물이 줄어들었기 때문이기도 했지만, 그래도 이 샘플 안에 들어 있는 성분의 기본적인 항암 활성이 뛰어나다는 것을 부정할 수 없었다. 이러한 항암 활성은 이후에 활성 검색에 투입된 11만여 종의 다른 샘플과 비교해도 탁월하게 높은 활성이었다.

주목 껍질에 함유되어 있던 물질은 이제 본격적인 관심을 받게 된다. 도대체 주목은 어떤 물질을 생산해서 껍질에 심어두었던 것일까? 아마도 주목은 자신을 지키기 위해 껍질을 보호해야 했을 것이고 껍질을 공격하는 새나 곤충들을 죽이거나 괴롭히기 위해 독을 만들어 저장하는 방식으로 진화했을 것이다. 하지만 암세포를 죽여야 하는 이 시대의 인류에게 이러한 독은 아주 좋은 약이 된다. 과학자들은 주목 껍질 속 천연물을 분리하기 위해 달려들었다.

탁솔Taxol은 그렇게 세상에 나왔다. 주목Taxus brevifolia에서 나온 알코올alcohol 작용기를 가진 화합물이라는 뜻에서 탁솔로 불렸는데, 이 이름은 훗날 시판을 위해 붙인 상품명이 되었다. 파클리탁셀paclitaxel이라는 성분명으로 부르기도 한다. 하지만 여기서는 보다 친숙한 이름인 탁솔로 지칭하겠다.

탁솔은 항암효과를 보이는 기전이 독특했다. 세포 분열을 막는 방식으로 암세포의 성장을 억제했는데, 기존의 항암제와는 작용점이 달랐다. 활성이 좋은 것도 모자라, 기존의 항암제와 함께 투여해도 된다는 의미였으므로 1980년대를 관통하며 항암제 개발의 대표주자가 되었다. 그런데 결정적인 단점이 있었다. 의약품으로 개발하기에는 화합물을 확보하기가 너무 어려웠다.

식물에서 답을 찾다

탁솔은 주목 껍질에서 분리할 수 있다. 그렇다면 탁솔을 많이 생산하려면 주목의 껍질을 모두 벗겨서 추출하면 된다. 하지만 껍질이 벗겨진 주목은 죽는다. 애초에 자신을 지키기 위해 껍질에 탁솔을 담아두었던 주목은 그 탁솔 때문에 인류에게 학살당할 위기에 빠졌다. 주목 한 그루에서 생산되는 탁솔은 얼마나 될까? 한 그루에서 많이 생산된다면 주목을 조금만 벌목해도 되지 않을까? 주목을 꾸준히

주목에서 껍질을 벗겨내는 과정.

재배하고 벌목하면서 균형을 맞출 수 있지 않을까?

안타깝게도 그렇지 않았다. 탁솔을 1회 처방하기 위해서는 100년간 기른 나무 한 그루를 벌목해야 했다. 암환자가 항암제 한 번으로 나을 리는 없었다. 한 사람의 환자를 살리기 위해 도대체 얼마나 많은 나무를 벌목해야 하는 것일까? 1킬로그램의 탁솔을 생산하기 위해서는 2000~3000그루의 주목을 벌목해야 한다. 주목이 빨리 자라는 나무도 아니다. 아무리 환자를 살리는 일이 중요하다지만 이 정도 효율이라면 생각이 복잡해진다. 나무에서 추출하는 방식이 답이 아닌 것은 명확한 사실이었다.

화학자들이 만들면 어떨까? 1970년대를 지나며 화학자들은 복잡한 화합물을 만드는 데 경쟁이 붙었다. 탁솔만큼 재미있는 퍼즐이 또 있을까. 거기에 활성도 뛰어나고 공급이 적다는 문제도 있으니 그야말로 화학자들이 합성하기에 최적의 조건이었다. 그리고 1994년, 화학자들은 탁솔을 순수한 화학공정을 통해 만들어내는 데 성공한다. 평생을 탁솔 연구에 쏟았던 플로리다 대학교의 연구진과 화학합성의 세계 최고 전문가로 꼽히던 캘리포니아 스크립스 연구소The Scripps Research Institute의 연구진이 경쟁 끝에 거의 동시에 발표했는데, 화학계에서도 한동안 이슈가 된 사건이었다. 나름 화학계에서는 놀라운 성과여서 순수 화합물 합성에 관한 논문으로는 이례적으로 전문 화학저널이 아닌 종합 과학저널인 〈네이처〉에 게재되기도 했다.

그런데 학술적으로는 의미가 있을지 몰라도 산업적으로 이용하기에는 합성 효율이 너무 낮았다. 두 합성 전략 모두 대략 10밀리그램 정도를 생산했는데, 생산 공정은 40단계가 소요되었다. 여러 가지 출발물질을 사용했는데 그 양은 보통 100그램 이상. 즉, 효율이 낮아도 너무 낮았다. 일반적으로 20단계 이상 넘어가면 의약품 생산에 적용하기가 어렵다. 화학자들의 분자 조각이 학술적으로 의미를 가질지는 모르지만 암환자들에게 큰 도움을 주기 어렵다는 것은 분명한 사실이었다. 탁솔의 화학 구조가 터무니없이 복잡하다 보니 이런 문제가 발생한 것이다. 참고로 10밀리그램이면 대략 한 번 정도 투약할 양에 불과하다.

화학자들이 이렇게 고생을 하는 사이에도 탁솔은 주가를 높이고 있었다. 1992년에 미국 식품의약품안전처FDA는 탁솔을 난소암 치료제로 승인했다. 화합물 확보가 담보되지 않은 채 약이 승인될 수 있을까? 그랬다면 주목을 다 무자비하게 벌목해야 한다는 건데 환자와 환경운동가들의 대립도 그만큼 심해졌을 것이다. 하지만 다행히도 화학자들은 다른 방식으로 탁솔을 생산하는 데 성공했다. 도대체 무슨 일이 있었던 것일까?

세계 최고의 화학자들이 머리를 맞대도 만들기 힘든 탁솔을 주목은 도대체 어떻게 만들고 있었던 것일까? 탁솔이 하늘에서 내려와 주목 껍질에 안착했을 리는 없다. 아주 작은 물질들을 이용해 고차원적인 물질을 만드는 것은 식물이나 동물이나 마찬가지다. 실제로 주목은 효소를 이용한 생합성 경로를 통해 탁솔을 만들고 있었다. 화학자들이 고작 10년간 탁솔을 만들기 위해 노력한 데 비해, 주목은 수백만 년간 합성을 계속해온 것이다. 인간이 자연을 따라갈 수 없는 이유다. 그렇다면 주목의 생합성 경로는 무엇일까? 그 합성 경로를 연구한다면 사람도 조금은 더 효율적으로 탁솔을 만들어낼 수 있지 않을까?

다행히도 생화학자나 식물학자들이 연구를 거듭하여 탁솔의 생합성 경로를 어느 정도는 밝혀낼 수 있었다. 주목이 탁솔의 생합성에 사용한 출발물질은 동식물이 보편적으로 이용하는 물질이었다. '아세틸 코엔자임-A Acetyl coenzyme-A'라는 복잡한 이름이 붙어 있는 이 물질은 인체도 만들어내는 물질이다. 당이나 지방 등을 분해하여 만들어내는데, 우리 몸은 이 물질을 이용하여 콜레스테롤도 만들고 스테로이드도 만든다. 같은 물질이지만 사람과 식물은 전혀 다른 방식으로 이 물질을 사용하고 있었다. 진화란 놀랍고도 다양하다.

보편적인 출발물질에서 특수한 생성물질, 탁솔을 만들었다면 주목의 효소가 특수한 것이 분명하다. 그 효소들을 분리해서 이용한다면 주목 바깥에서도, 가령 대장균 같은 일반적인 균을 이용해서 쉽게 탁솔을 만들 수 있지 않을까? 이런 연구는 미생물학자들이 주로 하는 연구다. 합성생물학synthetic biology 또는 대사공학metabolic engineering이라고도 부르는 분야다. 특수한 효소를 담당하는 유전자를 대장균에 넣어서 원하는 물질을 균에서 빠르게 생산하는 전략이다. 하지만 주목의 생합성 과정에 필요한 효소들과 그 작용 기전을 완벽하게 이해하는 데 실패했기 때문에 미생물학자들의 노력 또한 한계에 봉착했다. 화학자들이나 미생물학자들 모두 탁솔을 효율적으로 만드는 데는 사이좋게 실패한 셈이다.

탁솔을 효율적으로 만드는 데 기여한 이들은 식물학자였다. 탁솔을 주목 껍질에서 발견해 이 연구의 시작을 알렸던 식물학자들은 한 차례 더 탁솔 연구의 돌파구를 마련했다. 바로 생합성 중간체를 찾아낸 것이다. 앞서 언급했듯이 식물도 어쨌든 간단한 물질에서부터 탁솔을 만들어나간다. 이 과정의 거의 마무리 단계 직전 화합물이 발견된 것이다. '10-디아세틸바카틴 III 10-deacetylbaccatin III'라는 거창한 이름이 있는 생합성 중간체지만, 여기서는 그냥 '거의 탁솔'로 불렀으면 한다. 주목 품종을 연구하던 식물학자들은 특정 주목 품종은 이 '거의 탁솔'을 합성한다는 사실에 주목했다. 최종물질인 탁솔도 못 만들어서 이 난리가 났는데, 탁솔도 아니고 '거의 탁솔'에 무슨 의미가 있을까? 이 품종이 가진 커다란 장점은 따로 있었다. 바로 이 탁솔 합성 중간체인 '거의 탁솔'을 껍질이 아닌 잎에서 생산한다는 것이었다.

친환경 화학 공장

잎은 매년 자연스럽게 떨어지는 조직이다. 잎이 떨어졌다고 식물이 죽는 일도 없다. 껍질을 벗겨서 주목을 죽이지 않고, 나무 밑에 떨어진 잎만 쓸어 모아도 필요한 물질을 안정적으로 확보할 수 있게 된 셈이다. 물론 최종적으로 탁솔을 생산하는 것은 아니기 때문에 한계는 있다. 하지만 저 정도 구조의 물질이라면 잎에서 대량으로 추출한 후 화학적으로 탁솔을 생산할 수도 있지 않을까? 환경보호론자들이 반대할 이유가 없다. 단 하나의 생명체도 죽지 않는다.

이 '거의 탁솔'은 순수하게 화학적으로 합성하기는 극도로 어려운 물질이다. 물론 화학자들은 앞서 언급한 것처럼 분자 조각을 통해서 이 물질을 만들어내긴 했으나 생산 효율을 고려했을 때 의약품으로 대량 생산하기는 불가능했다. 그런데 식물은 아무렇지 않게 이 물질을 만들어내고 있으니 새삼 대단할 따름이다. 그리고 다행이다. 화학자들은 이처럼 귀하기 짝이 없는 '거의 탁솔'을 잎에서 대량으로 확보했고, 본인들의 특기인 분자 조각을 수행하여 탁솔로 전환하는 데까지 성공했다. 다음 그림에서 붉은색으로 표시한 아미노산 화합물과 연결하는 작업, 그리고 최종적으로 반응을 마무리하는 작업이 필요하긴 하지만 이런 일들은 화학자들에게 그다지 어려울 것이 없는

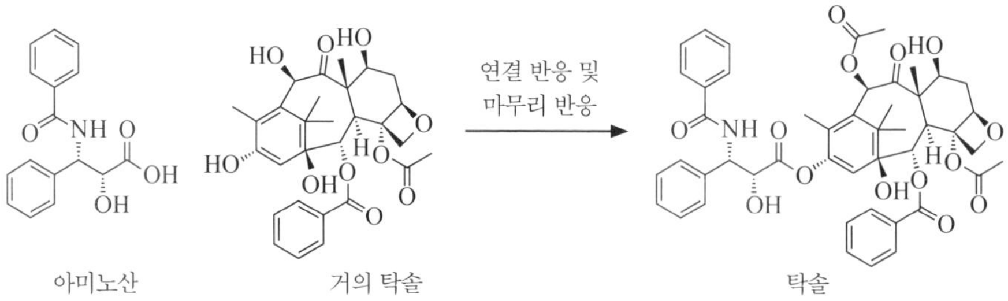

탁솔의 새로운 생산 전략.

작업들이다. 별다른 논란 없이 몇 차례의 화학반응을 거쳐 탁솔을 대량 공급하는 이 생산법은 환경 친화적이고 재생 가능한 방법으로 탁솔의 중간체를 찾아낸 데 성공의 열쇠가 있었다.

재밌는 것은 탁솔 생산의 완결을 위해 화학자들이 다시 무한경쟁에 돌입했다는 점이다. 생산을 마무리하려면 '거의 탁솔'을 붉은색으로 표시한 물질과 연결해야 한다. 일종의 아미노산인 이 물질은 어쨌거나 합성해야 한다. 간단한 화합물이기 때문에 화학적으로 합성하는 것은 어렵지 않았다. 그래도 얼마나 값싸게 합성하는가는 또 다른 문제다. 탁솔은 전 세계적으로 신드롬을 일으킨 항암제이고 만드는 족족 팔려나갔다. 복잡한 중간체의 공급이 해결된 지금, 나머지 골격인 아미노산을 값싸게 만들 수 있다면 의약품 생산에 도움이 될 것은 분명한 일이었다. 물론 경제적으로 큰 수익을 얻을 수 있는 것도 분명했다.

1990년대 중반에 많은 화학자들이 이 아미노산의 생산을 위해 달려들었고 상당한 진보가 이루어졌다. 대부분의 생산법은 6~10단계의 합성 공정을 거쳐서 만드는 전략이었고 짧은 시간 안에 순수하게 만들 수 있음을 강조하고 있었다. 그런데 1997년, 배리 샤플리스K. Barry Sharpless라는 대가가 등장해 단 세 단계 만에 이 물질을 합성하는 전략을 발표하였다. 이 합성법은 출발물질도 굉장히 값싼 물질이어서 아미노산 합성 레이스는 사실상 종결되었다.

참고로 샤플리스는 이 물질의 합성 외에도 유기화합물을 선택적으로 산화시키는 방법을 연구한 공로로 2001년에 노벨상을 수상한 화학계의 거인이다. 그리고 2022년에는 유기화합물과 생체 내 물질의 연결 반응을 연구한 공로로 두 번째 노벨상을 수상했다. 역사상 노벨상을 두 번 받은 인물은 다섯 명이다. 전설적인 학자가 된 것이다. 물론 탁솔 관련 연구를 할 때 그는 아직 노벨상을 받기 전이었지만 학계에서 충분히 대가로 인정받고 있었다. 그리고 이 정도의 거장이 관심을 보일 정도로 탁솔 합성은 화학계의 좋은 연구 주제였고 많은 환자들의 바람이기도 했다.

차도살인

탁솔은 과거에 반짝하고 말았던 약이 아니다. 생산법이나 생체 이용률 등의 개선이 꾸준히 이루어져서 지금도 난소암, 유방암, 폐암, 위암 등의 치료제로 활약하고 있다. 미국 애리조나 대학교 연구진은 매년 의약품 매출액을 정리해서 공개하는데, 이 자료에 따르면 2021년에 탁솔을 기반으로 하는 의약품인 아브락산Abraxane이 2조 원 가량의 매출을 기록했다. 전 세계 의약품 매출 규모로 129위다. 개발된 지 30년도 더 지난 물질치고는 무시할 수 없는 수치다. 그리고 이런 존재감을 떨치는 식물유래 물질은 탁솔만이 아니다.

2015년의 노벨생리의학상은 기생충 치료제를 개발한 사람들에게 수여되었다. 그해 수상자 중 투유유屠呦呦는 말라리아 치료제를 개발한 공로로 선정되었는데, 그녀는 아르테미시닌artemisinin이라는 물질을 개발했다. 이 물질은 고문헌에서 찾은 전통적 방식에 따라 약재와 주성분을 연구하는 방식으로 개발되었다. 그녀가 연구한 약재는 개똥쑥이라는 식물. 신약 개발자들의 식물 사랑은 지금도 이어지고 있다.

약초에서 주성분을 분리하는 연구가 지금까지도 이어지고 있는 것은 그 나름의 장점이 명확하기 때문이다. 우선 재료를 구하기 쉽다. 동물의 장기를 추출하는 것은 예나 지금이나 윤리적인 문제 때문에 어렵다. 식물은 껍질이나 뿌리, 잎에 수많은 물질이 존재한다. 그중 일부만 채취해서 추출하면 되니 윤리적인 문제에서 자유롭다. 물론 주목과 탁솔의 관계처럼 극단적인 경우도 있지만, 보통은 크게 문제되지 않는다. 자연 보호 구역이 아닌 이상, 풀을 좀 뽑는 것으로 뭐라 하는 사람은 없다. 기르기도 쉽다. 일일이 먹이를 줘야 하는 동물들과는 달리 대부분의 식물은 알아서 잘 자란다. 그리고 고문헌에 기록된 경험적으로 알려진 사실이 많다. 특정한 효과를 위해서는 어느 식물을 골라서 연구해야 하는지 친절한 선조들께서 열심히 적어 두셨다.

그런데 식물은 왜 약효를 가진 물질을 만들어내는 걸까? 식물이 암이나 말라리아에 걸리는 것도 아닐 텐데. 해답은 식물의 면역체계가 완벽하지 않다는 데 있다. 나뭇가지를 꺾었을 때 피가 나지 않는 데서 볼 수 있는 것처럼, 식물은 혈액을 이용하지 않는다. 물론 식물 나름대로 자신만의 순환계가 있어서 필요한 물질을 체내에서 흐르게 하지만, 동물의 면역 체계만큼 신속하지도 효과적이지도 못하다. 식물은 외부의 공격으로부터 자신을 지키기 위한 방법이 필요했고 그중에 하나가 독성 화합물을 다량 배치하는 방식이다. 이것이 바로 튼튼하게 자리 잡은 뿌리 때문에 자신을 위협하는 동물들에게서 도망조차 칠 수 없는 식물이 진화적으로 선택한 생존 전략이었다. 차도살인借刀殺人. '다른 사람의 칼로 또 다른 사람을 죽인다'라는 뜻이다. 우리는 식물이 만든 칼을 이용해 미생물을 죽이고 있다.

그런데 사람은 식물이 아니다. 동물에게서 나오는 물질이 사람에게 더 유용한 칼이지 않을까?

⋮ 동물에게서 답을 찾는 사람들

사람은 동물이다. 식물에서 아무리 좋은 물질을 찾는다 한들 동물에서 찾는 물질이 더 직접적으로 효과를 줄 것이다. 19세기 말, 해부학에 대한 이해가 늘고 수술 기법이 발전하면서 화학자들은 동물로 눈을 돌리기 시작했다. 혁신이었다. 식물체에서 추출하듯이 동물에게서 물질을 추출하여 효과를 본다는 전략은 신선하기 그지없었다. 윤리적인 문제가 있긴 했지만, 도축되고 버려지는 장기들을 활용하면 해결할 수 있었다. 또한 사람의 질병을 치료하겠다는 숭고한 목적 앞에 동물의 권리는 무시되기 일쑤였다. 19세기는 인권의 시대가 아니었다. 동물의 권리는 말할 것도 없었다.

대표적인 결과물이 아드레날린이다. 1894년에 양의 장기를 연구하던 조지 올리버George Oliver와 에드워드 셰이퍼Edward Schafer는 신장을 모자처럼 덮고 있는 조직인 부신adrenal gland이 생명 유지에 중요하다는 사실을 발견했다. 부신을 제거한 양들이 금방 죽어버린다는 사실로 미루어 짐작할 때 부신에서 생명 활동에 중요한 물질이 나온다는 것을 유추할 수 있었다. 호르몬이라는 단어가 아직 등장하기 전이었지만, 과학자들은 귀한 물질이 나온다는 것에 대해 감을 잡고 있었다.

그래도 확인은 필요하다. 일단 부신에서 나오는 물질이 약으로 효능이 있을지를 검증해보기 위해 부신에서 추출한 물질을 정제하지 않고 사용했다. 그런데 정제하지 않았음에도 불구하고 심장을 강하게 뛰게 하고 기관지를 넓히는 효과가 탁월했다. 당시 치료제가 전무하던 천식의 치료제로 사용하기에 딱 좋은 물질이었다.

이제 화학자들이 등장할 차례였다. 당시 미국, 호주, 일본 등에서 화합물을 좀 다룬다고 자부하는 연구자들이 부신에서 나오는 귀한 물질을 분리하기 위해 경쟁을 벌였다. 그들은 미량으로 존재하는 이 물질을 분리하기 위해 시약을 첨가하거나 분리 조건을 달리하는 등 갖은 노력을 다했는데, 이 경쟁의 승리자는 미국에서 활동하던 일본인 생화학자 다카미네 조키치高峰 譲吉였다. 조키치는 미국 제약회사와의 협력 연구를 통해 부신에서 나오는 물질을 정제하고 분자식을 확인해서 학계에 최초로 보고했다. 그리고 이 물질에 아드레날린이라는 이름을 붙였다. 세계 최초의 호르몬이 정체를 드러냈다. 1901년의 일이다.

아드레날린은 발매와 동시에 불티나게 팔렸다. 그런데 아드레날린을 얻기 위해 전 세계 모든 동물의 부신을 절제할 수는 없는 노릇. 이제 유기화학자들이 등장할 차례였다. 20세기 초반 유기화학자들의 수준은 어느 정도였을까? 지금의 관점에서 보자면 당시에는 활용할 수 있는 반응 기법이 그렇게 많지 않았고, 다룰 수 있는 화합

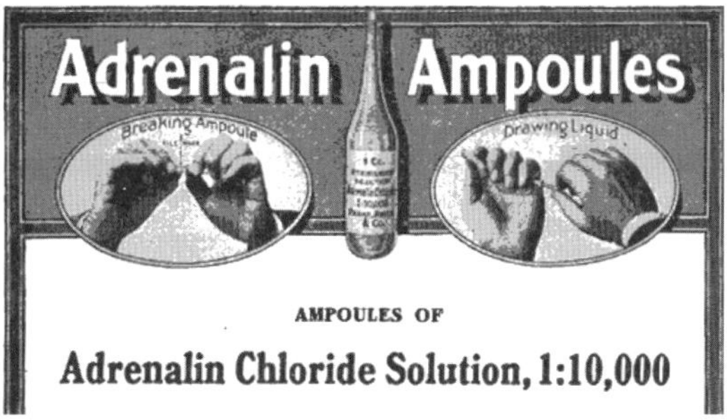

20세기의 초반 아드레날린 광고.

물은 지극히 제한적이었다. 그런데 다행히도 아드레날린은 조성식이 $C_{10}H_{15}NO_3$인 비교적 간단한 물질이었다. 유기화학자들도 순수한 화학물질에서 간단하게 아드레날린을 생성하기 위한 방법을 찾기 위해 연구에 돌입했다. 그리고 1904년 독일의 프리드리히 스톨츠Friedrich Stolz가 화학적 방법으로 아드레날린을 생산하는 데 성공했다. 이제 불쌍한 동물들을 죽일 필요가 없어졌다.

아드레날린은 천식 치료 목적으로 주로 사용되었지만 심장을 강하게 뛰게 하거나 순간적으로 힘을 내는 용도로도 사용되었다. 그러나 신경전달물질로 작용하는 아드레날린은 다양한 장기에 너무 많은 영향을 끼치기 때문에 지금은 치료 목적으로는 잘 사용되지 않는다. 천식 치료제나 강심제로 쓸 수 있는 물질이 많이 개발된 것도 아드레날린이 덜 사용되는 또 다른 이유이다. 그러나 빠른 시간 안에 기관지를 확장시키는 데에는 여전히 아드레날린만 한 물질이 없어서 긴급한 용도로는 여전히 판매하고 있다.

예를 들어 벌에 쏘여 면역 과민 반응을 일으킬 때를 생각해보자. 면역 과민 반응이 일어나면 수분 만에 기관지가 붓는다. 나름 우리 몸에 다른 물질이 들어오는 것을 막기 위한 면역계의 가상한 노력이지만, '과민'할 경우 우리 자신을 호흡곤란으로 죽게 만들 정도로 위험한 생리 반응이다. 때문에 면역계의 작동과는 반대로 기관지를 긴급하게 넓혀주는 물질이 필요하다. 이럴 때 아드레날린 키트가 있다면 허벅지에 아드레날린 주사를 찔러 넣는 것만으로도 호흡을 확보할 수 있다. 알레르기가 심한 경우도 이런 상황에 해당한다. 평소에 알레르기 반응이 잦다면 아드레날린 키트를 하나쯤 구비하는 것도 생각해보길 바란다.

⁝ 패싸움에서 살아남는 법

몸에 좋은 게 있다면 달나라도 찾아가고 싶은 게 사람의 마음이다. 양에게서 재미를 본 사람들은 몸에 좋은 다른 동물이 없을까 주위를 둘러보았다. 그리고 잘 알다시피, 세상은 동물들로 가득 차 있다.

1920년대 초반, 캐나다 토론토 대학교의 연구진은 개에게서 인슐린을 분리해내는 데 성공했다. 이제 상업화를 위해서 필요한 것은 대량 생산. 예나 지금이나 학교에서 대량 생산을 하기는 힘든 법이다. 토론토 대학교는 인근의 제약회사에 인슐린에 대한 권리를 양도했는데, 이때 받은 기술 이전 비용은 놀랍게도 단돈 1달러였다. 사실상 공짜로 권리를 획득한 릴리Lilly사는 개보다는 조금 더 큰 동물에게서 인슐린을 뽑아내기 시작했다. 돼지와 소의 췌장에서 추출한 것인데, 이 전략은 대성공을 거두어 인슐린은 그 후로 60년간 당뇨병 환자의 혈당을 떨어뜨리는 용도로 사용되었다. 인슐린 신화는 개, 돼지, 소 덕분에 가능했다고 해도 지나친 표현이 아니다.

동물을 단순히 의약품 추출의 대상으로만 본 것은 아니다. 때로는 사람에게 도움이 되는 물질을 만들기 위한 일종의 생산수단으로 활용한 경우도 있다. 19세기 말에 연구자들이 디프테리아균 감염을 막기 위한 수단으로 디프테리아 항혈청을 연구했는데, 이때 사용했던 방법은 말을 디프테리아균에 감염시킨 후 말이 생산하는 항혈청을 사람에게 투여하는 방식이었다. 이 방법은 상당한 성공을 거두었기에 이 연구를 수행한 에밀 폰 베링Emil von Behring은 1901년 제1회 노벨생리의학상의 영예를 안았다.

바이러스 백신도 동물의 덕을 톡톡히 봤다. 1930년대에 바이러스 백신을 생산하기 위해 사용한 방법은 원숭이를 바이러스에 감염시켜서 바이러스를 배양하는 방식이었다. 바이러스가 살아 있는 조직에서만 증식하기 때문에 내린 선택이긴 했지만 아무래도 조금 잔인한 면이 있다. 그래서 학자들은 대안을 찾게 되는데, 이때 등장한 것이 닭의 수정란이다. 바이러스는 수정란도 살아 있는 세포로 간주하고서 무한히 증식했고, 사람들은 이 작업을 반복하면서 각종 바이러스 백신을 생산할 수 있었다. 원숭이보다 닭의 수정란이 실험하기에 편리하고 또 신속했던 측면도 무시할 수 없을 것이다.

개, 돼지, 소, 원숭이, 말, 닭. 12간지에 해당하는 동물들이 거의 모두 등장하는 이 흐름에서 조금 더 자세하게 언급하고 싶은 동물은 뱀이다. 뱀이 약학자들에게 본격적으로 의미를 가지게 된 계기는 뱀독이라고 봐야 할 것이다. 원래 약이 독이고, 독이 약인 법. 중요한 것은 양이다. 한 방울만으로도 사람을 절명시킬 수 있는 치명적인 뱀독에도 약학자들이 관심을 보이기 시작했다.

뱀에 물리면 여러 가지 이유로 죽을 수 있다. 놀라 도망가다가 떨어지거나 부딪혀 죽는 물리적 요인을 제외하더라도, 생리적으로 피가 멎지 않는다거나, 근육을 마비시켜 호흡을 못 하게 한다거나, 세포 내 이온 농도를 교란하여 심장을 멈추게 하는 등 다양한 방식으로 뱀은 자신의 사냥감을 절명시킨다. 그런데 남미의 자라라카 Bothrops jararaca라는 독사는 사람의 혈압을 떨어뜨려 죽이는 것으로 유명했다. 그렇다면 이 뱀독을 적당량 사용해 고혈압 치료제로 쓸 수 있지 않을까? 당시 고혈압은 미국 내에서 주요 사망원인이었지만 그럴듯한 약은 아직 나오지 않은 상태였다. 뱀독이 위험하긴 하지만 어차피 모든 약은 독이잖은가.

뱀독 전문가로 박사 학위까지 받았던 의약학자 세르히오 페헤이라 Sergio Ferreira는 고혈압 약을 찾겠다는 희망에 부풀어 자라라카를 잡고 이를 벌려 앞니에서 나오는 독을 뽑아냈다. 위험한 물질이긴 하지만 그 정도는 충분히 다룰 수 있었다. 1965년의 일이었다.

뱀에게서 독을 뽑아내는 모습.

그가 추출한 뱀독은 예상대로 혈압을 떨어뜨리는 효과가 강력했다. 이 뱀독이 작용하는 기전도 확실했다. 인체 내에는 혈관을 수축시켜서 혈압을 올리는 '안지오텐신 II angiotensin II'라는 혈관 수축 호르몬이 있는데, 뱀독은 이 물질의 체내 생산을 원천봉쇄하는 방식으로 사람을 죽이고 있었다. 이 호르몬은 신장에서 신호를 받아 혈압을 올리는 용도, 즉 몸에서 물을 빼내거나 나쁜 물질을 빠르게 걸러내는 목적으로 우리 몸이 자체 생산하는 물질이다. 그런데 지금의 인류는 고혈압으로 인한 문제가 훨씬 더 심각한 세상을 살고 있다. 이런 맥락에서 약학자들이 위험하기 짝이 없는 뱀독에게까지 관심을 보인 것이다. 뱀독을 희석해서 쓰거나 구조를 바꿔서 안전하게 만들어서 쓴다면 완만한 혈압강하 효과를 볼 수도 있을 터였고, 여러모로 약으로 개발할 여지가 다분했다. 미국의 거대 제약회사도 연결됐고, 이제 대량 생산을 해야 할 때였다. 그리고 문제는 여기서 시작되었다.

뱀을 기르는 것으로 수요를 감당하기에는 도저히 답이 나오지 않았기 때문이다. 실험용 쥐를 기르는 것도 만만찮은 일이다. 하물며 치명적인 독을 함유한 뱀을 사육장에서 기르고 날마다 그 독을 채취하는 것은 불가능한 일이다. 물리면 어쩌란 말인가. 아무리 연구직이 3D업종이라고 하지만 이건 좀 심하다. 앞서 언급한 탁솔의 경우도 그렇거니와 연구용으로 소량 확보하는 것과 전 세계에 공급하기 위해 대량 생산하는 것은 다른 차원의 일이다.

화학적으로 만들면 안 될까? 제약회사 연구진들이 분석을 해보니 뱀독도 일단 화합물이긴 했다. 그런데 분자가 너무 거대했다. 테프로티드teprotide라는 이름이 붙어 있는 이 뱀독은 1970년대의 기술로 대량 생산하기에는 생산 단가가 나오지 않는 구조였다. 굳이 무리해가며 연구 예산을 쏟아부었더니 어쨌든 이 치명적인 뱀독 1킬로그램을 만들어내는 데에는 성공했다. 톤 단위로 생산하려면 견적이 나오지 않는 상태였지만 다행인지 불행인지 더 이상 만들지는 않아도 되었다. 의약품으로 개발하기에는 부적절하다는 것을 확인했기 때문이었다. 생산 단가보다 더 큰 문제는 불안정하다는 것. 이 약은 먹었을 때 흡수되지 않고 위산 속에서 분해되는 구조였다. 결국 주사제로 맞아야 한다는 것인데, 혈압약이 평생 복용해야 하는 약이라는 것을 감안하면 어떤 방식으로든 알약으로 만들어야만 했다. 뱀독을 약으로 개발하는 데는 여러모로 난관이 많았다. 추출도, 합성도, 후속 개발도 힘든 이 상황에서 연구진은 돌파구를 마련해야만 했다.

이때 연구진은 두 가지 방법으로 혁신을 꾀했다. 첫 번째 혁신은 뱀독, 즉 테프로티드가 혈압을 떨어뜨리는 기전을 연구하는 것이었다. 당시 제약회사 스퀴브Squibb에서 이 연구를 주도했던 사람은 미국 태생의 생화학자 데이비드 쿠시맨David Cushman과 아르헨티나 태생의 화학자 미겔 온데티Miguel Ondetti. 이 둘은 1999년에 의약학 분야에서 노벨상 다음으로 권위가 높은 래스커상Lasker Award을 수상하였다.

패싸움에서 승산이 없을 땐 우두머리를 노려야 하는 법. 답이 없을수록 핵심에 접근해야 한다. 그러기 위해선 기전을 연구해야 하고,

기전을 연구하다 보면 이 난관을 돌파할 실마리도 보이지 않을까. 연구진은 지금의 관점에서 봐도 상당히 체계적인 연구를 진행했고, 뱀독 화합물에서 가장 핵심적인 구조를 찾아냈다. 항상 그렇다. 핵심은 간단하다. 뱀독의 화학적 구조 역시 거대하고 복잡하기 짝이 없었지만, 가장 중요한 부위는 그중 일부였다. 그리고 이 부위가 어떠한 방식으로 작용해서 혈압을 떨어뜨리는지 그 이유도 밝혀냈다. 수많은 효소와 생성물이 복잡하게 얽혀 있는 거대 시스템 속에서 당시의 연구진이 이룬 성취는 현재 관련 교과서에 실릴 정도로 잘 설계된 신약 개발 과정이다.

두 번째 혁신은 이렇게 찾아낸 핵심 구조를 살짝 바꾸는 것이었다. 어차피 전체 구조를 다 바꿀 수도 없는 노릇이었고, 바꿀 필요도 없었다. 중요한 것만 바꾸면 되는 일이었다. 그리고 핵심을 직접 건드리는 이 전략은 예상대로 먹혔다. 핵심 부위, 즉 뱀독 성분의 말단 구조만 플라스크에서 화학적으로 합성했는데, 이 신규 물질의 혈압 저하 활성이 훌륭했다. 뱀독 그 자체에 비할 바는 아니었지만 어쨌든 실마리는 잡혔다. 화학자들이 만들어낸 구조다 보니 합성이나 생산도 쉬웠다. 시험으로 비유하자면 긴 주관식 문제를 다 풀지 못해 가장 중요하다고 생각한 부분만 답을 썼는데 꽤 괜찮은 부분 점수를 받은 셈이다.

연구진은 이 간단한 화합물을 추가로 개량해 구조를 최적화한 후 시판했다. 1981년이었다. 캡토프릴Captopril이라 이름 붙은 이 약은 새로운 기전의 고혈압 치료제로서 각광받으며 시장을 뒤흔들었다.

당시로서는 이례적으로 매출액 1조 원을 넘겨서 블록버스터 의약품의 반열에 올랐을 뿐 아니라, 관련 기전 의약품 개발의 토대가 되기도 했다. 2022년 〈네이처〉의 자매지인 〈네이처 리뷰스 케미스트리〉는 관련 논문을 게재하면서 캡토프릴을 "뱀독 유래 생리활성 물질에서 개발한 최초의 의약품"이라고 표현하였다. 역시 핵심을 파악하고, 할 수 있는 만큼이라도 하는 게 답인가 보다.

독도마뱀

뱀독을 제대로 다루지 못해 일부 구조만 소심하게 건드리던 1970년대의 화학자들과는 다르게, 2000년대의 의약화학자들은 고난이도 단백질들을 비교적 효율적으로 생산하는 기술을 확보했다. 그리고 이런 기술 향상은 당뇨병과 비만 치료제 시장에 일대 혁명을 일으키게 된다.

우리가 식사를 하면 무슨 일이 일어날까? 우선 음식물이 입에서 잘게 부서지고 위에서 멸균 보관된 후 천천히 십이지장과 소장으로 내려간다. 그리고 각종 소화효소의 도움을 받아 작은 아미노산과 지방, 단당류로 분해된 후 흡수되어 각 장기로 퍼져나간다. 이 중 에너지를 생산해내는 데 있어 가장 중요한 역할을 하는 것은 글루코오스glucose와 같은 단당류이다. 글루코오스를 분해하면서 우리는 에너지와 몸에 필요한 각종 구성 성분을 확보하게 된다.

그런데 우리 몸에 들어온 글루코오스는 주로 세포 속에서 분해된다. 즉, 몸 안에 들어온 글루코오스를 제대로 활용하기 위해서는 글루코오스가 각종 조직의 세포 내부로 들어가야 한다. 세포 속으로 들어가지 않고 혈관에 계속 머물다가는 치명적인 부작용이 나타난다. 우리 몸에 피가 아니라 꿀이 흐른다고 생각해보라. 몸의 말단부로 갈수록 혈관은 좁아지는데, 끈적끈적한 피는 좁은 혈관 속으로 갈 수 없기 때문에 조직이 썩게 된다. 눈이나 발에서 특히 이런 현상이 많이 나타난다. 그와 동시에 피를 여과해서 만들어지는 소변에는 다량의 글루코오스가 포함되어서 정상적인 소변에서는 나지 않는 달콤한 향기가 난다. 피에는 글루코오스가 많지만 세포는 그 글루코오스를 사용하지 못하고 그림의 떡으로 바라만 보는 질병, 바로 당뇨병이다.

당뇨병도 원인에 따라 여러 가지 유형으로 나뉘지만, 어쨌든 제일 대표적인 치료제는 앞서 언급한 바 있는 인슐린이다. 그런데 당뇨병을 치료하기 위해 인슐린을 넣어주는 것 말고 다른 방법은 없을까? 인슐린에 내성이 생긴 사람은 이제 희망이 없는 것일까?

인체에 대해 지식이 쌓여가면서 사람들은 식후에 나오는 호르몬을 찾아내는 데 성공했다. GLP-1glucagon-like peptide-1이라는 공식 명칭을 가진 이 '식후호르몬'은 음식물 소화 속도를 늦춰서 포만감을 느끼게 하는 동시에, 췌장에는 인슐린을 분비하도록 지시한다. 식후호르몬의 지시에 급하게 불려 나온 인슐린은 각종 세포 속으로 부지런히 글루코오스를 집어넣도록 신호를 보내고, 그 결과 혈당은 떨어지게 된다. 식후에 급하게 올라가는 혈당을 에너지원으로 활용하는 고효율 시스템이다. 그렇다면 당뇨병을 치료하기 위해 인슐린을 사용하는 것보다는 조금 더 상위 신호에 해당하는 이 식후호르몬을 넣어주는 것도 괜찮지 않을까? 활용할 수 있는 방안이 다양할수록 환자를 치료할 가능성은 커지기 마련이다.

GLP-1은 실제로 인슐린보다 활용하기 편리한 측면이 있었다. 이 호르몬도 어쨌든 단백질인데, 인슐린보다는 조금 더 간단한 구조였다. 인슐린이 보통 51개의 아미노산으로 구성되어 있는데 반해, GLP-1은 상태에 따라 조금씩 다르지만 구성하는 아미노산이 37개를 넘지 않는다. 구조가 복잡한 분자보다는 간단한 분자가 아무래도 생산하기 쉽다. 이미 외부에서 투여하는 인슐린에 내성을 보이는 환자도 많은 만큼 외부에서 보다 간단한 구조의 식후호르몬을 주입해 체내에서 자체적으로 인슐린을 생산하도록 한다면 효과가 있을 게 분명했다.

그런데 결정적인 단점이 있었다. 식후호르몬이 인체 내에서 불안정하다는 점이었다. 어느 정도로 불안정하냐면 반감기가 2분이었다. 식후호르몬은 식사를 한 후에 혈당이 높아지면 잠깐 등장해서 인슐린을 분비하라고 명령하고 사라져버린다. 뼛속까지 관리자형 단백질이다. 이처럼 식후호르몬을 빠르게 분해하는 시스템이 갖춰진 것은 혈당이 너무 낮아져도 문제이기 때문이다. 하지만 사회가 빠르게 진화하고 인간이 과거와는 비교도 안 될 정도로 설탕이 풍부한 시대에 살게 되자, 고혈당과 저혈당의 균형을 맞추는 쪽으로 진화한 신체가 적응하지 못했다. 과거보다 높아진 혈당을 낮추기 위해서는 식후호르몬이 조금 더 필요하다. 그런데 외부에서 식후호르몬을 만들어 넣어주는 것은 별 의미가 없다. 불과 2분 만에 절반이 분해되어 사라져버리기 때문이다. 따라서 조금 더 오래 지속할 수 있는, 그러면서 식후호르몬과 같은 작용을 하는 물질이 필요했다.

이 고차원적인 질문에 대한 해답은 뜬금없이 아메리카독도마뱀에게서 나왔다. 힐라 몬스터Gila monster라고도 불리는 이 도마뱀은 미국 남서부의 사막 지대에 주로 서식하는데, 사막의 특성상 먹이를 구하기가 쉽지 않다. 심할 때는 1년에 세 번 정도만 식사를 해야 할 때도 있다. 하루 세 번이 아니라, 1년에 세 번이다. 간헐적 단식이 유행이라지만 이 정도면 심하다. 결국 독도마뱀은 환경에 적응하기 위해 흔치 않은 방식으로 진화를 했는데, 바로 혈당을 자유자재로 조절하는 능력을 진화시킨 것이다. 어쩌다 한 번씩 들어오는 먹이에서 얻은 양분을 두고 1년 내내 생활하기 위해 자체적인 글루코오스 조절 시스템을 마련한 것이다. 이 도마뱀은 자신만의 GLP-1, 즉 식후호르몬을 만들어서 영양분의 수위를 조절하고 있었다.

아메리카독도마뱀의 식후호르몬은 사람의 식후호르몬과 상당히 비슷하다. 아미노산 서열이 53퍼센트 정도 일치하는데, 단백질을 이루는 아미노산의 종류가 20가지라는 것을 생각하면 53퍼센트의 유사성은 상당히 높은 것이다. 그렇다면 효과도 기대해볼 수 있지 않을까? 떨리는 마음으로 아메리카독도마뱀의 식후호르몬을 사람에게 넣어준 결과, 인체에서도 유사하게 작용해서 인슐린을 분비시킨

힐라 몬스터.

다는 것을 확인할 수 있었다. 그리고 훨씬 더 안정적이었다. 사람 몸 속에서 2분도 안 되어 식후호르몬을 분해하던 시스템은 도마뱀에게서 유래한 이 물질을 인식하지 못하고 내버려두었다. 반감기는 무려 2.4시간. 70배 이상 안정적인 덕분에 당뇨병 환자의 몸에서 오랜 시간 동안 인슐린을 분비시킬 수 있게 되었다. 비슷한 효과를 보이면서도 안정적인 물질을 드디어 찾아낸 과학자들은 이 귀한 물질을 애지중지 다루며 엑세나타이드exenatide라고 불렀다.

독도마뱀의 식후호르몬은 곧바로 당뇨병 치료제로 사용되기 시작했다. 새로운 기전의 당뇨병 치료제였다. 인슐린을 직접 주입하는 종래의 방식 외에 직접적으로 인슐린 수치를 늘려주는 다른 물질이 개발됐다는 학계의 보고에, 당뇨병 환자들은 열렬히 환영했다. 그 시작이 아메리카독도마뱀이란 것은 별로 중요하지 않았다. 지금도 이 계열의 물질은 두루 개발되어 사용되고 있다. 그런데 의외의 사람들도 엑세나타이드에 관심을 보였다. 바로 살을 빼려는 사람들이었다.

GLP-1이나 엑세나타이드 같은 전문용어가 공식적인 이름이긴 하지만, 이 물질의 본질은 식후호르몬이다. 식후호르몬이 췌장에게 인슐린을 분비하라는 신호를 주는 점을 이용해서 당뇨병 치료제로 사용하지만, 식후호르몬은 소화관에도 작용해 배가 부르다는 신호를 준다. 그렇다면 이 물질을 포만감을 늘리고 최종적으로는 살을 빼는 용도로도 쓸 수 있지 않을까?

다만 엑세나타이드는 엄밀히 말해 독도마뱀의 호르몬이다. 생명이 위험한 당뇨병 환자와는 다르게 대부분의 비만 환자는 삶의 질을 위해서 약을 쓰곤 한다. 물론 비만 환자들 중에도 건강에 직접적으로 영향을 받는 이들이 있지만, 비만 치료제가 시판된다면 미용 목적으로 복용할 사람들도 분명히 있을 터였다. 이런 환자들은 독도마뱀의 호르몬을 쓰기는 조금 망설여질 것이다. 53퍼센트가 사람의 식후호르몬과 동일하다는 건 47퍼센트는 다르다는 말이잖은가.

이런 우려 때문일까. 분자 조각가들은 독도마뱀의 식후호르몬인 엑세나타이드 대신, 사람의 식후호르몬인 GLP-1을 넣어주는 방식을 다시 연구하기 시작했다. 사람의 식후호르몬은 넣어줘봤자 2분 만에 분해되어버린다고 하지 않았던가? 하지만 이 연약하기 짝이 없는 식후호르몬이 분해되지 않도록 분자 조각가들이 구조를 살짝 바꿨다. 조각가들은 식후호르몬이 분해되는 자리에 일종의 화학적 보호막을 덮어서 쉽게 분해되지 못하도록 했다. 리라글루타이드

liraglutide라는 물질인데, 빅토자Victoza라는 이름의 당뇨병 치료제로 판매를 시작했을 때는 학계를 놀라게 했지만, 삭센다Saxenda라는 이름의 비만 치료제로 팔리면서는 아예 시장 전체를 뒤흔들어놓았다.

이 물질은 아무래도 사람의 식후호르몬에서 유래한 물질이기 때문에 독성 문제에서도 조금 자유롭다. 그러다 보니 최근에는 이 물질이 조금 더 시장에서 환영받고 있다. 식후호르몬, 즉 GLP-1의 전체 구조에서 분자 조각가들이 수식한 구조는 극히 일부분이다. 하지만 분자 조각가들의 작지만 큰 노력을 바탕으로 우리는 비교적 안전한 당뇨병 치료제와 비만 치료제를 쓸 수 있게 되었다. 그리고 삭센다의 성공 이후 관련된 물질이 꾸준히 개발되어 지금은 하나의 카테고리를 형성하고 있다. 전문적으로는 'GLP-1 수용체 효능제GLP-1 receptor agonists'라고 불리는 이 카테고리에 속한 의약품에 대한 연구가 활발하게 이어지고 있으며, 2023년을 관통하는 지금은 다른 기전을 추가한 약물을 개발해 관련 의약품 시장에 신선한 바람을 불러일으키고 있는 중이다.

참고로 식후호르몬에 대한 연구는 당뇨병 치료의 또 다른 전략과도 밀접하게 관련되어 있다. 식후호르몬이 체내에서 2분 만에 분해되는 것은 어쨌든 불변의 사실이다. 이 분해를 회피하기 위해서 도마뱀의 호르몬을 쓰거나 사람의 식후호르몬 구조를 바꾸는 등의 연구를 했고, 그 결과 당뇨병 치료제나 비만 치료제를 개발한 것은 좋다. 그런데 그냥 저 분해하는 시스템 자체를 막아버리면 안 될까? 원래 잘 되게 하는 것은 어렵지만 방해하는 것은 조금 더 쉬운 법. 순식간에 사라지는 식후호르몬이 조금 더 작용할 수 있도록 하기 위해서는 분해하는 시스템을 은밀하게 막는 게 더 효율적일 수도 있다.

실제로 식후호르몬을 분해하는 시스템도 결국 단백질이 관련되어 있다. DPP4 dipeptidyl peptidase 4라고 부르는 단백질인데 이 '분해단백질'을 억제한다면 도마뱀독이고 뭐고 필요 없이 원래 우리 몸에서 만들던 식후호르몬이 영문도 모른 채 오래오래 작용할 것이 틀림없다. 그리고 오랜 노력 끝에 이러한 전략에 기반을 둔 DPP4 저해제들이 개발되어 당뇨병 치료제로 활발하게 사용 중이다. 과거 인슐린만 사용하던 시절에 비해 지금은 당뇨병 환자들이 쓸 수 있는 옵션이 훨씬 더 많아졌다. 이러한 당뇨병 치료 기술 발전의 근간에 동물들의 희생이 있다는 점을 잊지 않았으면 한다.

신약을 개발하던 사람들이 동식물에서 얻어낸 물질을 기반으로 연구했다는 사실은 새로우면서 그만큼 또 흥미롭다. 그런데 근본적인 질문도 동시에 떠오르게 된다. 사람은 사람이다. 식물도 아니고 개나 소도 아니다. 그렇다면 사람을 치료하기 위해서는 사람 몸에서 나오는 물질을 연구해야 하지 않을까? 사람을 대상으로 연구하는 것은 무척이나 어려운 일이다. 윤리적 이슈부터 기술적 한계까지 넘어야 할 난관이 많다. 그럼에도 불구하고 만약 성공한다면 훨씬 더 직접적으로 도움이 될 것은 분명하다. 그리고 분자 조각가들은 이 어려운 일을 지금 훌륭하게 해내고 있다.

더 들어가기

천연물을 조각하기 위한 화학자들의 경쟁

동식물에서 약이 될 만한 물질이 있다는 것을 알아낸 화학자들이 이를 활용해 의약품을 개발하기 위해 노력했다는 것은 본문에서 설명했다. 이 과정에서 때로는 화합물의 일부만이라도 만들어 효과를 보려는 노력이 성공적으로 결실을 맺었다는 것도 뱀독에서 유래한 캡토프릴의 예와 함께 이야기했다. 캡토프릴의 구체적인 구조는 다음과 같다. 거대한 테프로티드의 구조 중 핵심적인 역할을 하는 붉은색 말단 부분만 참고해 캡토프릴의 구조를 도출했음을 짐작할 수 있다.

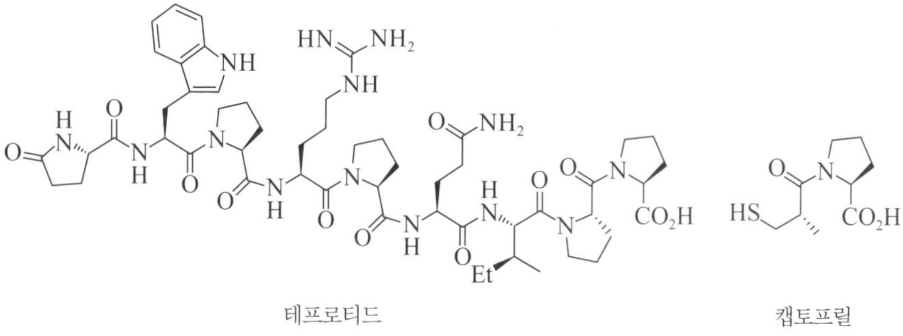

테프로티드와 캡토프릴의 구조.

그런데 천연물 합성을 위한 노력은 이런 의약학적인 의미 외에 또 다른 의미를 가지고 있다. 바로 분자 조각의 정수라는 점이다. 앞서 모르핀 합성을 언급했는데, 이 과정은 생각보다 복잡하다. 아래의 왼쪽 그림은 모르핀의 구조와 모르핀 합성에 사용한 출발물질의 구조이다. 빨간색으로 표시한 구조가 화학자의 손을 거치며 모르핀으로 바뀌었다. 화학 구조식을 완전히 이해하지 않더라도 구조가 상당히 많이 바뀌었다는 것은 짐작할 수 있다. 1952년이면 한국이 전쟁의 포화 속에서 신음하고 있을 때인데, 미국에서는 이런 물질을 만들어내고 있었다니 그저 놀라울 따름이다.

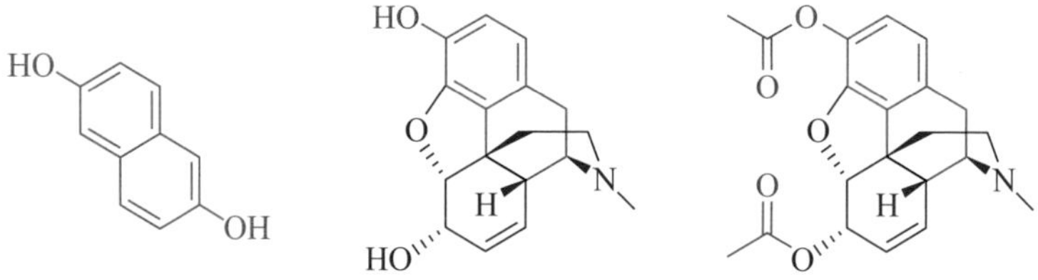

출발물질 모르핀 헤로인

1952년 모르핀의 화학적 생산에 쓰인 출발물질과 모르핀, 헤로인의 구조.

본문에서 언급한 헤로인의 구조도 비교를 위해 첨부했다. 19세기에 헤로인을 만들기 위해서는 우선 모르핀이 필요했다. 그래서 양귀비를 재배하고 아편을 추출해서 모르핀을 정제한 후, 그림에 파란색으로 표시한 치환기(아세틸기) 두 개를 연결하는 정도의 변화밖에 줄 수 없었다. 하지만 20세기에 모르핀의 구조를 알게 되고 골격 자체를 화학적으로 만들 수 있게 되면서, 비슷한 구조의 합성 마약들을 생산하는 것이 가능해졌다. 물론 그만큼 중독성이 심해졌지만 말이다.

모르핀으로 자신감을 얻은 화학자들은 다른 물질들에도 도전하기 시작했다. 모르핀 외에도 간단한 천연물인 코카인이나 퀴닌, 아트로핀 같은 물질을 화학적으로 합성해내기 시작했다. 그렇다면 좀 더 욕심을 내봐도 되지 않을까?

1950~60년대 이 분야의 최고봉은 앞서 잠깐 언급했던 하버드 대학교의 화학과 교수 로버트 우드워드였다. 그는 특별한 분석 장비도 없던 시절, 연필로 화합물의 구조를 그리고 반응성을 예측하며 복잡한 화합물을 합성한 것으로 유명하다. 그리고 1965년에 유기화학을 예술의 경지로 끌어올렸다는 평가와 함께 노벨화학상을 수상했다. 이후 그는 화학반응의 양상과 규칙을 연구하여 다시 한번 노벨상에 회자된다. 우드워드와 함께 우드워드-호프만 법칙Woodward-Hoffmann rules을 발견한 로알드 호프만Roald Hoffmann이 1981년에 노벨화학상을 수상한 것이다. 호프만보다 이름이 앞에 있건만 우드워드는 이때 노벨상을 받지 못했다. 그 이유는 간단하다. 그가 1979년에 이미 죽었기 때문이다. 그는 비교적 젊은 나이인 62세에 타계했는데 살아 있었다면 어떻게 됐을지 궁금해지는 대목이다. 참고로 당시까지 노벨상을 두 번 받은 사람은 마리 퀴리Marie Curie를 포함해 네 명밖에 없었다.

당시 그의 합성 과정을 자세하게 살펴보면 정밀한 조각 작업이란 표현이 딱 들어맞는다. 분자 내 작용기를 이용해서 선택적으로 반응시키는 모습이나 구조적 특성을 역이용하여 반응의 선택성을 뒤바꾸는

Former MIT undergraduates named 1965 Nobel Laureates

by Chuck Kolb

Two scientists who received their undergraduate degrees from MIT were named 1965 Nobel Prize winners late last week.

Dr. Robert B. Woodward '36, Morris Loeb Professor of Chemistry at Harvard, was awarded this year's Chemistry prize, while Dr. Richard P. Feynman '39, Professor of Physics at Caltech, shared the 1965 physics award with Dr. Julian S. Schwinger of Harvard and Japanese scientist Dr. Shinichero Tomonga.

Ph.D. here too

Professor Woodward, who also received his PhD from MIT in 1937, has devoted his research to the syntheisis of organic compounds. A long list of the successful synthesis with which he is credited includes cortisone, cholesterol, strychnine, and chlorophyll. This latter synthesis was cited in the Nobel Committee's report on his achievements.

Cites professors

In recalling that he had a "rather checkered academic career," Dr. Woodward stated that several of his professors were very helpful, both academicly and in helping him through his problems with the administration. Among those mentioned were Leicester Hamilton, now Professor of Analytic Chemistry, Emeritus; Avery Ashdown, now Associate Professor of Organic Chemistry, Emeritus; and Avery Morton, now Professor of Organic Chemistry, Emeritus.

Proof positive that a freshman picture lingers on are these photos of Dr. Robert B. Woodward '36 (left) and Dr. Richard P. Feynman '39 as they appeared here at MIT in the 1930's. Both men are 1965 Nobel Laureates.

zes so that if he made perfect, scores on all of them he would get a passing grade in each course. "After all," he commented, "there are only 168 hours in a week." He also advance placed many courses.

Feynman cited

Professor Feynman was awarded his prize for theoretical advances in the quantized calculations of interactions between charged particles. He recalled that Professor Philip Morse taught him quantum mechanics in his office because there was no quantum mechanics course offered at the Institute (1938-1939).

also recalled seeking Professor John Slater's advice on graduate schools. When Professor Slater advised him not to attend graduate school at the Institute because he should be exposed to another school's viewpoint, Feynman protested that MIT was the best school in the country. "If you believe that," Slater told him, "you really better go to grad school somewhere else."

Varied career

"Forced" out of MIT, Dr. Feynman went to grad school at Princeton, worked on the Manhattan Project, taught at Cornell, and went to Caltech in 1950.

1965년 노벨화학상을 받은 로버트 우드워드(왼쪽). 그해 노벨물리학상은 그의 MIT 학부 동문이었던 리처드 파인만(오른쪽)이 받았다.

과정은 말 그대로 예술이다. 한 예로, 레세르핀reserpine은 그 구조가 워낙 복잡하여 실험실에서 합성하기 불가능하다고 생각되어지는 물질이었다. 하지만 우드워드는 이런 편견을 비웃으며 간단한 화학물질에서 출발해 레세르핀과 같은 복잡한 천연물질을 합성해내는 데 성공한다. 지금과 같은 정밀한 장비들 없이 칠판에 분자 구조를 그려가면서 화합물 합성 전략을 설계하는 과정은 지금 봐도 감탄이 나올 따름이다.

한 명이 치고 나가면 다른 사람들도 힘을 내기 마련이다. 우드워드에 자극받은 다른 화학자들 또한 앞다투어 많은 화합물들을 독창적인

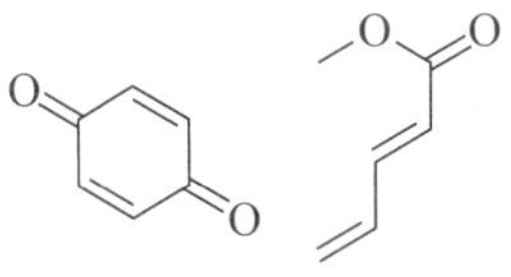

출발물질

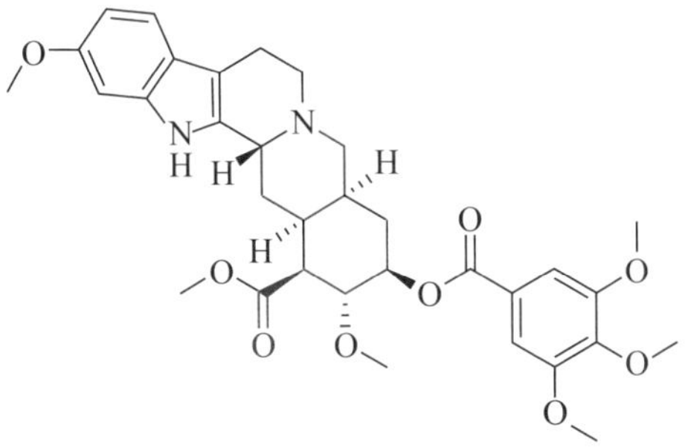

레세르핀

1956년 합성된 레세르핀과 출발물질의 구조. 붉은색과 파란색 이외의 구조 대부분을 당시 화학 기술로 조각해냈다.

방식으로 만들기 시작했다. 화학자들이 복잡한 화합물을 만들면서 자신들의 화학 기술을 자랑하던 시대였으며, 합성하고자 하는 화합물은 점점 더 복잡해졌다. 화학자들 간의 자존심이 걸린 문제이기도 했고, 보다 좋은 화학반응을 개발해 천연물에 적용하고자 하는 목표도 있었다. 경연대회에 나온 가수들이 누가 고음을 잘 소화하는지 경쟁하는 것처럼, 화학자들은 누가 복잡한 화합물을 잘 만들어내는지 보이지 않는 경쟁을 했다.

이러한 경쟁은 지금도 이어지고 있다. 천연물은 의약품 개발의 무한한 원천이기도 하고 복잡한 천연물을 합성하는 과정에서 새로운 합성법이 개발되기도 한다. 그리고 이렇게 개발된 새로운 합성법은 또 다른 물질의 합성에 적용된다. 복잡한 천연물을 순수하게 화학적으로 합성하는 연구는 여전히 화학계의 중요한 연구 주제다. 105쪽의 그림은

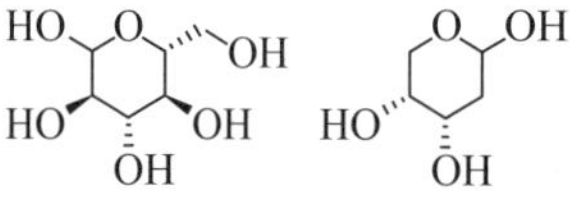

출발물질들

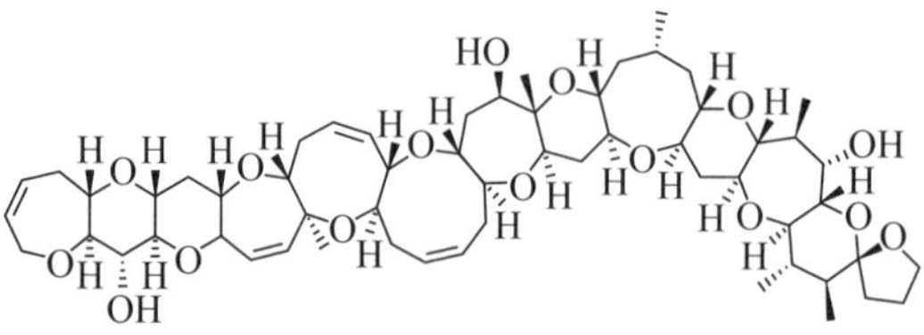

시구아톡신의 핵심 구조 (CTX3C)

2001년에 합성된 시구아톡신의 핵심 구조와 당시 사용된 출발물질들. 저 간단한 출발물질을 구조가 복잡하기 짝이 없는 물질로 전환시켰다.

최근까지 합성 연구가 진행되고 있는 마이토톡신maitotoxin이라는 화합물의 구조다. 아직 합성이 완료되진 않았는데, 구조가 불확실한 문제가 있어서 합성이 쉽지는 않을 것으로 생각한다.

그런데 이렇게까지 복잡한 천연물을 굳이 화학적으로 합성할 필요가 있을까? 이런 화합물을 만드는 과정에서 많은 화학반응이 개발되고 이 기술들이 다시 피드백을 거쳐 의약품 생산에 이용되긴 하지만, 그래도 그렇지 너무 복잡함에만 집착하는 것 아닐까? 약으로 개발할 거라면 그냥 추출하는 방식이 더 생산적일 것이다.

이미 지난 100여 년간 유기화학자들이 불철주야 노력하면서 분자를 조각하는 방법은 충분히 쌓였다. 화학자들은 아무리 복잡한 분자라도 고유의 특성을 이용하거나 잘 설계한 시약을 사용하면 합성할 수 있다는 것을 증명했다. 더 복잡한 것을 만드는 것은, 화학계 내부에서는 의미가 있을지 모르지만 과학계 전체로 봐서는 큰 의미를 찾기 어려운 일이다. 매운 것도 계속 먹으면 질린다. 고음으로만 채워진 노래

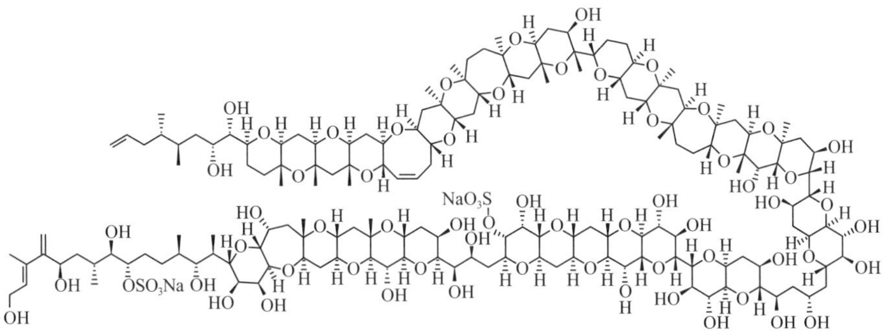

마이토톡신

최근까지 합성법이 연구되고 있는 마이토톡신의 구조. 이제 이 정도 구조는 만들어줘야 사람들이 인정한다.

는 오래 듣기 힘들다. 마찬가지로 복잡한 물질이 꼭 좋은 물질인 것도 아니다. 화학자들은 단순하지만 유용한 다른 물질을 연구하기 시작했다.

2003년에 화학계에서 신선한 이슈가 됐던 화합물이 있다. 단순한 출발물질에서 시작해 그다지 어렵지 않게 만들 수 있는 물질인데, 정작 화제가 됐던 것은 만들어진 물질의 구조였다. '나노키드Nanokid'라는 이름이 붙은 이 화합물은 춤추는 아이들의 모습을 나타내고 있다.

물론 이런 구조의 화합물이 실제로 이용될 가능성은 크지 않다. 이런 형태의 미니어처를 만들어 판매할 일도 없거니와 판다고 해도 살 사람이 많지는 않을 것이다. 수업 시간에 소개해주면 학생들이 좋아하므로 분위기 전환용이 될 수 있고, 실제로 내가 재직하는 학과 학생들이 '나노키드'라는 이름의 댄스 동아리를 만들기도 했다. 이런 걸 가르치는 사람이나, 동아리 이름에 넣는 학생이나 다들 살짝 이상한 건 매한가지이지만, 그래도 이걸 만든 연구자에 비할 바는 아닐 것이다. 대체 이런 물질은 왜 만들었을까?

이 합성이 던지는 메시지는 분명하다. 분자 조각 그 자체를 보여준다는 점이다. 방향족 탄소에 적절한 치환기를 도입하고 다양한 산소를 도입함으로써 머리, 팔, 다리, 허리를 수식했고, 필요하면 두 분자를 합치는 재치도 보여주었다. 2나노미터 정도 되는 크기의 물질마저도 조각할 수 있다는 것을 보여준 이 논문은 화학계에서 꽤 좋은 평가를 받았다. 그런데 이런 기술의 시연 말고 정말로 도움 되는 분자를 조각할 수는 없을까?

조각가의 기술이 아무리 뛰어나다고 한들 그것은 기술이지 예술이 아니다. 예술로 승화하기 위해서는 아름다움이 있어야 한다. 분자 조각

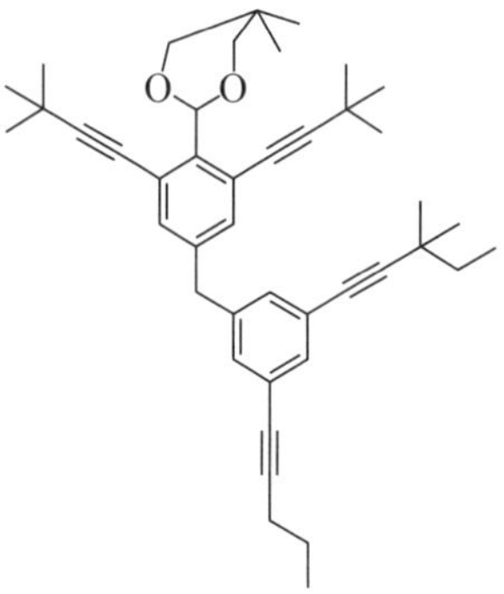

나노댄서

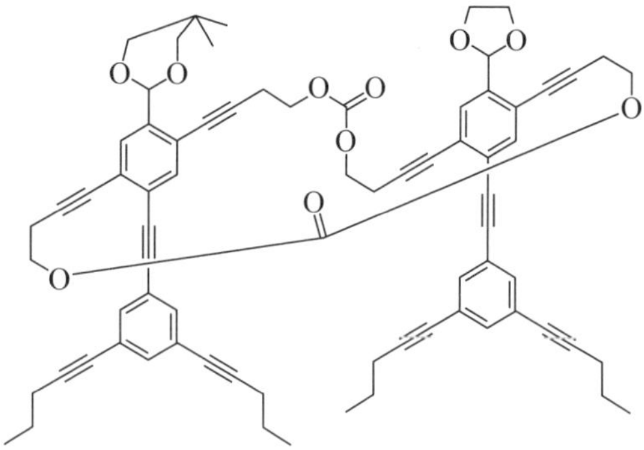

나노친구

나노키드의 구조.

가들이 아무리 자신의 기술을 자랑하고 복잡한 것을 만들 수 있는 기술을 과시한다고 한들 일반인은 별 관심이 없다. 일반인들이 관심 있는 것은 그들이 만든 물질이 우리에게 얼마나 도움이 되는지다. 분자 조각가들이 기초 연구를 넘어서 보다 직접적으로 세상에 도움이 되는 물질을 만들기 시작한 이유다.

세상에 도움이 되는 물질은 많다. 가령 고분자를 다뤄서 반도체 소재를 연구한다던가, 석유를 다뤄서 제조공정을 개선할 수도 있다. 리튬이온 배터리를 연구해서 노벨상을 받는 화학자가 있는가 하면, 잘 분해되는 플라스틱을 연구해서 환경을 보호하려는 사람도 있다. 핸드폰의 액정에 들어가는 소재를 만들어서 선명한 QLED를 개발할 수도 있다. 공기에서 비료를 생산하는 방법을 개발해 인류를 식량 부족에서 구하기도 했는데, 이런 일은 공기의 연금술로 불리고 있다. 분자 조각가들은 다양한 연구를 하면서 모두 자기가 맡은 분자를 조각하기 위해 혼신의 힘을 다하고 있다.

세상에 도움이 되는 물질에는 의약품도 있다. 우리 몸에는 수많은 단백질과 유전자가 활동하며 생명을 조절한다. 복잡한 천연물도 좋고 나노키드도 좋고 비료도 좋지만, 단백질이나 유전자에 잘 결합하는 물질을 만든다면 질병을 낫게 할 수 있지 않을까? 생명 현상을 외부에서 조절할 수 있다면 좋은 약이 될 수 있을 것이다.

3장

사람을 연구하다

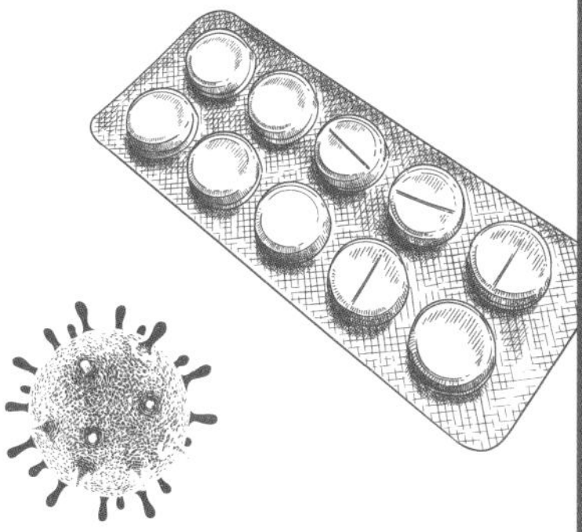

불멸의 세포와 인공 혈액

그녀가 죽었다. 사인은 자궁경부암. 1951년 10월 4일, 31세의 아프리카계 미국 여성 헨리에타 랙스Henrietta Lacks가 8개월의 암 투병 후 영원한 안식을 얻었다. 놀라운 일은 그녀가 죽은 후에 일어났다. 그녀를 치료했던 존스 홉킨스 대학교의 과학자들이 그녀의 암세포가 일반적인 세포 배양 조건에서 무한히 증식한다는 사실을 발견한 것이다. 암세포가 원래 잘 증식하는 세포이긴 하지만 살아 있는 조직에서나 해당하는 이야기다. 조직을 이기는 개체는 없는 법. 아무리 생명력이 강한 암세포라고 해도 사람이 죽으면 암세포도 죽기 마련이다.

그런데 랙스의 암 조직에서 채취한 세포는 달랐다. 집단의 운명

따위는 아랑곳하지 않는 이 불멸의 암세포를 과학자들은 자체적으로 공유하며 연구 목적으로 사용하기 시작했고, 이 세포에 헨리에타 랙스의 이름에서 두 글자씩 딴 헬라 세포주HeLa cell line라는 이름까지 붙였다. 오늘날 전 세계 대부분의 실험실에서 암세포를 대상으로 한 실험을 설계할 때 기본적으로 고려하는 세포는 이렇게 탄생했다. 정작 세포의 원래 주인이었던 랙스는 아무것도 모른 채 말이다.

헬라 세포주는 이후 각종 암 관련 연구의 출발점이 되었지만, 랙스뿐 아니라 그녀의 유족 또한 이 사실을 전혀 알지 못했다. 생전에 고인의 동의도, 기증 서약도 없이 이뤄진 이 행위는 오늘날의 관점에서는 완벽한 연구 윤리 위반이지만 그녀가 죽은 시기가 1951년임을 감안하면 이해는 된다. 그래도 공감은 무리다. 다행히 2010년에 『헨리에타 랙스의 불멸의 삶*The Immortal Life of Henrietta Lacks*』이라는 책이 출간되면서 이 부당한 처사가 공론화되었고, 랙스와 그녀의 가족들의 죽음과 삶 또한 재조명되었다. 다만 제대로 된 보상이 이뤄졌다는 이야기를 들은 적은 없다. 그나마 도의적인 차원에서 일부 연구 단체가 기부금을 내긴 했지만 보상과는 조금 다른 맥락이다.

식물에게서 모르핀을 추출하거나 동물에게서 당뇨병 치료제를 분리하듯이, 사람에게서 원하는 물질을 마음대로 확보하는 것이 가능하기는 할까? 지금이 랙스가 죽었던 1950년대도 아니니 대부분은 연구 윤리 위반으로 중단될 것이다. 그나마 비교적 자유롭게 확보할 수 있는 인체 유래 자원이라면 혈액이다. 인간은 여러 가지 이유로 피가 부족한 사람에게 피를 나눠주는 행위를 하고 있으며 심지어 이를 권장하기도 한다.

2018년 5월, 호주의 제임스 해리슨James Harrison이 했던 1173번째 헌혈이 화제가 되었다. 80세를 넘기 직전 법적으로 그가 할 수 있는 마지막 헌혈이었다. 그의 혈액에는 신생아 용혈성 질환이라는 면역 질환을 치료할 수 있는 희귀한 항체가 있었다. 그는 본인의 항체를 제공하기 위해 2주마다 병원을 찾았고, 그의 항체로 만들어진 백신은 수백만 명의 산모와 태아의 목숨을 구했다. 영웅적인 인간의 숭고한 정신을 보여주는 사례다.

하지만 영웅은 귀하다. 헌혈로 얻을 수 있는 혈액량은 항상 부족하고, 그 모자라는 양을 보충하기 위해 많은 혈액 수급 담당자들은 머리를 싸매고 있다. 일선 군부대에서는 군인들을 독려하기도 한다. 헌혈 시스템이 처음 정립된 계기로 전쟁을 꼽곤 하는데, 어느덧 민간인이 군인에게 피를 주는 것보다 군인이 민간인에게 피를 보내는 사례가 더 많다는 것은 지금이 얼마나 평화로운 시대인지를 보여주는 좋은 근거가 된다. 하지만 이는 혈액 부족 문제에 대한 근본적인 해결책이 될 수 없다.

참고로 이런 상황을 해결하기 위해 혈액대체제가 개발 중이다. SF 소설에서나 등장할 것 같은 이 개념은 놀랍게도 상당한 진전을 이루었으며 2001년부터 남아프리카공화국에서 시판되고 있다. 그래도 완벽한 해답은 아니다. 실제로 이 혈액대체제는 안전성을 이유로 미국에서는 허가받지 못했다. 이런 연구가 이뤄졌다는 사실, 여전히 위험하다는 사실, 그럼에도 불구하고 시판된다는 사실 모두가 놀랍

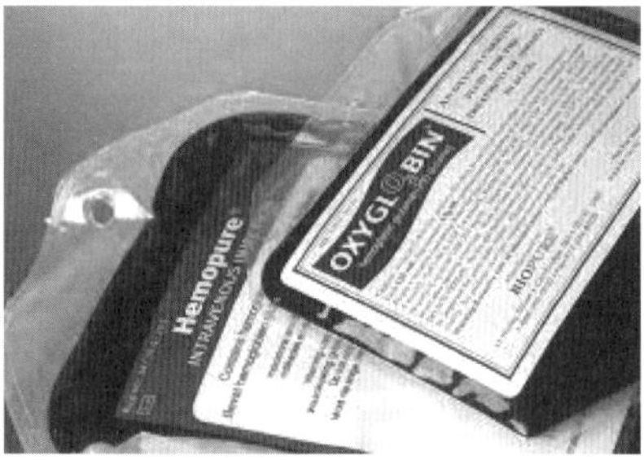

남아프리카공화국에서 시판 중인 혈액대체제.

기는 마찬가지이지만, 어쨌든 여전히 피는 부족하다.

세포든 혈액이든 사람에게서 얻은 물질을 전문 용어로는 인체유래물이라고 부른다. 각종 실험 윤리의 주요 이슈인 이 인체유래물을 안정적으로 확보한다는 것은 불가능하다. 아무리 사람에게 필요하다고 해도 다른 사람의 것을 빼앗아갈 수 없는 것은 당연한 노릇이다. 인체유래물을 대량으로 만들고 약으로 개발하는 과정은 다른 곳에서 이뤄질 수밖에 없다. 사람들이 '필요로 하는' 인체유래물을 화학자들이 추출이 아닌 다른 방법으로 대량 생산하려 한 것은 이 때문이다.

암과의 전쟁

1960년대의 미국인들에게 '가장 필요한 것'이 무엇이었을까?

여러 가지가 있겠지만 미국인들의 공통 관심사로 생각했을 때 소련의 핵무기를 막을 수 있는 무기만큼 절실한 것도 없었을 것이다. 1945년에 핵무기의 설계도를 얻은 소련은 독자적으로 핵무기를 보유하는 데에도 성공했다. 그리고 12년 뒤인 1957년에는 인류 최초의 인공위성인 스푸트니크 1호를 발사하는 데 성공했다. 당시 미국인들이 느꼈을 두려움은 충분히 짐작이 된다. 이후 소련이 핵무기를 발사할지도 모른다는 공포 속에서 모든 자원을 동원해서 우주 개발을 진행한 미국은 아폴로 11호를 달에 보내며 우주 경쟁에서 다시 우위를 점했다. 1969년, 스푸트니크 충격으로부터 12년이 지났을 때의 일이다. 소련의 핵무기에 대항할 힘을 얻었다고 자평하는 것도 무리는 아니었을 터. 관심사도 조금씩 옮겨갔다. 이제 미국인들에게 가장 필요한 것은 무엇이었을까?

1971년에 미국 대통령 리처드 닉슨은 '암과의 전쟁'을 선포했다. 우주를 정복했듯이 암을 정복해 국민 건강에 이바지하겠다는 원대한 포부를 느낄 수 있다. 실제로 2005년 발표된 미국의학협회지JAMA의 논문에 따르면 1970년 미국인의 사망원인 2위가 바로 암이었다. 10만 명당 198명이었는데 이는 심장질환으로 인한 사망자 502명을 제외하고서는 가장 높은 순위였다. 그 뒤로 뇌졸중, 만성 폐쇄성 폐질환, 교통사고, 당뇨병 등이 위치한 것을 보면 당시에도 암이 생각보다 무서운 질병이었음을 파악할 수 있다.

사망원인 1위가 심장질환이라고는 하지만 당시 심장이나 혈액, 혈관에 대한 연구는 어느 정도 진행되고 있었다. 그에 반해 암에 대해서는 여전히 미궁을 헤매고 있는 중이었다. 그렇다면 암도 제대로 연구한다면 길이 보이지 않을까? 10년 만에 우주를 정복했는데 암이라고 정복하지 못할 게 뭐가 있겠는가. 미국 정부는 구체적인 청사진도 내놓았다. 3년간 15억 달러를 들여서 5년 후인 1976년에 가시적인 성과를 만들겠다는 것이었다. 이는 1969년 달 탐사로 대표되는 우주 전쟁, 1971년 핑퐁 외교로 대표되는 중국과의 관계 개선 이후 인기 절정을 달리던 닉슨이 11개월 남은 다음 대선에서 이기기 위해 제시한 회심의 프로젝트이기도 했다.

그런데 그게 되겠는가. 세상일이 만만한 게 없다. 닉슨은 가시적인 성과를 내기까지 5년을 제시했지만 암에 대한 연구는 50년이 지난 지금도 끝나지 않았다. 앞서 언급한 논문에서는 2002년까지의 사망원인을 다루고 있는데, 심장질환으로 인한 사망자는 2002년 10만 명당 240명으로 절반 이상 줄었지만 정작 암으로 인한 사망자는 193명으로 고작 3퍼센트 줄어드는 데에 그쳤다. 사망원인 3위인 뇌졸중 환자도 151명에서 56명으로 대폭 개선되었다는 것을 감안한다면, 암으로 인한 사망자만 제자리걸음을 하고 있는 것이다. 물론 2000년대 들어 본격적으로 표적항암제가 개발되고 암환자의 생존률이 극적으로 개선되고 있다는 점은 이 논문에 반영되지 않았다. 하지만 닉슨이 야심차게 제시한 암과의 전쟁이 한계를 보였다는 점 또한 분명하다. 원래 마약이든 범죄든 비만이든, "○○와의 전쟁"은 대부분 잘 안 되기 마련이다.

인류의 역사와 함께한 암이라는 질병은 특이하다. 생명을 유지

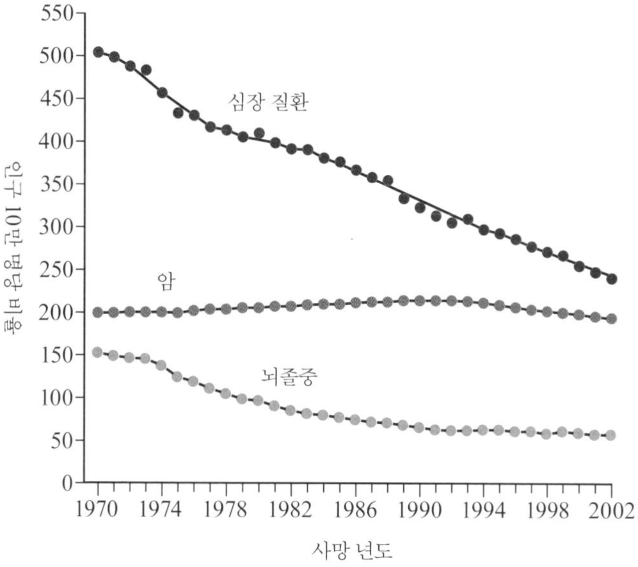

1970년부터 2002년까지의 미국 내 주요 사망원인 추이.

하려면 세포가 분열하고 조직으로 분화하여 알맞은 기능을 해야한다. 그런데 암세포는 오로지 분열만 한다. 분열하고 증식하면서 아무런 역할을 하지 않으므로 우리 몸의 정상적인 기능을 방해하고 각종 에너지를 모조리 빼앗아가며 결국은 죽게 만든다. 정상적인 세포가 어떤 이유로 암세포가 되는지는 명확하게 밝혀지지 않았다. 그러나 어쨌든 계기가 있어 증식하기 시작하면 우리 몸으로선 초기에 확실하게 제거해야만 하는 조직이다.

제거하는 방법으로 가장 쉽게 떠올릴 수 있는 것은 수술이다. 암세포가 특정 조직에 국한되어 있으면 물리적으로 제거하면 된다. 하지만 암세포가 혈관이나 림프를 따라 우리 몸을 순환하다가 다른 조직으로 넘어가면 수술이 어렵다. 이때는 결국 약물치료에 의존할 수밖에 없다. 약물치료로 암세포가 줄어들면 수술로 제거할 수도 있고, 예후가 좋다면 약물만으로도 완치가 가능하다.

그런데 암세포도 가만히 있지는 않는다. 암세포도 항암제에 대한 내성을 기른다. 마치 세균이 항생제에 내성을 가지듯이 암세포도 빠른 속도로 분열하며 항암제를 무력화시킨다. 과학자들이 수많은 노력 끝에 암세포의 원인 단백질을 저해하여 암세포의 성장을 막아도 암세포는 단백질의 구조를 변형하면서 다시 증식하는 것이다. 참 피곤한 세포다.

그런데 어쨌든 간에 암세포를 죽이기 위해서는 일단 암세포에 대해서 알아야 한다. 어떻게 세포가 분열하고 기능을 획득하는지에 대한 정보가 필요하다. 다행히 20세기 중반에는 암세포에 대한 정보가 조금씩 나오고 있었다. 생물학자들이 암세포의 비밀을 파헤쳤지만, 그것은 어디까지나 '아는' 것이다. 암세포에 대해 '아는' 것과 암세포를 '바꾸는' 것은 다른 차원의 일이다. 많은 학자들이 노력해서 좋은 물질을 만들고 약으로 개발하려 했는데, 과학을 바꾼 여자 거트루드 엘리언Gertrude Elion도 그중의 한 명이다.

엘리언은 상당히 굴곡진 삶을 살았던 인물이다. 리투아니아 이민자 아버지와 폴란드 이민자 어머니 사이에서 1918년에 태어난 그녀는 아버지가 뉴욕에서 치과의사로 자리를 잡았기 때문에 어릴 적에는 경제적으로 큰 문제없이 자랄 수 있었다. 하지만 1929년 대공황 때 아버지가 주식으로 투자금을 날리면서, 가장 돈이 필요할 시기에 어려움이 시작되었다. 이럴 때 믿을 사람은 보통 가족이다. 정신적·경제적으로 힘든 상황에서 그녀의 할아버지는 큰 의지가 되었다.

엘리언이 과학을, 그것도 항암제 연구를 하려고 했던 이유는 그토록 의지했던 할아버지가 그녀가 열다섯 살 때 암으로 죽었기 때문이었다. 할아버지가 위암에 걸린 후 별다른 치료도 받지 못하고 죽는 것을 보면서 그녀는 항암제 연구를 삶의 목적으로 정한다. 보통 이런 이야기는 과장된 경우도 제법 있는데, 관련 문헌에 기록이 남아 있는 것을 보면 엘리언은 실제로 많은 충격을 받았던 듯하다. 그녀는 학부와 대학원에서도 꾸준히 화학을 배우며 당시의 트렌드를 학습했고, 앞으로 어떤 일을 할 것인가에 대해서도 어느 정도 방향을 잡았다.

그런데 그녀가 평생 겪어야 했던 더 큰 어려움은 따로 있었다. 바로 그녀가 여성이라는 점이었다. 그녀가 공부했던 1930년대는 여성의 사회활동이 일상적이지 않던 시절이었다. 공부하기도 쉽지 않았거니와 공부하고 나서도 일자리를 잡는 데 상당한 어려움을 겪어야 했다. 그녀는 고등학교를 2년 조기 졸업하고 4년제 대학에서 전체 수석으로 졸업했지만, 정작 지원한 열다섯 개의 대학원에 모두 불합격했다. 독일어에 능통하다는 것으로도 여성에 대한 편견을 극복할 수는 없었다.

엘리언은 대학원에 불합격한 후 다른 일을 하며 돈을 모으려 했으나 여성을 고용하는 직업 자체도 별로 없었다. 간호사에게 생화학을 가르치거나, 비서로 일하기도 했고, 화학 관련 일을 할 수 있다는 말에 무급으로 일을 하기도 했다. 결국 그녀는 2년 뒤인 1939년에 뉴욕 대학교 화학과 대학원에 입학한다. 장학금은 받지 못했다. 할 수 없이 그녀는 대학원에 다닐 때에도 밤에는 관련 일을 하며 돈을 벌었는데, 그 일자리조차도 변변찮아서 경제적으로 어려움이 많았다. 참고로 그녀는 본인이 수강한 뉴욕 대학교 화학과 대학원 수업에서 여자는 자기 혼자였다고 회고했다.

1941년에 힘들게 석사를 졸업한 엘리언은 연구직에 종사하고자 했다. 하지만 여전히 세상은 녹록치 않았다. 제2차 세계대전으로 연구소와 산업계에 사람이 필요했음에도 불구하고 엘리언은 한동안 단순 반복 업무만 계속하며 지쳐갔다. 같은 해 그녀의 약혼자가 감염성 질환으로 사망한 것도 충격이었다. 유망한 경제학도이던 그녀의 약혼자는 박테리아 감염으로 인한 심장질환으로 요절했다. 같은 시기 영국과 미국은 푸른곰팡이에서 나오는 페니실린을 대량 생산하기 위해 연구하고 있었지만 아직 시판되기 전이었다. 극비리에 개발하던 페니실린이 민간에 개방된 것은 이미 충분한 양을 쌓았다고 확신한 1945년의 일이었다. 페니실린이 4년만 일찍 세상에 나왔더라면 그녀의 약혼자는 살 수 있었겠지만 부질없는 생각이다.

그녀의 고생은 계속되었지만, 그래도 방황하진 않았다. 약혼자를 떠나보낸 이후로 연구를 하고픈 갈망은 더욱 커져갔지만 그녀를 찾는 곳은 없었다. 하지만 두드리면 열린다고 했던가. 연구직을 찾아 부지런히 다른 회사를 알아보던 중 운명의 직장 상사인 조지 히칭스George Hitchings를 만나게 된다. 웰컴 연구소Wellcome Research Laboratories의 연구원이던 히칭스는 엘리언의 열의를 높이 사서 그녀를 채용했고, 드디어 엘리언은 원하던 항암제 연구를 할 수 있게 된다. 대학을 졸업한 지 7년 만인 1944년의 일이었다.

운명의 직장 상사

히칭스는 1942년부터 웰컴 연구소의 연구팀장으로 일하기 시작했지만 연구 환경은 절대로 녹록치 않았다. 그의 회고에 따르면 팀원이 항상 부족했다고 한다. 그리고 팀원이 없는 팀장만큼 초라한 자리도 없다. 히칭스의 입장에서는 1933년에 박사 학위를 받은 뒤 9년간 좋은 자리를 잡지 못해 방황하던 시절에 비해 그다지 나은 게 없는 상황이었다. 그래도 제약회사에서 실질적인 약을 만든다는 측면, 특별한 간섭 없이 연구의 방향을 정하고 실험을 설계할 자유가 주어졌다는 면에서는 나름 장점이 있었다. 혹시 또 아는가. 소규모로 일할 때 혁신이 더 잘 될 때도 있는 법이다.

히칭스는 세포분열을 조절해서 암세포 또는 병원체를 죽이는 연구에 관심이 있었다. 당시 유행하고 있던 물질은 1935년에 개발된 설파계sulfa drug 항생제였다. 페니실린 이전에 개발된 이 초기 항생제는 활성은 뛰어났지만 그 살균 기전에 대해서는 거의 밝혀진 바가 없었다. 그나마 제시되었던 가설은 설파계 항생제가 세균의 성장에 필요한 물질인 p-아미노벤조산p-aminobenzoic acid, PABA과 구조가 유사해서 세균을 죽인다는 이론이었다.

세균은 거대한 생화학반응 공장이다. 이 거대한 조직에는 세균의 생명 유지를 위해 많은 물질이 필요할 것이 틀림없다. 그 물질들 중 하나와 유사한 물질을 끼워 넣으면 세균이 죽는다는 것도 합리적인 추론이다. 다음 그림을 보면 설파계 항생제의 기본 구조는 p-아미노벤조산의 구조와 거의 비슷하다. 그래서 세균의 효소에 p-아미노벤조산인 척하고 들어가 다르게 활동한다. 영문도 모른 채 세균은 성장을 멈춘다. 제대로 된 언더커버다. 그리고 이러한 혁신적인 이론이 제시된 때는 바로 1940년대, 즉 히칭스가 앞으로의 연구 방향에

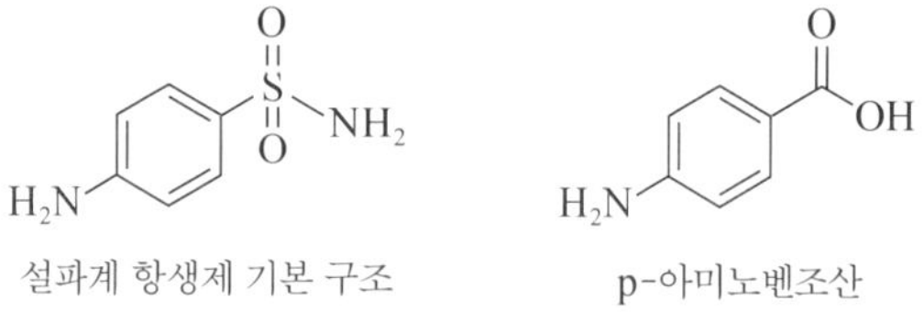

같은 듯 다른 두 구조. 붉은색으로 표시한 구조만 같다.

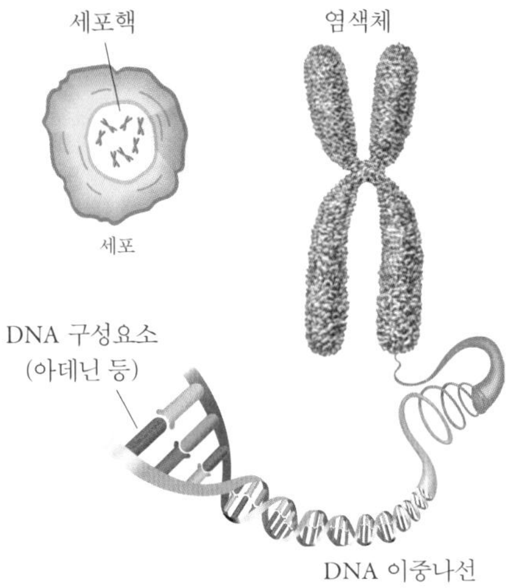

염색체와 DNA의 모식도.

대해 고민하던 바로 그 시기였다.

그런데 히칭스가 생각하기에, 세균이 필요로 하는 물질이 p-아미노벤조산 하나만 있을 리는 없었다. 그렇다면 세균의 생명 유지에 필수적인 다른 물질을 타깃으로 해도 세균이 죽지 않을까? 유전자와 관련된 물질이면 더 강력할 것이다. 잘만 된다면 세균이 아니라 암세포도 죽일 수 있을 것이 분명했다.

당시 생명의 본질로 유력하게 떠오르고 있던 물질은 DNA였다. 비록 DNA의 이중나선 구조가 발견되기 전이었지만 염색체 속 DNA가 모여 유전자의 역할을 한다는 것은 의심의 여지가 없었다. 그렇다면 'DNA의 구성요소와 유사한 물질'을 넣어줘서 생명을 훨씬 더 효과적으로 교란할 수도 있지 않을까. 가령 끊임없이 분열만 해대는 암세포를 죽이는 목적으로 활용할 수 있을지도 모를 일이었다.

다행인지 불행인지 'DNA의 구성요소와 유사한 물질'에 대한 연구도 어느 정도 진행되어 있었다. 항상 그렇듯이, 좋은 아이디어는 보통 누군가가 이미 시도했다. 심지어 1902년에 노벨상까지 받은 주제였다. 에밀 피셔Emil Fischer라는 독일 화학계의 거장이 관련 화합물을 연구한 공로를 인정받아 노벨상을 수상했다. 다만 그는 관련 화합물 합성법을 연구하고 유도체를 150여 종이나 만들긴 했지만, 그것을 바탕으로 항암제 연구를 하지는 않은 상태였다. 피셔는 제1차 세계대전의 여파로 두 아들이 죽고 본인의 건강도 악화되자 1919년에 청산가리를 먹고 자살했다. 향년 67세였다.

DNA나 암세포에 대한 연구가 미비하던 시절에 수행된 피셔의 연구 주제는 여전히 미완성이었다. 그리고 뒤따라 연구할 매력이 충분히 차고 넘쳤다. 일찍 죽은 피셔는 몰랐겠지만, 세포의 핵심 유전정보인 DNA와 유사한 물질을 만들면 암세포에도 치명적으로 작용할 가능성이 다분했다. 화합물 생산도 그럭저럭할 만했다. 피셔가 합성했던 방법을 따라간다면 유사한 물질을 얻는 것도 어렵지 않을 터였다. 물론 화학에 정통한 사람이 할 때에 해당하는 이야기이긴 했다. 그리고 한 가지 문제가 더 있었다. 피셔가 그의 연구 중 상당수를 독일어로 발표했던 것이었다. 많은 결과들이 영어로 번역되고 검증도 마쳤건만 그래도 원조를 따라가기 위해 독일어를 잘 쓴다면 더 좋은 게 당연한 이치. 구글번역도 챗GPT 없던 1940년대, 히칭스는 화학과 독일어에 정통한 누군가가 필요했다.

엘리언은 이런 면에서 최고의 적임자였다. 화학도 잘하거니와 독일어에도 익숙했다. 그리고 무엇보다도 열정이 넘쳤다. 히칭스는 여성임에 개의치 않고 엘리언을 자신의 팀에 합류시켰다. 그리고 이렇게 힘들게 얻은 기회를 엘리언은 놓치지 않았다. 마치 물 만난 고기처럼 그녀는 신나게 화합물을 만들어냈다. 그 후로 40년 가까이 이어지는 히칭스와 엘리언의 연구가 이렇게 시작되었다.

과학을 바꾼 여자

히칭스의 연구진이 제일 먼저 했던 것은 활성 검색 시스템의 구축이었다. 원리는 간단하다. 균을 배양하고 그 위에 화합물을 뿌려준 후 균이 죽는지를 관찰하는 방식이다. 균을 제일 잘 죽이는 화합물을 고르면 된다. 균이나 암세포나 본질은 비슷하다. 특별한 목적 없이 자라기만 하면서 주변을 망가뜨린다. 물론 화합물을 동물이나 암세포에다 우선적으로 테스트하면 더 좋겠지만 동물은 비싸다. 자라는 데도 오래 걸리고, 윤리적 문제도 따른다. 암세포도 당시로서는 배양이 어려운 편이었다. 균이 정답인 것은 분명했다. 다만 어떤 균을 고를까가 중요했다. 쓸데없이 위험한 균을 고르면 실험할 때 위험하다. 잘 자라지 않는 균은 실험 자체가 어렵다. 만만한 균이 없을까? 연구진이 채택한 균은 유산균의 일종인 락토바실러스 카제이

*Lactobacillus casei*였다. 이 균은 배양이 쉬웠고 안전했다. 물론 이 균의 입장에서는 억울할 만도 하다. 자기가 병을 일으키는 것도 아니니까. 그래도 이 균을 죽일 수 있는 물질이라면 다른 위험한 균도 죽이고 또 유사한 기전으로 암세포도 죽일 가능성이 컸다. 화합물을 만드는 것 못지않게 중요한 것이 활성을 빠르게 정량적으로 확인할 수 있는 시스템인데, 그런 면에서 히칭스의 연구진은 비교적 좋은 선택을 했다.

연구진은 수백 개의 화합물을 만들고 활성을 검색하던 중, DNA를 이루는 핵심적인 분자들 중 하나인 아데닌의 구조 유사체인 '2,6-디아미노퓨린2,6-diaminopurine'이란 물질에 주목했다. 이 물질은 비교적 균을 죽이는 효과가 좋았다. 특히 고무적인 것은 이 물질을 이용해 균의 성장을 억제시킨 다음, 아데닌을 다시 넣어주면 균이 자라기 시작한다는 점이었다. 이 물질과 아데닌이 서로 경쟁한다는 명백한 증거였다. 히칭스의 가설이 맞았던 셈이었다. 그러나 균이 아닌 동물실험으로 들어갔을 때 이 물질은 심각한 골수 독성을 보였기 때문에 후속 개발을 진행할 수 없었다. 당시로서는 이례적으로 바이러스를 잘 죽인다는 것도 실험으로 확인했지만 독성이 심각한 걸림돌이었다. 동물에게는 안전하지만 균에게는 강한 독성을 보이는 물질이 필요했다. 역설적이다.

이런 역설적인 물질이 1950년에 만들어진다. 아데닌의 구조 유사체인 '6-메르캅토퓨린6-mercaptopurine'이란 물질이다. 연구진이 만들었던 100여 개의 물질 중 메르캅토퓨린은 균뿐 아니라 동물실험에서도 탁월한 효과를 보였다. 이후 이 물질은 임상시험을 거친다. 소

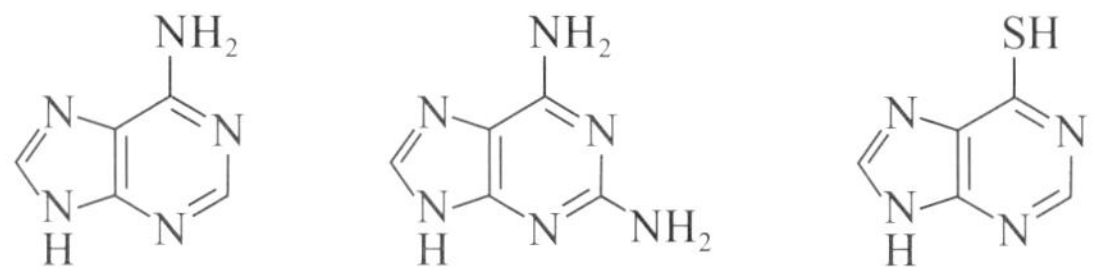

아데닌 2,6-디아미노퓨린 메르캅토퓨린

아데닌 관련 화합물의 구조. 붉은색으로 표시한 부분을 퓨린purine이라고 부르는데, 세 화합물에 공통적으로 포함되어 있다.

아 급성 백혈병 치료에 쓰인 것이다. 이 병은 1951년 당시 1년 기대 생존율이 30퍼센트밖에 되지 않는 무서운 병이었다. 대부분의 환자가 3~4개월 내에 사망했고, 특별한 치료제도 없었기에 보호자들은 메르캅토퓨린에 기대를 걸 수밖에 없었다.

1953년에 메르캅토퓨린은 소아 급성 백혈병 치료제로 승인된다. 처음 만들어진 지 불과 3년여 만에 승인된 셈인데, 무엇보다도 효과가 좋았다. 평균 생존기간이 3~4개월이던 환자가 이 약을 복용했을 때 1년 이상 생존할 수 있었다. 증상이 심하지 않고 비교적 초기에 암이 발견된 환자들에게는 훨씬 좋은 효과를 보였다. 그들이 만든 약을 먹고 아이가 살아났다는 부모들의 편지가 연구진에게 쏟아졌다. 칭찬을 들으면 힘이 난다. 연구진은 여기에서 만족하지 않고 추가적인 개발을 이어갔다.

1950년대 후반에 혁명적으로 발전한 생물학도 그들에게 도움이 되었다. 비록 그들이 만든 물질이 효과를 보이는 것은 확실했지만, 정작 약이 어떤 기전으로 암세포를 죽이는가는 그들도 알 수 없었다. 그런데 DNA에 대한 생물학계의 연구는 그들의 물질이 작동하는 기전을 설명해주었다. 히칭스가 처음 가설을 세웠던 것처럼 메르캅토퓨린이 아데닌이 들어가야 하는 자리에 들어가서 DNA의 정상적인 복제를 막는 것이었다. 알고 만드는 것과 모르고 만드는 것은 하늘과 땅 차이다. 그들은 계속해서 연구하며 면역 억제제와 바이러스 감염 치료제도 개발하는 데 성공했다.

히칭스와 엘리언의 연구진이 접근했던 방식을 '대사 길항제 antimetabolite' 또는 '대사 항암제' 전략이라고 부른다. 세포나 감염체가 필요로 하는 물질의 구조를 살짝 비틀어서 넣어주면 그 물질을 이용하는 세포나 감염체는 죽게 된다는 전략이다. 항암제의 역사에서 빼놓을 수 없는 이 전략은 지금도 활발하게 연구되고 있으며, 이 당시 만들었던 물질들 또한 다양한 용도로 지금까지 사용하고 있다.

메르캅토퓨린은 오래된 약의 특성상 가격이 저렴하고 효과가 확실해서 지금도 병원에서 많이 쓰인다. 다만 효과가 강력한 만큼 부작용도 강해서 사용에 주의를 요하는 약이다. 면역력이 떨어져서 감염에 취약해지기도 하고, 암 조직 외에도 빠르게 분열하는 조직이 모두 타격을 입어서 신체에 무리가 가는 것이다. 우리가 항암 치료라고 했을 때 떠올리는 부작용은 대부분 이런 약에서 왔다.

엘리언은 회사 일을 하면서 꿈에 그리던 박사 과정에도 진학했는데, 학위 과정의 후반에 들어가자 학교에서는 그녀에게 전일제로 연구를 하라고 요구했다. 하지만 전일제로 연구하려면 회사를 그만둬야 했다. 그리고 회사에서 그녀는 충분히 보람찬 연구를 하고 있

1988년 노벨상 수상식 당시의 엘리언(파란색 옷)과 히칭스(엘리언의 오른쪽).

었다. 인생의 전환점이 될 이 상황에서 그녀는 학위를 포기했다. 어차피 학위가 중요한 것이 아니었다. 학위는 일할 수 있는 기회를 주는 데에 의미가 있지만, 그녀는 이미 좋은 일을 하고 있었다. 그녀는 회사를 택했다.

그 선택으로 인해 그녀는 40년간 현역으로 일하면서 45개의 특허에 이름을 올렸고, 많은 약을 개발하여 명성을 떨쳤다. 환자들로서는 그녀가 조각하는 약들이 자신을 살려냈기에 고마워할 수밖에 없었고, 그녀는 그만큼 많은 찬사를 받았다. 엘리언은 학위 과정을 끝마치진 못했지만 이후 3개의 명예박사 학위를 받게 된다.

거트루드 엘리언은 1988년에 노벨생리의학상을 받았다. 그의 운명적인 직장 상사 조지 히칭스와 함께였다. 직전 해인 1987년까지 노벨생리의학상을 수상한 사람은 모두 144명. 그중 여자는 4명뿐이었다. 그녀가 수상하면서 겨우 다섯 번째 여성 수상자가 나온 셈이었으니 주목을 받는 것도 무리가 아니었다. 지금 그녀의 이름은 '과학을 바꾼 여자들 Women who changed science'이란 노벨상의 섹션에도 들어가 있을 만큼 전설적이다. 세상을 바꾼 영웅에게는 학위도 성별도 의미 없다.

엘리언이 한 일은 과학을 바꾼 것에 그치지 않는다. 그녀는 함께 일하던 연구진에게 많은 영향을 주었고, 그 팀으로 하여금 바이러스 치료제 개발의 토대를 마련케 했다. 덕분에 우리는 귀한 물질을 하나 더 얻게 되었다. 바로 에이즈 치료제다.

20세기 흑사병

1981년, 미국 양쪽 해안의 대도시인 뉴욕과 LA에서 면역 기능 저하 및 관련 질환으로 죽는 사례가 동시다발적으로 발표되었다. 보통 의사들이 평생 한 번 보기도 힘든 카포시 육종이라는 암, 그리고 폐렴 합병증으로 죽는 사람이 연이어 나타난 것이다. 처음에는 동성애자들 위주로 질병이 나타났기 때문에 성관계에서 오는 질병으로 의심하였다. 한술 더 떠서 불법으로 사용하는 흥분제 등으로 인한 면역계 파괴가 원인이라고 주장하는 학자들도 있었다. 하지만 이후 동성애와는 상관없는 갓난아기나, 수혈을 받았던 사람들에게서 발병하는 것도 알려지며 관련 주장은 힘을 잃게 되었다. 한편으로 동성애와는 상관없이 모든 사람이 겪을 수 있는 질병이니 더 불안해지는 것도 당연한 노릇. 2000년을 20년가량 앞두고 있던 미국은 세기말 질병이 나타났다느니 20세기 흑사병이 나타났다느니 하며 불안에 떨어야 했다.

사실 그 정도로 불안에 떨 만했다. 1981년 한해 동안 대략 300명의 발병자가 나왔는데, 그중 절반이 사망했다. 아마 자기가 감염자인 줄 모르고 죽은 사람도 있었을 것이다. 또 하나 무서운 것은 이 병이 면역세포를 죽인다는 점이었다. 면역세포는 우리 몸을 지키는 경찰이다. 그 경찰을 골라 죽이는 악질 바이러스가 나타난 것이다. 전파력이 엄청났던 데 비해 변변한 치료약이 전무했던 이 질병을 사람들은 '후천성 면역 결핍증Acquired Immune Deficiency Syndrome', 줄여서 에이즈AIDS라고 불렀다.

에이즈의 원인이 바이러스인 것은 분명했다. 하지만 어떤 바이러스인지는 정확하게 알 수 없었다. 지금처럼 병원체를 정밀하고 효율적으로 분석할 수 있는 기술이 부족했던 시대였음을 감안해야 한다. 무지가 불안을 낳는 것은 그때나 지금이나 비슷했다. 원인 바이러스를 알 수 없었기에 온갖 소문들이 나돌며 사람들은 서로를 의심하곤 했다. 그러고 보면 14세기에 흑사병이 전 유럽을 강타했을 때에도 온갖 소문들이 나돌고 마녀사냥이 자행되었다. 역사는 반복된다.

다행히 20세기는 14세기와 달랐다. 강력한 바이러스 배양기술과 분석기술로 무장한 연구자들이 바이러스의 정체를 밝혀냈다. 1983년, 프랑스의 연구진이 에이즈 환자에게서 원인 바이러스를 찾아냈다. 뒤이은 후속 연구는 이 병원체가 에이즈의 원인 바이러스임에 틀림없다는 것을 다시 확인시켜주었다. 미국과 프랑스 연구진의 피를 말리는 경쟁 끝에 밝혀진 이 바이러스에 학자들은 '인간 면역결핍 바이러스Human immunodeficiency virus, HIV'라는 이름을 붙였다. 에이즈와 HIV가 인류 역사로 들어오는 순간이었다. HIV를 찾아낸 프랑스의 두 과학자, 뤼크 몽타니에Luc Montagnier와 프랑수아즈 바레시누시Françoise Barré-Sinoussi는 2008년에 노벨상을 받았다.

원인 바이러스를 발견했으니 이제 이 바이러스를 죽이는 물질만 찾으면 된다. 그게 뭐 어렵겠는가. 그런데 그게 참 어려웠다. 바이러스의 몸체는 워낙 작다 보니 공격할 포인트가 별로 없다. 타자의 키가 작으면 스트라이크 존이 좁아지는 것과 비슷하다. 이 바이러스는 아예 스트라이크 존이 눈에 보이지 않을 정도로 작은 병원체였다.

항생제를 쓰면 안 될까? 안타깝게도 항생제는 세균은 죽이지만, 바이러스를 죽이지는 못한다. 둘이 뭐가 그렇게 다르냐고 생각할 수도 있지만, 세균과 바이러스는 사람과 핸드폰처럼 심각하게 다른 존재다. 아예 접근을 달리 해야 한다. 페니실린과 같은 항생제가 세균을 죽이는 것처럼, 어떤 물질이 있어서 바이러스를 광범위하게 죽일 수 있으면 참 좋겠지만, 안타깝게도 그런 용도로 상용화된 물질은 없다. 1980년대 초반에 인터페론interferon이라는 작은 단백질이 항바이러스 작용을 한다는 것이 밝혀져서 유전공학계에 붐이 일긴 했지만, 인터페론은 면역과 관련된 부작용이 심해서 항생제만큼 세상을 바꾸지는 못했다. 개인적인 생각이지만 아마 지금이라도 '바이러스계의 페니실린'을 만든다면 노벨상을 받을 수 있을 것이다.

하물며 에이즈가 창궐하던 시기에는 더더욱 그런 물질이 없었다. 잡아 놓고 죽이질 못하면 무슨 심정일까. 약을 연구하는 사람들은 바이러스를 보면 본능적으로 죽이고 싶어 한다. 그냥 길가다가도 바이러스 비슷하게 생긴 문양을 보면 기분이 나빠진다. 사실 좋은 용도로 쓰이는 바이러스도 많건만 그냥 그렇다. 에이즈의 원인 바이러스를 분리하고도 죽이지 못하던 사람들은 이 바이러스의 약점을 찾기 위해 요리조리 살펴보게 된다. 그리고 드디어 약점을 하나 발견했다. 바로 역전사효소였다.

'역전사효소reverse transcriptase'는 RNA에서 DNA를 만드는 효소다(RNA에 대해서는 6장에서 다시 언급할 것이다). HIV는 이 효소가 있어서 사람의 면역세포 속에서 은밀하게 증식할 수 있다. 처음에 침투한 하나의 바이러스는 이내 수만 개 이상으로 증식한다. 그사이 바이러스에게 단물을 쪽쪽 빨리고 기진한 면역세포가 별다른 활동을 하지 못하는 것은 당연한 이치. 바이러스를 잡으라고 만들어둔 면역세포지만 정작 바이러스 생산 공장으로 전락해버리고, 늘어난 바이러스는 우리 몸에 이상을 일으킨다. 에이즈가 발병하는 것이다.

과학자들은 생각했다. 역전사효소를 파괴한다면 HIV가 면역세포를 파괴하는 과정을 막을 수 있지 않을까? 이 과정을 막는다면 면역세포가 정상적으로 작동해서 HIV를 박멸할 수 있을 터였다. 더군다나 역전사효소는 바이러스에게나 필요하지, 사람에게 필요한 효소가 아니다. 그렇다면 독성에서도 비교적 자유로울 수 있을 것이다. 사람들은 드디어 찾아낸 파괴의 실마리에 흥분하기 시작했다. 약점은 찾았다. 이제 물질만 있으면 될 일이었다.

실패한 유망주

지도부딘zidovudine(또는 아지도티미딘azidothymidine, AZT)은 1964년에 미시간 암 재단의 화학자들이 개발한 화합물이다. 목표는 암이었다. 지도부딘은 DNA의 구성요소 중 티미딘의 구조와 유사하지만, 한 가지 치명적인 차이가 있는 물질이었다. 지도부딘은 티미딘과 달리 알코올 작용기가 하나 없다. 대신 질소 3개가 연달아 달린 이상한 구조를 가지고 있다. 해당 알코올 작용기는 DNA 복제 과정에서 복제가 이어지도록 하는 역할을 한다. 그러므로 이 작용기가 없으면 DNA 복제가 그 자리에서 멈춘다. 잘 내려오던 지퍼가 중간에 걸린다고 생각하면 된다. 하나 더 있다. 단순히 복제가 멈추는 것으로 끝나는 것이 아니라, 복제를 중개하던 DNA 복제효소까지 함께 걸려버리는 것이다. 그러면 효소는 더 이상 다른 DNA 가닥을 복제하지 못한다. 암세포의 성장이 멈출 수밖에 없는 것이다.

개념은 완벽했다. 하지만 세상일이 그렇게 만만할 리 없다. 아이디어는 아이디어일 뿐, 실제로 실험을 해보니 일반적인 암세포의 분

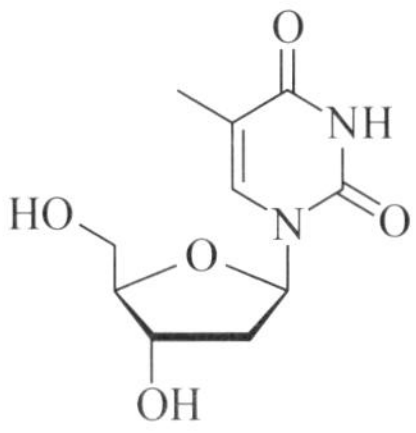

티미딘

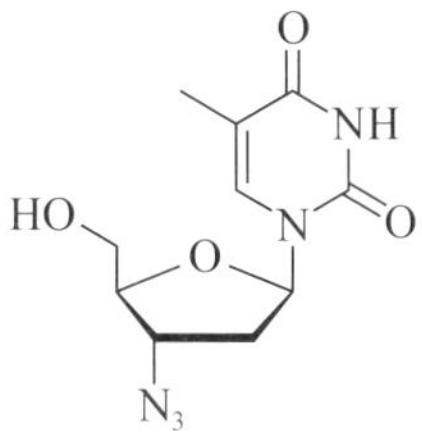

지도부딘

티미딘과 지도부딘의 구조. 비슷하게 생겼기에 암세포나 바이러스의 생활사에 끼어들어 죽일 수 있다.

화를 막는 효과는 미미했다. 만든 것이 아까워 세균을 죽이는 효과도 측정했는데 역시 별로였다. 생각은 훌륭했으나 결과가 안 나오는 것이 한두 개인가. 지도부딘도 그런 물질로 분류되어 실험실 냉동고로 들어갔다. 간단한 논문 한 편으로 정리된 실패한 화합물이었다. 10년 뒤인 1974년에 이 물질이 역전사효소를 강하게 억제한다는 결과가 독일 연구진에 의해 밝혀졌지만, 그래도 별로 주목하는 사람이 없었다. 당시로서는 역전사효소와 관련한 질병이 그다지 알려지지 않았기 때문이다. 반전의 계기가 없다면 그대로 잊힐 것이 분명한 별 볼일 없는 유망주였다.

그런데 반전이 이루어졌다. 역전사효소가 핵심인 세기말의 대역병 에이즈가 창궐한 것이다. 관련 업계에서 역전사효소 억제제를 부랴부랴 찾은 것은 당연한 일이다. 전 세계 50여 개의 제약회사에서 180여 개의 화합물이 모였다. 모두 어느 정도 역전사효소 억제 효과를 가지는 물질들이었다. 하지만 이 물질들이 바이러스 시스템에서 원하는 활성을 가질지는 다시 실험을 해봐야 하는 일이었다. 마치 소속사가 있는 아이돌이 재기를 위해 오디션에 참가한 것처럼, 항바이러스제 오디션이 다시 열렸다.

이 오디션에서 1등을 차지한 물질이 지도부딘이다. 다른 화합물이 실제 세포 내에서 거의 활성을 보이지 않은 것과는 달리 지도부딘은 관련 활성이 뛰어났다. 지도부딘은 가장 묽게 희석한 농도에서도 역전사효소를 완벽하게 저해했다. 당시 지도부딘의 소속은 웰컴 연구소. 거트루드 엘리언이 1983년에 은퇴한 후에도 꾸준히 교류하던 바로 그 연구진이었다. 웰컴의 연구진은 별로 주목받지 못하던 지도부딘에 대한 권리를 확보하고 후속 연구를 진행하고 있었던 터였다.

이제 진짜 HIV로 테스트할 차례였다. 지금도 그렇지만 이 정도로 감염성이 큰 위험한 병원체를 함부로 실험할 수는 없다. 웰컴 연구소는 뉴욕의 다른 연구소에 활성 검색을 의뢰했고 지도부딘이 HIV도 잘 죽인다는 희망적인 답변을 들었다. 이제 다음 단계로 나아갈 차례였다. 동물실험이었다.

그런데 에이즈에 걸린 동물모델을 찾기가 어려웠다. 애초에 HIV는 인간을 감염시키는 바이러스다. 그리고 그 와중에도 매년 에이즈 감염자는 나오고 있었고, 그중 절반은 죽었다. 전염병이 창궐하는 상황에서 프로토콜은 대폭 간소화되었고, 치료제를 원하는 사람들을 중심으로 임상시험이 진행되었다. 1985년 7월, 역사상 최초로 지도부딘을 복용한 환자는 가구 판매원이던 조셉 라퓨즈Joseph Rafuse.

지도부딘 투여 6주 후 그의 몸에서 면역세포가 증가하는 것을 볼 수 있었다. 긍정적인 신호였다. 본격적인 임상시험에 들어갈 때였다.

쉽게 짐작할 수 있듯이, 지도부딘은 임상시험에서도 귀한 대접을 받았다. 우선 임상시험을 하기 위해 화합물을 대량으로 합성할 필요가 있었다. 지도부딘을 순수하게 화학적으로 만드는 과정은 아주 오래 걸리는 일이고 효율성도 떨어진다. 환자들의 기다림을 줄이기 위해서는 간단한 합성법이 필요했는데, 그러기 위해서는 출발물질로 티미딘이 필요했다. 티미딘은 천연물질이고 생체에서 추출이 가능하니까 아무래도 수월할 것이라고 생각됐다. 그런데 웰컴의 연구진이 막상 해보니 티미딘을 대량으로 추출하는 것이 생각보다 어려웠다. 그리고 이런 난관을 알게 된 미 국립보건원이 출발물질 티미딘 40킬로그램을 그냥 연구소에 기부했다. 통 큰 기부다.

이 귀한 40킬로그램의 티미딘으로 웰컴의 연구진은 15킬로그램의 지도부딘을 만들어냈다. 현재 지도부딘의 1회 투약량은 보통 0.1그램이다. 15킬로그램이면 15만 회 투약할 수 있으니 임상시험을 위해서는 충분한 양이었다. 화합물의 양과 관련된 이야기가 나온 김에 조금 더 부언하자면, 말이 15킬로그램이지 화학자들이 합성을 진행하면서 특정한 화합물 1킬로그램을 만드는 것도 쉽지 않다. 물론 시판을 위해서는 톤 단위로 합성해야 하지만, 그것은 그 단계에 맞춰서 합성 공정의 최적화를 거친 후 생산하는 것이다.

실험실에서는 보통은 1그램 내외의 양을 다루곤 한다. 그런데 1그램씩 만들던 사람이 갑자기 1000배 이상의 규모로 물질을 만드는 작업을 하려면 그 자체로 난관이 된다. 이해가 안 된다면 본인이 갑자기 라면 1000개를 끓여야 한다고 생각해보라. 더군다나 지도부딘 합성에 쓰이는 시약 중에는 폭발성이 강한 시약도 있어서 대량 반응 시에는 더욱 주의해야 했다. 이 가혹한 실험을 대략 3개월 만에 마무리한 것은 그 자체로도 하나의 업적으로 인정될 만하다. 불가능할 것만 같던 임상시험을 가능케 한 기적이기도 했다.

임상시험 1상은 무난하게 통과했다. 35명 피험자를 대상으로 이뤄진 첫 번째 단계에서 지도부딘의 적정 투약량을 정하고 독성을 확인했다. 기본적인 활성도 검증하여 다음 단계로 진행할 수 있었다. 그러나 임상시험 2상은 무난하지 않았다. 임상시험이 윤리적 문제에 휩싸였기 때문이었다. 임상시험 2상은 신약 후보물질을 복용한 사람과 그렇지 않은 사람을 비교해서 결과를 보는 시험이다. 그래서 환자 282명을 모았다. 모두 에이즈 환자였다. 그런데 그중 절반에게는 기대를 한몸에 받고 있는 신약 후보물질인 지도부딘을 투여하겠지만, 나머지 절반은 지도부딘이 들어 있지 않은 가짜 약을 먹어야 했다. 그런 후 두 그룹을 비교해서 신약의 치료 효과를 보는 시험 방식이었다. 결국 2분의 1의 확률로 환자들은 절망을 겪어야만 했다. 잔인하기 짝이 없는 러시안 룰렛이다.

임상시험을 이렇게 설계할 수밖에 없는 이유는 플라세보placebo 효과라고 부르는 위약 효과 때문이다. 약을 먹는다는 생각만 해도 병이 낫는 경우가 있다. 이런 심리적인 영향을 제거하기 위해서는 누군가에겐 가짜로 만든 약(위약)을 줄 수밖에 없다. 그런데 그것이 죽음과 연관된 질병이라면 윤리적인 문제에 휩싸일 수밖에 없다.

1986년 여름에 진행된 임상시험 2상은 예정된 6개월이 지나기 전, 4개월 만에 조기 종료되었다. 위약을 투여한 환자군에서는 19명이 사망했고, 지도부딘을 투여한 환자군에서는 1명이 사망했다. 6개월 예상 사망률이 위약군은 22퍼센트, 지도부딘 그룹은 2퍼센트였다. 지도부딘의 효과는 확실했고, 더 이상 잔인한 시험을 지속할 이유도 없었다. 시험이 종료된 후 위약군에게도 똑같이 지도부딘이 주어진 것은 그나마 다행이었지만, 그럼에도 불구하고 잔인하고 또 달리 대안도 없었던 임상시험은 한동안 많은 논란이 되었다.

에이즈 치료제

1987년, 지도부딘은 최초의 에이즈 치료제로 승인된다. 골수 독성이 나타나 문제가 되기도 했고, 소화계 등에 빈번한 부작용을 일으켰지만, 20세기 흑사병 앞에선 부차적인 문제였다. 언론도 임상시험 과정을 거의 실시간으로 중계했고, 환자들도 관련 단체에 압력을 행사하고 있었다. 승인되지 않을 이유가 없었다. 그렇게 지도부딘은 특별한 구조 변화 없이 그대로 약으로 출시되었다.

질병이 보고된 지 6년, 원인체가 규명된 지 4년, 화합물을 역전사효소에 테스트한 지 25개월 만에 치료제가 개발된 것은 지금도 유례를 찾기 힘들 정도로 빠른 경우다. 이렇게 초고속으로 개발될 수

"All the News That's Fit to Print"

The New York Times

Late Edition

VOL. CXXXVI . . . No. 47,085 — NEW YORK, SATURDAY, MARCH 21, 1987 — 30 CENTS

CITY PARKING AIDE IS SHOT TO DEATH IN QUEENS LAUNDRY

GANGLAND-STYLE SLAYING

Victim's Son Is Attorney for Informer Tied to Scandal at Violations Bureau

Citing Disarray, Quinones Ousts A School Board

SENATE SETS STAGE FOR REAGAN CLASH OVER HIGHWAY BILL

Finishes Work on $87 Billion Measure — White House Reaffirms Vow of Veto

How AZT Works Against AIDS

AZT interrupts formation of DNA

U.S. APPROVES DRUG TO PROLONG LIVES OF AIDS PATIENTS

CURE STILL NOT ACHIEVED

Distribution Will Be Limited Because of Short Supply and Fear of Side Effect

지도부딘(기사에서는 AZT로 표기)이 승인되던 당시 뉴욕 타임스의 1면 기사. 지도부딘 관련 내용은 붉은색 상자로 표시하였다.

있었던 이유는 어디에 있을까? 무엇보다도 중요했던 요인은 에이즈가 창궐하기 이전에 기초과학 차원에서 이뤄진 충실한 연구였다. 역전사효소와 바이러스의 생활사에 대해 과학자들이 충분히 이해하고 있었고, 그것을 막기 위한 물질을 사전에 연구해두었기에 성립할 수 있었던 기적이었다. 마치 타자로 실패한 야구선수가 투수로 다시 도전하는 것처럼, 항암제로 실패했던 지도부딘은 항바이러스제로 변신하여 역사에 이름을 남겼다.

지도부딘은 약의 역사에서 중요한 의미를 지닌다. 가장 중요한 것은 에이즈 치료제 개발의 시작이라는 점이다. 역전사효소를 억제하여 HIV를 억제할 수 있었지만, HIV는 변이가 빨라서 내성을 띠는 경우가 많았다. 지도부딘의 경우에는 복용 후 2년이 되기도 전에 지도부딘에 내성을 보이는 돌연변이 HIV가 관찰되었다. 그래서 다른 기전의 약을 함께 투여해야만 원하는 치료 효과를 볼 수 있었다. 그러려면 다른 기전의 약을 개발해야 하는 숙제가 남는다. 그전까지 그럴듯한 바이러스 치료제 하나 만들지 못한 인류였지만, HIV에 대해서는 지도부딘의 개발 이후로 대동단결하여 싸울 수밖에 없던 이유다.

HIV만큼 철저하게 파헤쳐진 바이러스도 드물다. HIV가 발견된 지 대략 40년이 지난 지금, 수많은 학자들이 달려들어 연구한 결과 우리는 HIV의 생활사를 잘 파악하고 있으며 어느 지점을 공략해야 하는지도 비교적 잘 파악하고 있다. 일반적으로 공략하는 지점은 네 개 정도다. 1. 바이러스가 세포 내로 들어갈 때. 2. 바이러스가 DNA를 역전사할 때. 3. 역전사해서 만든 DNA를 사람 세포의 DNA에 끼워 넣을 때. 4. 합쳐진 사람과 바이러스의 DNA에서 거대한 단백질을 만들어낸 후 바이러스가 자기 고유의 단백질들만 잘라서 가져갈 때다.

이 중 가장 고전적인 공격 지점은 역시 '바이러스가 DNA를 역전사할 때'인데, 지도부딘 외에도 이 지점을 공략하기 위해 다른 약을 하나 더 사용하는 경우가 많다. 최근 들어 가장 많이 개발되는 약은 '바이러스가 자기 고유의 단백질들만 잘라서 가져갈 때'를 노리는 약들이다. 프로테아제Protease 저해제라고 부르는 이 그룹의 약들은 1990년대 후반에 최초로 개발되었는데, 이후 수많은 화학자들의 조각을 거쳐서 지금은 훨씬 작고 강력한 물질이 되어 바이러스와의 전쟁에서 인류의 좋은 무기가 되고 있다. 다양한 기전의 약을 함께 복용하는 것을 '칵테일 요법'이라 부른다. 에이즈에도 칵테일 요법을 적용하는 경우가 대부분이며 이제 에이즈는 '걸리면 죽는 병'에서 '어느 정도 관리 가능한 만성 질환' 정도로 격하되었다.

하지만 이것은 적절한 치료를 받는다는 가정하에서 하는 표현이며, 설령 관리된다고 해도 환자들은 여전히 많은 고통을 호소하고 있기 때문에 아직 갈 길이 멀다. 또한 제대로 관리받지 못하는 환자들도 여전히 많다. 에이즈는 후진국에서 창궐하는 경우가 많기 때문이다. 또한 에이즈 그 자체로 인해 죽는 경우보다는 에이즈로 인한 면역 저하, 그리고 그에 따르는 감염증으로 죽는 경우도 많다.

세균에 감염되지 않도록 에이즈 환자들을 철저히 관리하면 되지 않겠냐고 생각할 수 있지만, 이미 균이 우리 몸에 들어와 있는 경우도 많다. 가령 결핵균은 우리나라 인구의 대략 3분의 1 정도가 가진 것으로 추산하기도 한다. 평소에는 적당한 면역체계로 결핵균을 억누르지만, 에이즈에 걸리면 결핵균이 제어를 벗어나 발호하게 되고 환자는 손쓸 틈도 없이 죽게 된다. 에이즈 완치를 위해서는 여전히 많은 노력이 필요하다.

UN 산하의 에이즈 전담 기구인 유엔 에이즈 계획UNAIDS의 통계에 따르면, 2020년까지 에이즈 누적 확진자 수는 대략 3700만 명에 이르고 있으며, 2020년 한 해만 해도 150만 명의 신규 감염자가 발생했고 68만 명이 사망했다. 에이즈의 누적 사망자 수는 확진자 수와 비슷한 3600만 명이다. 물론 이 사망자 수에는 에이즈와 연관된 합병증으로 죽은 사망자까지 포함되어 있다. 20세기 흑사병은 여전히 진행 중이다. 그리고 이 길고 긴 전쟁 속에서 우리에게 주어진 에이즈 치료제라는 무기는 더할 나위 없이 고마운 방어 수단이다.

그리고 에이즈 치료제는 인류에게 선물을 하나 더 남겼다. 코로나19 치료제다.

코로나19 치료제

코로나19 팬데믹이 시작된 이후로, 코로나19 바이러스를 막기 위해서 초기에 우리가 택한 방법은 방역과 백신이었다. 이 중 mRNA 백신은 인류가 코로나19 바이러스에 대항하기 위해 적극적으로 개발한 강력 무기다(이에 대해서는 마지막 장에서 다룰 것이다). 하지만 영악한 바이러스는 삽시간에 모양을 바꾸면서 고생 끝에 개발한 백신을 무력화하고 있고, 백신만으로는 한계에 다다른 상황을 우리 모두 잘 알고 있다. 이제는 코로나19 치료제가 필요하다는 데 이견은 없을 것이다. 그런데 바이러스가 이 치료제에도 내성을 보이면 어떻게 되는 것일까?

생각하기도 싫은 이 상황을 막기 위해 과학자들이 주목한 것은 과거 창궐했던 코로나바이러스를 돌아보는 것이었다. 우리는 코로나바이러스라면 코로나19만을 생각하지만, 그보다 대략 20년 전 홍콩과 중국을 중심으로 사스SARS가 유행한 적 있다. 사스는 '중증 급성 호흡기 증후군Severe Acute Respiratory Syndrome'의 줄임말로, 정체 모를 괴질이 단기간에 폐를 망가뜨리고 호흡을 곤란하게 하는 증상을 가리킨 표현이다. 이후 사스 연구자들이 찾아낸 바이러스는 그전까지 별다른 말썽을 일으킨 적이 없던 코로나바이러스. 과학자들은 이 특이한 변종 코로나바이러스를 SARS-CoV라고 명명했다. 20년이 지난 지금 우리가 겪고 있는 코로나19 바이러스의 공식적인 명칭이 SARS-CoV-2이니 코로나19 바이러스의 선조격이라고 볼 수 있을 것이다.

코로나바이러스는 돌연변이가 무척 빠르다. 그래도 20년 전 바이러스와 지금 바이러스가 같은 코로나바이러스 계열이라면 공통점이 조금은 있지 않을까? 이 공통점을 공략한다면 돌연변이 문제에서 보다 자유로울 것이다. 그리고 이 공통점이 만약 바이러스의 생활사에 중요한 단백질이나 유전자라면 치명적인 약점이 될 수 있을 것이었다. 학자들은 약점을 찾아 나섰고 결국 이 조건에 부합하는 단백질을 찾아낼 수 있었다. 바로 프로테아제다.

프로테아제는 HIV가 증식하는 데 중요한 역할을 하던 바로 그 단백질이다. 지난 40년간 사람들이 에이즈를 치료하기 위해 불철주야 연구하면서 찾은 최고의 공략 포인트가 바로 프로테아제 아닌가. 그렇다면 연구·개발의 플랫폼을 구축하거나 관련 치료제를 찾는 데 들이는 시간도 훨씬 줄일 수 있을 것이 분명했다.

코로나바이러스의 프로테아제는 물론 HIV의 프로테아제와 많이 달랐다. 그래도 하는 일은 같다. 인체에 들어간 코로나바이러스가 인체의 시스템을 이용해 얍삽하게 만들어낸 자기 단백질을 수선하기 위한 전용 가위 같은 단백질이다. 이 단백질 중에서도 가장 큰 역할을 하는 단백질을 과학자들은 '메인 프로테아제main protease, Mpro'(또는 3C-like protease)라고 부른다. 여기서는 '수선효소'라고 부르겠다.

이 수선효소의 특징은 20년 전이나 지금이나 큰 변화가 없다는 점이었다. 연구를 해보니 대략 96퍼센트 이상의 구조가 동일했다. 그리고 변화가 생긴 4퍼센트의 구조도 활성에 큰 영향을 주지는 않았다. 구조적으로 변화가 일어나지 않고 활성에 중요한 단백질. 사람들이 그토록 원하던 코로나바이러스의 약점이 드디어 나타났다.

이 수선효소를 저해하는 물질에 대한 실마리도 과거의 코로나바이러스에서 찾을 수 있었다. 20년 전 사스가 유행했을 때 사람들이 연구했던 수선효소 저해제가 있었던 것이다. 다만 사스는 초기의 기세와는 달리 이듬해인 2003년 이후 발병자가 보고되지 않았기에 이 물질이 그다지 큰 의미를 가지지는 못했다. 그리고 20년이 지나 이 물질은 빛을 보게 된다. 코로나19 팬데믹으로 세상이 멈춘 때였다.

과학자들은 부랴부랴 꺼내든 이 물질을 코로나19 치료제로 개발하기 위해 노력했다. 그렇게 해서 만들어진 물질이 니르마트렐비르Nirmatrelvir. 충분히 선택적이고 효과적인 수선효소 저해제였다. 다만 코로나19 환자에게 사용하기에는 결정적인 단점이 두 가지 있었다. 첫 번째는 이 물질이 우리 몸에서 빠르게 분해된다는 것. 우리 몸은 항상 외부에서 들어오는 물질을 분해하는 효소를 가지고 있다. 이 분해효소는 지나치게 엄격해서 우리에게 좋은 약이라고 해도 예

외 없이 분해해버린다. 하긴 약이나 독이나 정체는 동일하니 이런 엄격함이 지금까지 인체를 지켜온 원칙이라고 봐도 할 말은 없다.

그래도 코로나19 환자에게는 안타까운 상황임이 틀림없다. 약을 줘도 정작 환자 본인의 몸이 눈치 없게 이 약을 분해해버린다니 역설적이기도 하다. 결국 연구진은 이 분해효소를 일시적으로 억제하는 다른 물질을 함께 투여하는 방식으로 문제를 해결했다. 중요한 치료제가 분해되는 것을 막기 위해 경호원을 함께 넣어주는 원리이다.

이 경호원에 해당하는 물질은 무엇일까? 바로 에이즈 치료를 위해 사용하는 또 다른 프로테아제 저해제인 리토나비르Ritonavir라는 약이다. 이 약도 프로테아제 저해제이니 비슷한 기능을 하는 코로나19의 수선효소도 저해하는 게 아닐까 생각할 수 있지만 그런 효과는 보고되지 않았다. 그저 그간의 경험으로 이 물질이 우리 몸에 존재하는 분해효소를 잘 저해한다는 것을 알고 있기에 함께 사용한 것이다. 물론 여기서 말하는 그간의 경험이란 에이즈 치료 경험이다. 인류가 에이즈와 싸워온 투쟁의 역사는 새로운 전장에서 힘을 발휘하고 있다.

2021년 12월 22일, 코로나19가 보고된 지 대략 2년이 지난 시점에서 미국 식약처는 니르마트렐비르와 리토나비르를 함께 사용해서 코로나19를 치료하는 의약품을 긴급 승인했다. 긴급 승인은 추후에 승인을 다시 받아야 하는 일시적인 승인이긴 하지만, 그래도 당장 시판할 수 있게 하니 의미는 충분하다. 성분명이 너무 복잡해서 간단한 상품명이 필요했는데, 그렇게 붙인 상품명이 바로 팍스로비드

Paxlovid다. 지금은 한국에서도 처방되고 있는 코로나19 치료제는 이렇게 개발되었다.

팍스로비드는 그전에 개발되었던 다른 코로나19 치료제와는 결을 달리 한다. 기존에 사용하고 있던 치료제는 염증을 완화하여 중증 환자의 증상을 개선하는 스테로이드제이거나 오랜 시간 천천히 약물을 투여해야 하는 렘데시비르Remdesivir, 또는 항체 치료제가 주를 이루었다. 공통점은 약물을 투여할 때 전문 의료인이 감독해야 한다는 것. 그에 비해 팍스로비드는 약국에서 조제해 집에서도 복용 가능한 알약이다. 아무래도 복용의 편의성 측면에서 코로나19 치료의 판도를 뒤바꾸는 주인공이 될 수밖에 없다.

그래도 팍스로비드가 마냥 완전한 약은 아니다. 이 약이 가지는

팍스로비드가 승인되었던 2021년 12월의 〈사이언스〉 표지. 알약에 새겨진 그림이 니르마트렐비르의 구조식이다.

두 번째 단점은 바로 간 독성이다. 약물을 복용했을 때 간 기능이 떨어지고 간에 무리를 준다는 보고가 있기에 약물 사용에 계속해서 주의를 기울여야 한다. 기본적인 지침도 중증 간 손상이 있는 환자들에게는 사용하지 않도록 권하고 있다. 이 문제는 아직도 해결되지 않았다. 결국 지금은 간 건강과 관련하여 위험군에 있는 환자의 경우 꾸준히 모니터링하면서 복용할 수밖에 없는 상황이다. 이 한계를 극복하기 위해 지금도 많은 분자 조각가들은 화합물을 가다듬고 있다.

더 들어가기

에이즈에서 완치되는 법

에이즈가 완치되는 경우가 있을까? 칵테일 요법으로 에이즈를 관리하며 별다른 증상 없이 살아가는 것은 이제 충분히 가능하다. 하지만 증상이 없는 단계를 넘어서, HIV 자체를 완전히 박멸하는 경우는 거의 없다. 2020년까지 에이즈가 완치된 환자는 단 두 명이 보고되었을 뿐이었다.

첫 번째는 '베를린 환자Berlin patient'다. 이 베를린 환자는 개인정보 보호 차원에서 익명으로 치료가 이뤄졌으며 치료 경과를 논문으로 보고하는 과정에서 그냥 '베를린 환자'라고 불러서 그렇게 통용되었다. 이 환자는 1995년에 에이즈에 걸렸고 다행히 그즈음에는 약이 꽤 나와 있어서 어느 정도 치료를 받고 있었다. 그의 회고록에 따르면 그가 주로 복용했던 약은 앞서 언급한 지도부딘과 후에 개발된 프로테아제 저해제였다. 당연히 완치는 안 됐고 그저 다른 에이즈 환자처럼 증상을 관리하며 살고 있을 뿐이었다.

그런데 10년 동안 별 탈 없이 에이즈를 억제하며 살던 그가 뉴욕의 결혼식에 참석한 후 급격한 피로를 느꼈다. 급히 귀국한 그는 수혈로 해결되지 않는 빈혈을 느꼈고, 고통스런 골수 조직 검사를 거친 후 급성 골수성 백혈병acute myeloid leukemia 진단을 받았다. 골수는 혈구를 만드는 조직이다. 하지만 이 조직에 암이 발생해서 건강한 혈구들이 만들어지지 못한 것이다. 에이즈 환자는 바이러스가 백혈구를 파괴한다. 그런데 백혈병은 그나마 있던 정상적인 백혈구도 만들어내지 못한다. 이 환자는 이제 차도가 없어 보였다. 인류가 가장 무서워하는 질병 두 가지를 동시에 앓고 있었기 때문이었다. 2006년의 일이다.

그런데 의료진은 전혀 뜻밖의 치료를 계획하게 된다. 골수 이식을 준비한 것이다. 골수 이식은 백혈병 치료를 위해 택할 수 있는 하나의 옵션이다. 뜻밖이라고 한 것은 의료진이 그냥 골수가 아니라 HIV에 저항성이 있는 골수를 이식하려 했다는 점이다. 유럽인 중 2퍼센트 정도는 HIV가 침입하는 세포 관문에 돌연변이가 있어 HIV의 침입을 허락하지 않는 백혈구를 만든다. 이런 사람의 골수를 이식한다면 HIV에 강한 백혈구가 생산될 테니 에이즈도 동시에 치료할 수 있지 않을까? 물론 쉬운 방법은 아니다. 골수 이식도 하나의 장기 이식이므로 면역 등의 조건이 맞아야 가능한 일이고, 그로 인해 실제로 골수를 이식받는 환자는 그렇게 많지 않다.

그런데 이 베를린 환자는 자신의 몸에 골수를 제공하겠다는 사람이 267명이나 있다는 놀라운 소식을 듣게 된다. 하늘이 무너져도 솟아날 구멍은 항상 있는 것일까. 골수를 고를 수 있는 상황이었다. 그냥 골수가 아니라 에이즈에 특화된 골수를 이식함으로써 백혈병과 에이즈를 동시에 치료해보겠다는 의료진의 영리한 발상도 실현 가능해졌다.

그리고 267명의 제공자를 일일이 검사하면서 61번째 제공자에게서 원하던 돌연변이를 찾게 된다.

이식이 가능한 상태가 되자 베를린 환자는 정작 골수 이식을 거부했다. 백혈병도 어느 정도 관리가 가능한 단계였기 때문에 굳이 모험을 하고 싶지 않았기 때문이다. 하지만 다시 백혈병 증세가 악화되자 어쩔 수 없이 골수 이식을 선택한다. 2007년 2월 6일이었다. 그는 이 날을 그의 새로운 생일로 불렀다. 수술로부터 3개월이 지난 이후부터 이 환자의 혈액에서 HIV가 관찰된 적은 없다. 새로 이식한 골수에서 건강한 백혈구를 생산해내고, 그 백혈구가 HIV의 침입을 허락하지 않으면서 거꾸로 HIV를 잡아먹기 시작한 것이다. 의료계는 이 환자를 인류 역사상 최초로 HIV를 박멸한 사람으로 발표했다.

이 환자, 티모시 브라운Timothy Brown은 2010년 미국 잡지와의 인터뷰를 통해 자신의 신분을 밝혔다. 개인정보는 소중한 것이므로 공개 대상이 아니지만, 환자가 먼저 나서서 자신의 이름을 밝힌 것이다. 그는 인터뷰에서 에이즈 연구에 도움이 되고 싶다는 자신의 바람도 이야기했다. 의료계로서는 참으로 소중한 커밍아웃이 아닐 수 없었다. 이후 그는 자신의 이름을 딴 재단을 만들어 본인 외에 다른 완치자가 나오길 바라며 후원을 하기 시작했다.

물론 하나의 치료 사례가 표준 치료 프로토콜로 자리 잡을 수는 없다. 골수 이식이 쉬운 것도 아니고 돌연변이가 있는 골수를 찾는 것은 더더욱 어려운 일이다. 그러므로 일반화하기는 어렵다.

다른 완치자가 등장하기를 바라는 브라운의 간절한 마음은 이루어졌다. 2019년 3월, 골수 이식으로 에이즈에서 완치된 두 번째 환자가 〈네이처〉에 보고되었다. 이 환자는 런던에서 치료를 받았기 때문에 의료계에서는 '런던 환자London patient'라고 불린다. 그 역시 림프종에 걸린 이후 돌연변이가 있는 골수를 이식받았으며, 가벼운 면역거부 반응을 제외하면 별다른 건강상의 이상은 없었다. 수술 후 18개월이 되도록 HIV가 관찰되지 않은 것도 고무적인 결과였다. 티모시 브라운에 이어 유사한 방법으로 완치된 케이스가 나왔다. 두 번의 사례가 있다면 완전히 터무니없는 아이디어는 아니라고 봐도 될 것이다.

물론 그렇다고 해서 에이즈를 치료하겠다고 백혈병에 걸리는 용자는 없길 바란다. 기증할 골수를 찾는 것도 쉽지 않으며, 골수를 찾았다고 해도 골수 이식이 그렇게 만만한 수술도 아니다. 앞서 언급한 티모시 브라운도 2007년의 수술 후 1년 뒤 백혈병이 재발하여 한 번 더 이식을 해야 했으며 수술 후 혼수상태에 이르기까지 했었다. 이때는 다행히 회복할 수 있었다. 하지만 그는 12년간 무탈하게 생활한 후, 2020년 9월에 백혈병 재발로 사망했다. 골수 이식으로 에이즈는 치료했지만, 백혈병은 그러지 못했던 것이다.

이제 티모시 브라운의 유지는 런던 환자가 이어받았다. 그는 브라운이 죽기 전인 2020년 3월에 자신의 신분을 언론에 공개했다. 인터뷰가 쏟아졌고 관련 기사들도 연달아 나왔다. 그의 이름은 아담 카스티예호Adam Castillejo. 그가 언론에 신분을 공개한 이유도 브라운과 유사했다. 그는 자신의 경험이 에이즈 완치에 도움이 되길 바랐다.

브라운과 카스티예호의 성공 이후 2022년에는 미국에서도 유사

미국 샌프란시스코에 있는 티모시 브라운의 추모비.

한 성공 사례가 보도되었다. 세 명이라니 희망을 가져보게 되지만, 열악한 조건에서 사는 수많은 에이즈 환자를 모두 이런 방식으로 치료하기는 어렵다. 골수를 확보하는 것부터가 난관이기 때문이다. 확보했다고 해도 골수 이식이라면 장기 이식의 일종인데 부담스럽다. 하지만 최근에는 이러한 방법에 기반을 두어서 좋은 연구가 이뤄지고 있다. 예를 들어 유전자 가위를 이용해 본인의 골수세포에 돌연변이를 유도해서 HIV를 이겨내는 방식이다. 아직 갈 길이 멀지만 꾸준히 연구되고 있는 만큼 조만간 좋은 결과가 나올 것으로 기대한다.

4장

물질을 창조하다

⋮ 반드시 자연을 모방해야 할까?

화학자들은 화합물을 조각한다. 기존에 주어진 물질 구조에 적당한 화학반응을 수행하여 원하는 구조로 바꾸는 것이다. 그렇게 만들어진 물질은 적당한 단백질에 결합하여 단백질의 활성을 떨어뜨리고, 그렇게 약이 만들어진다. 의약화학의 본질이다. 그런데 첫 화합물은 어떻게 고를까? 화학자들이 화합물을 바꾼다는 것은 원래 눈앞에 무언가가 있다는 것을 의미한다. 화학자들은 조각에 필요한 첫 번째 분자를 어떻게 선정하는 것일까? 소도 언덕이 있어야 비비는데, 화학자들은 어떻게 작업을 시작할까?

이 책에서 지금까지 설명했던 사례들에서 화학자들은 자연에서 유래한 물질, 즉 천연물을 조각했다. 활성이 좋은 천연물을 바탕으로 구조를 조각해 더 예쁜 모양을 만들었다. 그중에는 사람 유전자의 구성 물질과 비슷한 물질도 있었다. 그런데 화학자란 사람들은 이러한 자연의 선물 없이는 일을 할 수 없는 것일까?

자연에서 추출한 물질은 물론 장점이 많다. 활성이 좋고, 지금까지 사람들이 많이 복용해왔다면 독성 문제에서도 어느 정도 자유롭다. 동물에서 추출한 물질이라면 사람의 체내에서도 안전하게 작용할 가능성이 크다. 천연물은 경력직이다. 이미 약효와 독성에 대한 검증을 마친 약이다. 돼지에게서 추출해 지난 60여 년간 알차게 사용한 인슐린이 대표적이다.

하지만 이 경력직 화합물에도 단점이 있다. 우선 구조를 모르는 경우가 많다. 물론 간단한 천연물이면 구조를 밝히기 쉽다. 코카인cocaine에서 기반한 국소 마취제가 나올 수 있었던 것은 화학자들이 20세기 초반에 코카인의 화학 구조를 명확하게 밝혀냈기 때문이었다. 반면에 모르핀은 구조도 모르는 채 분자 조각을 진행하다 헤로인이라는 괴물을 낳고 말았다. 천연물 중에는 모르핀보다 훨씬 더 복잡한 구조의 화합물이 많다. 특히 바다 깊은 곳에 서식하는 해조류에서 추출되는 물질들은 어지간한 화학자들이라면 엄두도 못낼 정도로 구조가 복잡하다. 이런 구조는 분석학자가 구조를 제시하고 화학자가 물질을 합성하는 번거로운 검증 과정을 거쳐야 한다. 여러모로 불편하다.

이런 단점을 피하려면 어떻게 해야 할까? 화학자들이 처음부터 물질을 창조하면 된다. 꼭 자연이 주는 물질을 분리해서 연구를 시작하라는 법은 없다. 화학은 화합물을 바꾸는 학문이지만 동시에 새로운 화합물을 창조하는 학문이기도 하다. 그리고 화학자들이 만든 물질은 구조를 예측할 수 있다. 구조가 터무니없이 복잡할 리도 없다. 인간의 합성 기술은 자연에 범접하지 못한다. 그런데 이렇게 만들었을 때 활성이 있는 물질이 나오기는 할까? 치료제로 사용된 경력이 전무한, 근본도 없는 초짜 화합물이다. 이런 물질로 약을 개발할 수 있을까?

20세기 초반부터 화학자들이 순수하게 개발한 물질이 의약품으로 나오기 시작했다. 아직 천연물에 기반해서 개발한 의약품보다 수는 적었지만 확실히 늘어나고 있었다. 이 약들은 체계적인 분자 설계에 기반해서 효소와 모양을 맞추는 방식으로 개발된 화합물이 아니었다. 효소의 기능과 모양에 대해서 거의 아는 것이 없던 시절, 화학자들은 주먹구구식으로 분자를 조각했다. 그런데 이러한 시도가 의외로 먹혀들어 개발되는 약들이 종종 있었다. 이 중 상당수는 우연한 발견, 즉 세렌디피티의 사례였다. 하지만 이렇게 우연히 발굴한 물질은 다시 새로운 의약품 개발의 출발이 되어 더 좋은 물질로 변신했다. 우연에만 의존하지 않았던 것은 화학자들의 자존심이 걸린 문제이기도 했다.

⁝ 화학계의 거장

아돌프 폰 베이어J. F. W. Adolf von Baeyer란 화학자가 있다. 1835년에 베를린에서 태어나 1860년대부터 본격적으로 활약한 이 화학자는 시대의 흐름에 맞춰 염료 개발에 주력했는데, 당시 가장 만들기 어렵다고 판단되었던 인디고indigo의 푸른색을 순수하게 화학적으로 만들어내며 세계적인 명성을 얻었다. 인디고의 푸른색은 그 아름다움 덕분에 많은 사랑을 받았지만, 화학적으로 합성하는 방법이 발견되기 전에는 인디고를 얻기 위해 길고 복잡한 공정을 거쳐야 했다. 인도의 농장에서 인디고페라Indigofera라는 식물을 길러서 물질을 추출하고, 영국으로 가져와 가공한 후, 유럽으로 수출하는 형태였다.

화학자들이 합성 염료를 그토록 열심히 만들었건만 푸른색만큼은 쉽게 만들지 못했다. 푸른색은 그만큼 특별한 색이었다. 참고로 푸른 장미는 자연에 존재하지 않는다. 인공적으로 유전자 조작을 해야만 만들어진다. 좀 다른 맥락이긴 하지만 나카무라 슈지는 푸른색 LED를 만들었다는 공로로 2014년에 노벨물리학상을 수상하기도 했다. 동서고금을 막론하고 푸른색은 언제나 신비의 색이었고, 인디고의 푸른색은 19세기 말 대영제국에 막대한 수입을 안겨주는 수출품이자 원재료였다.

그런데 베이어가 천연 인디고 염료에서 푸른색을 내는 성분을 분리하고 구조를 규명한 후, 이를 화학적으로 합성해버린 것이다. 그것도 단 한 단계 만에. 이제 유럽의 모직업자들은 인도와 영국을 거

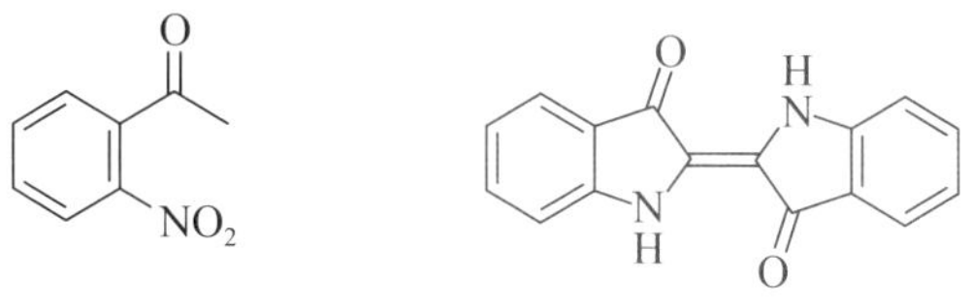

출발물질 생성물질(인디고)

인디고의 구조와 인디고 합성 과정의 출발물질.

쳐 수입·가공·판매되는 인디고 원료를 비싼 값에 사려 하지 않았다. 독일의 공장에서 생산되는, 똑같이 아름답지만 열 배나 저렴한 합성 인디고를 구매했다. 바야흐로 푸른색의 시대가 온 것이다.

이 변화는 여러 분야에서 큰 파장을 불러왔다. 우선 인도의 인디고 생산 농장이 파산했다. 인도 사람들은 굶주리기 시작했고 다른 작물을 생산해야 했다. 인도 경제의 체질이 바뀌는 순간이었다. 영국의 인디고 수입업자들도 마찬가지로 파산했다. 연쇄적으로 영국의 수입이 줄어들며 국제적인 통상 마찰이 더 심해졌다. 색깔 하나 만드는 게 이렇게 중요하다.

베이어는 1905년에 노벨화학상을 수상했다. 독일을 대표하는 화학자로서 진작부터 노벨상 후보로 오르내렸는데, 70세가 되던 해에 영예를 안게 된다. 그는 유기화학의 기본적인 합성법 및 분석법을 발견하고 여러 의미 있는 물질들을 만들어낸, 노벨상을 받았다는 것 정도로는 표현하기 힘들 정도의 거장이다. 많은 제자들을 길러내 독일 화학계가 전성기를 맞이할 수 있도록 준비한 사람이기도 하다.

그런데 이제 하고자 하는 이야기는 베이어가 이러한 성과를 쏟아내기 전, 그가 갓 스물아홉 살이던 풋내기 시절의 일이다.

하얀 가루

1864년, 29세의 청년 화학자 베이어는 이상한 화합물을 만들었다. 요소와 말론산에 염기를 가해 끓이니 흰색 고체가 만들어졌다. 요소는 소변에서 추출 가능한 물질이고 당시에도 쉽게 구입할 수 있는 물질이었다. 말론산 역시 과일 등에서 쉽게 확보할 수 있는 물질이었다. 150년 전에는 시약 구입이 극도로 어려웠음을 감안하자. 그는 비교적 쉽게 확보할 수 있는 두 물질을 반응기에 넣고 가열해서 새로운 물질을 만들었다.

그가 왜 이런 반응을 했는지는 명확하게 알려져 있지 않다. 하지만 그가 만든 물질이 재현성 있게 잘 만들어지는 것은 분명했다. 다

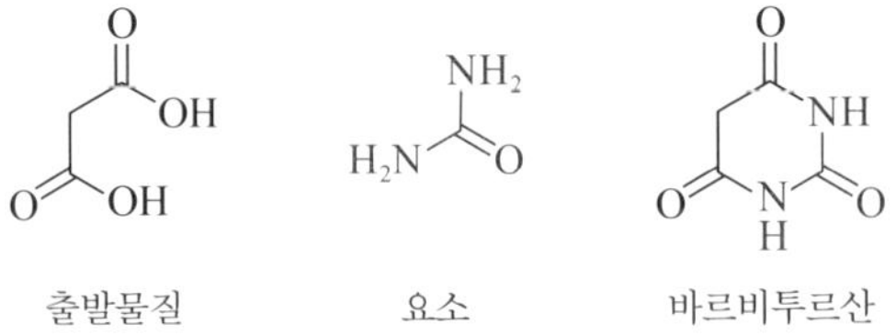

바르비투르산과 출발물질의 구조.

루기도 쉬웠다. 하얀색 고체로 예쁘게 모을 수 있었다. 나를 포함한 많은 화학자들은 지금도 하얀색 고체만 보면 예쁘다고 흥분한다. 그냥 좋아한다. 베이어 역시 이 물질을 만들고 꽤 만족했던 듯하다. 비록 이 물질에서 특별한 생리적 활성을 찾을 수는 없었지만, 그래도 아무도 못 만들었던 물질을 새로이 만들었다는 건 그 당시로선 인정받을 만한 일이었다. 순수한 화합물이 그렇게 흔하지 않던 시절, 그는 새로이 세상에 태어난 이 물질에 애착을 가지고 '바르비투르산barbituric acid'이라는 이름을 붙였다. 바르바라Barbara와 요소urea, 산acid에서 유래한 이름일 것으로 추정하지만 왜 '바르바라'라는 이름이 들어가 있는지는 몇 가지 가설이 있을 뿐 정확하게 결론이 나지는 않았다.

베이어가 별 볼 일 없는 화학자였다면 바르비투르산 역시 별 볼 일 없는 화합물로 남았을 것이다. 하지만 앞서 설명했듯이 이후 베이어는 승승장구하며 화학계의 슈퍼스타로 거듭 났고, 그의 명성은 나날이 높아져만 갔다. 고국인 프로이센이 통일을 완수하고 독일 제국으로 거듭난 것도 여러모로 그에게는 유리한 상황이었다. 뒤늦게 식민지 쟁탈전에 뛰어든 독일을 위해서 식민지를 남겨두는 사려깊은 제국주의 열강은 존재하지 않았기에, 후발주자 독일은 전혀 다른 분야인 과학 발전에 주력했다. 힘을 길러야 식민지를 빼앗을 수 있었다. 그리고 힘을 기르기 위해서는 과학만 한 것이 없었다. 인구나 자원, 지리적 위치 등 어딜 봐도 불리한 나라가 독일이었다. 이러한 시대적 배경 때문에 독일의 훌륭한 과학자에게는 많은 예산과 명성이 뒤따라오고 있었다. 그리고 베이어는 충분히 훌륭한 과학자였다.

⋮ 수면제의 왕

뛰어난 교수에겐 뛰어난 학생들이 따라온다. 당시 과학은 독일 정부에서 집중 육성하던 분야였기 때문에 우수한 학생들이 과학에 관심을 쏟고 있었다. 당연히 베이어의 실험실에도 화학을 배우려는 똑똑하고 열정적인 청년들이 끊임없이 들어오고 있었다. 그중에는 우리가 이미 3장에서 만났었던 에밀 피셔도 있었는데, 그는 손꼽힐 정도로 훌륭한 학생이었다. 어렸을 때는 아버지에게 “사업하기에는 너무 멍청하다”라는 평을 들었던 피셔는 화학이 적성에 맞았는지 베이어의 지도하에 화학의 꽃을 피웠으며, 학위를 받은 후에도 독립적인 연구자로서 훌륭한 과학적 성취를 이뤄나갔다.

피셔는 다양한 생리활성 물질에 대해 수행한 연구 업적을 인정받아 1902년에 노벨상을 수상했다. 제2회 노벨상이란 것도 인상적이고 그의 스승이었던 베이어보다 먼저 수상했다는 사실도 인상적이다. 그런데 노벨상을 받던 바로 그해에 피셔는 의약품 개발과 관련해서도 놀라운 물질을 하나 만들어냈다.

피셔는 베이어 아래에서 수학할 때 바르비투르산에 대해 들은 적이 있었다. 바르비투르산은 만들기 쉬운 물질이었고 베이어에게 들은 바도 많았기 때문에 피셔 역시 이 물질을 쉽게 합성할 수 있었다. 그리고 피셔에게는 절친한 친구가 있었는데, 약물학 분야에서 당대 최고의 전문가로 인정받던 요제프 폰 메링이었다. 앞서 1장에서 타이레놀 개발 과정에서 언급했던 학자이기도 하다.

친구를 잘 둬야 하는 것은 동서고금의 진리. 피셔와 메링은 1902년에 의기투합해서 바르비투르산의 구조를 바꾸기로 결심한다. 구조를 바꾸는 건 피셔의 전문영역이었다. 메링은 만들고자 하는 구조를 설계했고, 이후 피셔가 만든 바르비투르산 유도체의 활성을 검색하는 과정도 담당했다. 전설적인 두 과학자의 역사적인 공동 연구는 그렇게 시작되었다.

피셔는 화학자답게 분자 구조를 쑥쑥 바꿨다. 그가 바꿨던 구조 중에서도 특히 인상적인 화합물은 바르비투르산의 구조 중 수소 두 개를 대신하여 두 개의 치환기를 추가한 구조였다. 이 물질은 처음에는 화학 구조에 기반해 '디에틸바르비투르산diethylbarbituric acid'이란 이름으로 불렸는데, 지금 생각해도 이런 이름으로 팔면 그다지 많이 팔릴 것 같진 않다. 최종적으로 붙여진 이름은 베로날Veronal. 이 이름은 피셔와 메링이 알고 있던 가장 평화로운 도시 베로나Verona의 이름에서 유래한 것으로 알려져 있다. 로미오와 줄리엣이 불같은 사랑을 나눴던 도시인 베로나는 그렇게 평화로운 잠의 도시로 새로이 각인되었다.

베로날은 강력한 효과를 보이는 수면제였다. 그전에는 잠을 재우기 위해 취박臭剝(브롬화칼륨KBr) 같은 무기염 수면제나 아편을 쓰곤 했다. 그런데 이 약들은 중독성이 강하거나 독성이 있어서 자주

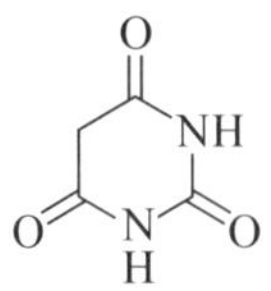
바르비투르산

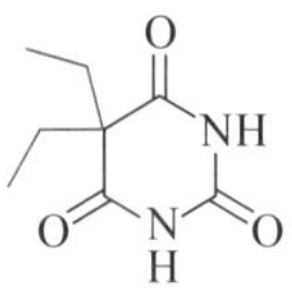
베로날(바르비탈)

바르비투르산과 바르비탈의 구조 비교. 비슷하지만 다르다.

쓸 수가 없었다. 클로랄 수화물Chloral hydrate이라는 수면제도 있긴 했지만 독성에서 자유롭지 못한 것은 똑같았다. 이런 전통적인 약들보다는 좀 더 안전한 수면제가 필요했다. 이런 점에서 베로날은 훨씬 안전하고 강력했다. 베로날을 만든 피셔가 베로날을 직접 먹어보기도 했을 정도였다. 사람들은 드디어 제대로 된 수면제가 나왔다며 열광했고, 이 물질을 수면제 외에 진정제 등의 용도로도 사용하기 시작했다.

베로날이란 이름은 이후 바르비탈Barbital이라는 이름으로 바뀌었다. 제1차 세계대전의 여파로 패전국인 독일의 특허권이 유명무실해졌고, 이 틈을 타 미국에서 이 약을 바르비탈이라는 이름으로 생산·판매했기 때문이다. 당시 경제적 호황을 타서 세계 패권에 다가가던 미국이었기에 바르비탈이라는 미국식 이름이 전 세계적으로 유행했고, 지금까지도 이 미국식 이름이 널리 쓰이고 있다. 전쟁에 패하면 이름도 뺏기는 비정한 현실이다.

바르비탈은 현대 의약품의 역사에서 큰 의미를 지닌다. 바르비탈 이전에 개발된 그럴듯한 의약품은 아스피린뿐이었다. 물론 다른 약이 없었던 것은 아니지만 대부분은 활성이 검증되지 않거나 독성이 강해 10년 정도 지나면 시장에서 사라져버렸다. 그에 비해 바르비탈은 구조 변화를 거치면서 더 강력한 약으로 진화했다. 바르비탈은 시작부터 화학자가 설계해서 만들어진 물질이었고, 그래서 구조를 바꾸는 것도 쉬웠다. 베이어나 피셔가 의도하고 만들었는지는 알 수 없지만, 바르비탈의 구조는 꽤나 강력해서 이 구조에 기반을 둔 물질이 2500가지 넘게 만들어졌고, 그중 50가지 이상이 의약품으로 승인됐다. 사람들은 바르비탈에 기반을 둔 의약품을 바르비투르산계barbiturates 의약품으로 불렀다.

바르비투르산계 의약품 중 가장 많이 사랑받은 물질은 페노바르비탈phenobarbital이다. 이 물질은 한동안 수면제의 대명사처럼 쓰였는데, 이 역시 피셔가 만들었다. 피셔는 노벨상을 받고도 별로 쉬는 일 없이 열심히 화합물을 만들었는데, 아무래도 원천 기술을 가진 사람이다 보니 후속 연구도 빨랐던 듯하다. 피셔는 바르비투르산에서 바르비탈을 만들었듯이, 다른 구조를 가진 시약을 적용해서 살짝 다른 구조인 페노바르비탈을 만들었다. 바르비탈을 만든 지 2년가량 지난

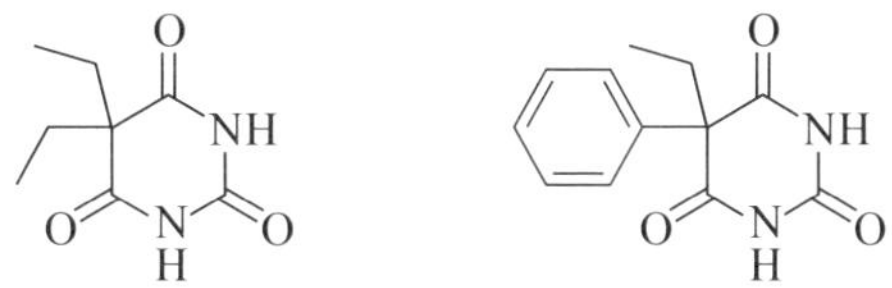

바르비탈과 페노바르비탈의 구조 비교. 붉은색 구조를 '페닐phenyl'기라고 부른다.

1904년의 일이다.

페노바르비탈의 개발이 본격적으로 이루어진 것은 1911년부터다. 초기 합성에 비해 7년 정도 늦은 시점인데 그 이유는 명확하게 알려져 있지 않다. 페노바르비탈은 바르비탈에 비해 구조가 약간 바뀌었을 뿐이지만 훨씬 더 강력한 수면효과를 보여주었다. 이듬해인 1912년, 제약회사에서도 자연스럽게 페노바르비탈을 상품화하게 되는데 루미날Luminal이라는 이름을 붙였다.

데뷔는 늦었지만 페노바르비탈은 순식간에 수면제 시장을 뒤흔들어놓았다. 기존의 바르비탈에 비해 효과도 강하고 약효의 지속시간도 길었기에 많은 사람들의 사랑을 받은 것이다. 그리고 당대 최고의 수면제였던 페노바르비탈은 수면제의 영역을 넘어서 뇌전증 치료제 등의 다른 용도로도 쓰이게 된다. 마치 잘나가는 가수가 연기도 하는 것처럼, 한 방면의 정점을 찍은 의약품이 다른 영역으로도 수월하게 진입하였다. 어느덧 페노바르비탈은 수면제의 왕이 되었다.

더 좋은 수면제를 찾아서

바르비투르산이 바르비탈을 거쳐 페노바르비탈로 바뀌는 과정은 화학자들이 만든 조각품에 또 다른 화학자가 조각을 이어 붙여 더 졸리게 만든 것이다. 이것보다 더 좋은 수면제를 만들 수는 없을까? 화학자들은 실제로 여러 가지 방법을 이용해 기존의 구조를 바꾸고 더 좋은 물질을 찾아내고 있었다. 그런데 이러한 과정에는 전쟁이 큰 역할을 하기도 했다. 페노바르비탈이 세상에 나오고 2년 후에 발발한 제1차 세계대전의 폭탄 개발 연구를 돌아볼 필요가 있다.

제1차 세계대전 당시 영국은 폭탄을 생산하기 위해 발효 과정을 이용했다. 폭탄과 발효가 무슨 상관이겠냐고 생각할 수 있지만, 유대계 생화학자 하임 바이츠만Chaim Weizmann이 개발한 새로운 발효 공정은 아세톤을 생산하는 데 있어서 더할 나위 없이 좋은 방법이었다. 설탕과 클로스트리디움 아세토부틸리쿰Clostridium acetobutylicum이라는 박테리아를 넣어주고 적절한 조건을 유지해주면 박테리아가 아세톤을 생산한다. 전쟁과 상관없이 개발된 이 공정은 원래 고무를 생산하기 위해 고안된 것이었지만, 영국 정부는 고무와는 별 상관없는 아세톤 생산 목적으로 이 공정을 채택했다. 당시 영국은 화약 제조를 위한 원료 물질을 충분히 확보했음에도 불구하고 이를 활용할 수 없었는데, 이 원료 물질들을 녹이는 데 최적의 용매인 아세톤 확보에 비상이 걸린 상태였기 때문이다. 아세톤이 없으면 전쟁을 수행할 수 없을 정도의 위기 상황에서 바이츠만의 공정은 더할 나위 없이 소중했다.

이후 아세톤은 바이츠만의 공정을 통해 대량으로 생산됐으며, 이를 바탕으로 영국 군대는 총알 재고에 대한 걱정 없이 기관총을 발사할 수 있었다. 바이츠만이 이 성과를 바탕으로 영국 내에서 과학적·정치적 입지를 구축하고 30여 년 뒤 이스라엘의 초대 대통령 자리에까지 올랐다는 것을 감안한다면, 당시 영국 정부가 얼마나 바

1948년 백악관에서 해리 트루먼 미국 대통령과 만난 바이츠만(오른쪽).

이츠만에게 고마워했는지를 짐작할 수 있다. 발효 공정 하나 개발하는 게 이렇게 중요하다.

그런데 바이츠만의 공정에서 아세톤만 생산되는 것은 아니었다. 아세톤은 30퍼센트 정도 생산되고 10퍼센트 정도는 에탄올이 나온다. 에탄올은 또 나름대로 쓸모가 있다. 그런데 가장 많이 생산되는 부탄올 n-butanol이 말썽이었다. 생성물의 60퍼센트를 차지하는 부탄올은 주생성물이라는 타이틀과 어울리지 않게 상업적인 용도가 거의 없었다. 그래서 공장에 차곡차곡 재고가 쌓여갔는데, 전쟁이 뜻밖에 길어지면서 공장 입장에서도 처치 곤란한 부산물이 되어가고 있었다. 누군가 부탄올을 사간다면 아주 싼 값에 넘길 의향이 있었다.

화학자들이 이 기회를 놓칠 리 없었다. 언제나 연구비 부족에 시

달리는 화학자들이 저렴한 가격의 시약을 찾아다니는 것은 당연한 이치. 100여 년 전의 화학자들 또한 별반 다르지 않았는데, 그들의 눈에 이 부탄올이 포착되었다. 당시 그럭저럭 연구되던 약이라고는 이미 특허권이 유명무실해져서 레드 오션이 되어버린 아스피린을 제외한다면 바르비투르산계 수면제밖에 없었다. 비록 페노바르비탈과 같은 약물이 시장을 선도하고 있었지만 여전히 개선할 점이 있었다. 그래서 화학자들은 부탄올을 이용해서 페노바르비탈보다 더 좋은 수면제를 만들고자 했다.

페노바르비탈의 단점은 효과가 너무 오래 지속된다는 점이었다. 사람마다 다르긴 했지만 10~16시간 정도 작용했으며, 긴 경우 이틀 동안 효과가 남아 있기도 한다. 하루에 16시간 동안 수면제 효과로 몽롱한 상태로 있고 싶은 사람은 없을 것이다. 지속시간이 길다는 단점 외에도 페노바르비탈은 몇 가지 부작용이 더 있었다. 의존성이 강하기 때문에 한번 먹으면 계속 찾게 됐다. 그런데 내성도 빨리 생겨서 잠이 드는 데 필요한 복용량이 점점 늘어났다. 몽롱해진다는 점도 단점이었다. 아무래도 잠에 취하는 증상이 있기 때문이었는데, 이렇게 몽롱해지다 보면 본인이 약을 먹었는지도 헷갈렸다. 그래서 다시 복용하는 경우도 있었는데 이런 증상은 '바르비탈 습관barbital habit'이라고 불렸다. 내성이든 망각이든 간에 귀결은 바르비탈을 많이 먹게 된다는 점이었다. 그리고 바르비탈은 많이 먹으면 죽는다. 우리가 흔히 말하는 '약 먹고 죽는다' 또는 '수면제 먹고 죽는다'라는 표현은 바르비투르산계 수면제에서 탄생했다.

페노바르비탈은 수면제의 제왕으로서 세상을 석권했지만, 많이 팔리는 만큼 이러한 부작용도 나타나고 있었다. 지금과 같은 SNS가 없던 시기라 빠르게 퍼지지는 않았지만 전문가들은 페노바르비탈보다 더 안전하고 중독성 없으며 아침에는 개운하게 일어날 수 있는 수면제를 찾고 있었다. 그리고 부탄올은 이런 상황에서 그럭저럭 좋은 재료가 되었다.

구조가 다른 화합물을 만들려면 어떻게 해야 할까? 답은 간단하다. 구조가 다른 시약을 쓰면 된다. 바르비투르산계 수면제를 만드는 합성법은 큰 고민이 없었다. 이미 베이어나 피셔 같은 화학계의 거장들이 합성법을 개발했고 많은 추종자들은 그 합성법을 따라 유사한 수면제를 만들어내고 있었다. 참고로 바르비탈은 2010년대까지만 해도 약대 학부 실습 때 학부생들이 직접 만들어보는 화합물로 유명했다. 약간의 훈련만 거치면 손쉽게 합성할 수 있는 방법을 노벨상을 받은 화학자들이 확립해둔 덕분이었다.

화학자들은 주변의 발효 공장을 찾아가 부탄올을 대량으로 구매했고, 부탄올이 도입된 바르비탈 유도체인 부토바르비탈butobarbital을 합성했다. 합성법 자체는 특별할 것이 없었다. 기존의 합성법을 부탄올이 들어간 시약으로 시행했을 뿐이었다. 그런데 효능은 좀 달랐다. 페노바르비탈보다 지속시간이 약간 짧아진 것이다. 불면증 환자 중에는 잠드는 것 자체는 어렵지만, 한번 잠들면 별다른 문제없이 잠을 지속하는 환자가 많다. 이들에게 페노바르비탈처럼 12시간 이상 효과가 지속되는 수면제는 너무 부담스럽다. 부토바르비탈은 그보

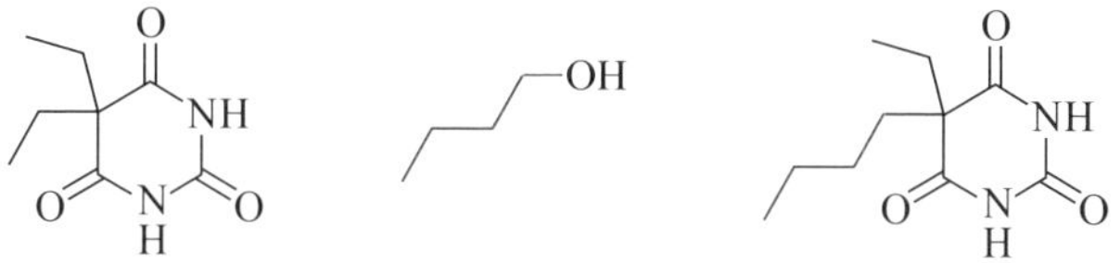

바르비탈　부탄올　부토바르비탈

바르비탈, 부탄올, 부토바르비탈의 구조 비교. 붉은색으로 표시한 부분이 부탄올에서 유래한 골격이다.

다는 지속시간이 훨씬 짧았다. 페노바르비탈의 단점을 해결할 실마리가 잡혔다.

이후 부토바르비탈의 구조는 체계적인 개선을 거치게 된다. 전쟁을 거치며 급하게 만든 약이었다. 전쟁이 끝난 후 최적화하지 않는 것이 이상할 노릇이었다. 비슷한 구조의 의약품이 여럿 만들어지며 경쟁이 붙었고 그중에는 시판된 물질도 많았는데, 결국 미국의 한 제약회사가 1930년에 펜토바르비탈pentobarbital을 세상에 내놓으며 치열했던 수면제 개발 레이스는 어느 정도 정리가 된다.

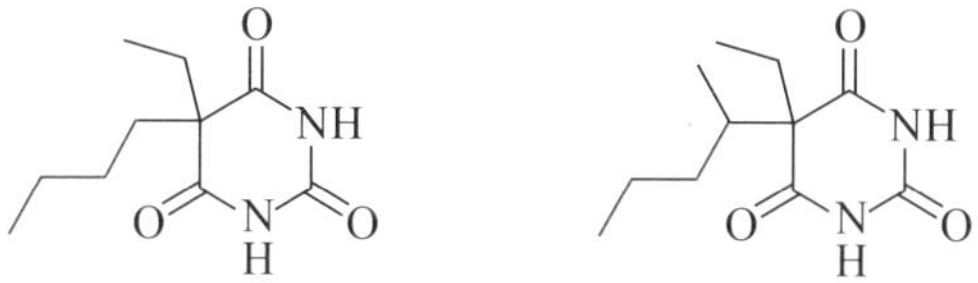

부토바르비탈　펜토바르비탈

부토바르비탈과 펜토바르비탈의 구조 비교.

펜토바르비탈은 약으로 승인된 50여 가지의 바르비탈 계열 물질 중 페노바르비탈에 그나마 필적할 수 있을 정도로 많이 사랑받았던 물질이다. 펜토바르비탈의 구조식을 나타낸 그림에서 붉은색으로 표시한 부분이 부탄올에서 유래한 골격이다. 수면제 시장에 한 획을 그은 펜토바르비탈이지만 그 속에 깃든 것은 수십 년 전 유대인 생화학자가 개발한 공정에서 나온 박테리아의 부산물임을 알 수 있다.

진실의 약

펜토바르비탈로 수면제 시장이 어느 정도 정리됐다고는 하지만 화학자들의 열정이 식은 것은 아니었다. 그들은 전혀 다른 방식으로 펜토바르비탈의 용도를 확장하려 했다. 바로 주사제로 쓰는 것이었다. 자고 싶다고 주사 맞는 사람이 얼마나 될까? 보통은 알약 형태의 수면제를 선호할 것이므로 정맥주사를 이용해 잠을 재우는 것이 일반적인 상황은 아니다. 화학자들이 주목했던 용도는 수면제가 아니라 정맥마취제였다. 이미 경쟁자들로 꽉 찬 수면제 시장보다는 정맥마취제 시장이 화학자들에게는 블루 오션으로 느껴졌던 것이다.

소듐 펜토탈sodium pentothal(또는 소듐 티오펜탈sodium thiopental)은 그렇게 개발되었다. 소듐 펜토탈은 뇌에 작용하는 바르비투르산계 수면제다. 주사제로 개발되어서 투약한 지 1분도 되지 않아 환자를 재

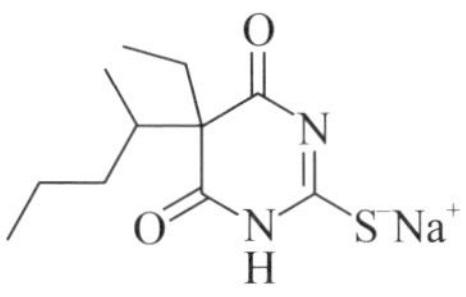

소듐 펜토탈의 구조.

울 수 있었다. 수면제가 뇌 속으로 직접 배송되는 덕분에 이제 의사들은 수술을 위해서 환자가 잠들기까지 기다릴 필요가 없어졌다. 프로포폴propofol이 등장하기 전까지 세상은 소듐 펜토탈을 사용하고 있었다.

그런데 정작 이 약은 전혀 다른 용도로 유명세를 타게 된다. '진실의 약truth serum', 즉 진술을 하지 않는 용의자가 이 주사 한 방이면 진실을 털어놓게 된다는 마법의 약으로 알려진 것이다. 이 약물에 원더우먼의 올가미, 해리포터의 마법 주문과 같은 효과가 정말로 있을까?

1946년, 시카고에서 여성을 대상으로 한 세 건의 연쇄 살인이 일어났다. 그중 한 건에서는 살인자가 피해자가 소지했던 립스틱으로 벽에 자신을 멈춰달라는 메시지를 남겼으며, 또 다른 한 건은 6세 여아를 대상으로 벌인 유괴 살인 사건이었다. 여러모로 봐도 엽기적인 이 연쇄 살인마를 잡기 위해 수사를 벌이던 시카고 경찰은 전혀 다른 사건으로 용의자를 확보한다. 강도 혐의로 체포된 17세의 소년 윌리엄 헤이런스William Heirens였다. 그의 지문과 필적이 범죄 현장에

당시 '립스틱 킬러'가 피해자 집의 벽에 남긴 메시지.

남겨진 것과 일치했던 것이다.

그런데 지문과 필적만으로 이런 중대한 범죄에 대해 유죄 판결을 받아낼 수 있을까? DNA 검사라면 확실하겠지만 아직 DNA의 이중나선 구조가 밝혀지기도 전이었다. 조악한 증거만으로는 혐의를 입증하기에 불충분하다는 것을 느꼈던 시카고 경찰은 그를 추가 심문할 수밖에 없었다. 결국 오랜 심문을 거친 후 헤이런스는 자백을 했고, 세 건의 살인과 그 밖에 강도를 벌인 혐의로 종신형을 선고받았다. 그는 2012년에 감옥에서 83세를 일기로 사망했다.

그런데 그가 유죄 판결을 받았던 주요한 근거 중 하나가 심문 과정 중 '진실의 약', 즉 소듐 펜토탈을 투여받은 후 했던 진술이다. 약에 취해서 하는 말을 믿을 수 있을까? 술 취한 사람의 말은 어디까지 믿어야 할까? 1940년 이후로 영국에서는 약에 취한 사람의 증언에 효력이 있다고 인정하지 않았지만, 미국의 상황은 그렇지 않았다. 헤이런스가 재판을 받던 당시에는 '립스틱 킬러'라는 선정적인 프레임과 엽기적인 범죄 행각 때문에 이러한 이슈는 제대로 공론화되지 않았다. 언론에서도 이미 범인이 검거된 것처럼 연일 보도했기 때문에 진실의 약마저도 훌륭한 수사법이었다며 옹호하는 분위기였다. 하지만 시간이 지나 복역 중이던 헤이런스는 나흘간의 고문과 사형을 면하라는 경찰의 회유에 넘어가서 거짓으로 자백했던 것이라고 주장했다. 또한 학계도 약물에 의한 진술은 부당한 방법이라며 진정을 냈다. 그러나 판결은 바뀌지 않았다.

그는 과연 범인이었을까? 이 질문에 명확하게 답을 할 수 있는 사람은 없을 것이다. 하지만 '진실의 약'이 꼭 진실만을 말하지 않는다는 것은 분명하다. 진실의 약은 그전에도 쓰인 적이 있었다. 1926년에 용의자의 입을 열기 위해 스코폴라민scopolamine이 사용됐던 것이다. 스코폴라민은 지금도 멀미약으로 사용하는 물질이다. 즉, 사람을 진정시키고 편안하게 하기 때문에 진실을 털어놓으리라고 생각했던 것이다. 하지만 이 진술은 대법원에서 효력을 인정받지 못했다. 편안한 것과 솔직한 것은 다르다. 편안한 꿈속에서 거짓말처럼 하늘을 날아다니지 않는가. 그러나 1946년에 벌어진 충격적인 살인과 선정적인 언론 보도는 이런 판단을 마비시켰다.

'립스틱 킬러'에 대한 판결이 나온 후 역설적으로 '진실의 약'에 대한 관심도 높아졌다. 소듐 펜토탈은 스코폴라민과는 비교도 안 될 정도로 사람을 빠르게 진정시키는 물질이다. 그 수면제의 농도를 조절해서 투약자가 잠들기 직전까지 만든 다음 그 사람이 비몽사몽간에 내뱉는 말을 진실이라고 믿는 것이다. 과학적 근거는 떨어진다.

하지만 세상에 어디 과학만이 답인가. 1950년대는 소련과 미국이 대립하던 시기였다. 얼마나 상대편의 스파이를 잘 체포하고 역이용하느냐에 따라 냉전의 주도권을 쥘 수 있었다. 이런 이유에서 각국의 정보 당국은 '진실의 약'을 애용했다. 그러나 이미 당시에도 '진실의 약'이 과학적 근거가 빈약하다는 주장이 있었고, 일부 단체에서는 특정 약물의 영향을 받은 상태에서 하는 진술의 효력을 인정해서는 안 된다는 캠페인을 벌이기도 했다. 내가 아는 한 현재는 소듐 펜토탈을 이런 용도로 사용하지 않는다. 오직 영화나 드라마와 같은 대중문화 속에서 흔적을 찾을 수 있을 뿐이다. 가령 오래전 만화 『슈퍼맨』의 한 에피소드에는 '진실의 약'이 등장한다.

한국 드라마에서도 '진실의 약'이 종종 소재로 쓰이곤 하는데, 2022년에 인기리에 방영된 드라마 〈빅마우스〉에서는 주인공(이종석 분)이 감금된 상태에서 '진실의 약'을 투여받고 중요한 사실을 토해내도록 추궁받는다. 해당 드라마 속에서 이 약의 정확한 이름이 나오지는 않지만, 약병에 붙은 약물명이 부분적으로 보이며 소듐 펜토탈의 다른 이름인 소듐 티오펜탈임을 짐작할 수 있다. 참고로 2016년 여름을 뜨겁게 달궜던 드라마 〈W〉에서도 이 약물이 등장했다. 이때는 '진실의 약'이라기보다는 주인공을 위협하는 용도로 사용되며, 극중에서 소듐 펜토탈이라고 성분명이 정확하게 언급된다. 드라마 〈W〉에서 소듐 펜토탈로 위협받던 주인공을 연기한 배우도 공교롭게 배우 이종석 씨. 전혀 다른 두 드라마에서 같은 배우가 같은 약물로 위협받는 것이 재밌고, 그때마다 그해 연말 방송대상을 받은 것이 신기하긴 하지만, 그만큼 위험한 약물이라는 방증이라고 봐도 될 것이다. 실제로 이 '진실의 약'이 한때 '죽음의 약'으로 사용된 걸 감안하면 충분히 가능한 설정이다.

⁝ 죽음의 약

1930년대 이후 바르비투르산계 수면제는 거대 재벌처럼 변했다. 고유의 영역인 수면제뿐 아니라 소듐 펜토탈을 앞세운 정맥마취제, 페노바르비탈을 앞세운 항경련제, 심지어 항불안제로까지 적응증*을 확대해가며 발을 넓힌 것이다. 1936년에는 전 세계에서 생산된 바르비투르산계 수면제의 양이 100톤을 넘었다. 참고로 현재 페노바르비탈의 하루 권장 복용량은 30~200밀리그램이다. 당시 얼마나 이 수면제가 시장을 장악했는지 알 수 있는 대목이다. 그런데 이 수치는 1945년에 두 배인 200톤까지 늘어났고, 10년 뒤인 1955년에는 다시 두 배인 400톤까지 늘어났다. 이 정도 양이면 1000만 명이 일 년 내내 복용할 수 있다. 도대체 사회가 얼마나 수면제에 찌들어

* 적응증indication은 어떤 약을 복용했을 때 효과를 볼 수 있을 것이라고 생각되는 질환이나 증세를 의미한다. 한 가지 약물에 여러 가지 적응증이 있을 수 있다.

있었던 걸까?

바르비투르산계 수면제의 위기는 그들이 가진 고유의 문제점으로 인해 나타났다. 자살이다. 바르비투르산계 수면제라고 해서 완전한 약일 리는 없다. 약은 곧 독인만큼 용법에 맞춰서 먹어야 한다. 그런데 바르비투르산계 수면제는 그게 잘 안 됐다. 앞서 설명한 것처럼 이 약은 내성이 쉽게 생기고, 중독성이 있으며, 본인이 약을 먹었는지 판단하지 못하는 불상사도 초래한다. 자연스럽게 환자가 사용하는 양은 늘어간다. 그리고 일정량 이상을 넘기면 복용자가 사망한다.

그런데 이런 특성이 알려지자 자살하는 사람들이 적극적으로 바르비투르산계 수면제를 택하기 시작했다. 죽음의 고통을 줄이기 위한 선택이었다. 자살의 원인을 이 약에게 돌리기는 애매하다. 그 사람들은 바르비투르산계 수면제가 없었더라도 다른 방식으로 죽음을 택했을지도 모른다. 실제 우리나라에서는 일제 강점기 시기에 독립이 요원해지자 아편을 수면제로 복용하고서 죽음을 선택하는 사람들도 있었다. 하지만 날마다 수면제를 먹고 자살하는 사람이 늘어나는 것을 보면서 당국이 관심을 기울이기 시작했다. 구체적인 조사도 이루어졌다. 1930년대 미국에서 나온 통계 자료를 보면 자살자들은 0.6~10그램을 복용해서 자살한 것으로 밝혀졌고, 그들이 복용한 바르비투르산계 수면제의 양은 평균적으로 3.3그램이었다. 현재 권장 복용량의 최대치인 0.2그램의 16배가 넘는 양을 하루에 먹었으니 이 정도면 죽으려고 먹은 것이 맞다고 봐야 할 것이다. 수면제 열

여섯 알을 한 입에 삼키고 자살을 시도하는 영화 속 모습을 상상하면 된다.

자살을 제외하더라도 바르비탈 중독으로 인한 사망자 역시 급증해서 1946년에 뉴욕시 병원은 뉴욕에서 36시간마다 한 명씩 바르비탈 오남용으로 사망한다고 발표했다. 사망자뿐 아니라 중독자도 문제였다. 1965년에는 영국에 대략 13만 명의 바르비투르산계 수면제 중독자가 있다고 추정됐다. 대서양 건너 미국에서는 조금 더 구체적인 자료가 나왔다. 1962년에 존 F. 케네디John F. Kennedy 대통령이 관련 위원회에서 미국 내에 25만 명의 바르비투르산계 수면제 중독자가 있다고 발표한 것이다.

이 정도 자살자·사망자·중독자라면 뭔가 대책이 나와야 하지 않을까? 1950년대 이후 바르비투르산계 수면제에 대한 규제가 늘어났지만 안타깝게도 증가세는 꺾이지 않았다. 대안이 없었기 때문이었다. 그리고 케네디 대통령이 발표를 했던 1962년, 대통령 발표보다 충격적인 사건이 터졌다.

스타들의 선택

1962년 8월 4일, 마릴린 먼로Marylin Monroe가 죽었다. 미국을 대표하는 배우로서 많은 사랑을 받고 있던 먼로가 36세의 나이로 요절한 것이다. 더 충격적인 것은 자살이었다는 것이다. 당국은 특별한 외상

이 없던 점에 근거해 그녀의 사망을 자살로 추정했고, 세상 걱정 없을 것 같던 배우의 자살은 미국을 충격의 도가니로 몰아넣었다. 사망진단서에 적힌 문구 또한 이슈가 되었다. 한 장의 차가운 문서에 적혀 있는 사인은 다름 아닌 '급성 바르비탈 중독ACUTE BARBITURATE POISONING'. 훗날 사람들은 먼로의 죽음이 자살이냐 아니냐를 두고 수많은 논쟁을 벌이지만, 어쨌든 그녀가 이 약물, 엄밀히 따지면 펜토바르비탈을 복용하고 죽었다는 것은 명백한 사실이다. 그녀의 위에서는 펜토바르비탈 47정이 검출되었다.

대중의 관심을 받는 스타의 선택은 사람들에게 많은 영향을 준다. 먼로의 안타까운 선택은 그녀의 팬뿐 아니라 그녀를 잘 몰랐던 사람들의 관심도 끌었고, 대중이 바르비투르산계 수면제의 위험성을 인식하는 계기가 되었다. 날마다 언론에서 수면제와 자살의 관계를 알려대는데 모를 수가 없었다.

사람들은 다른 약을 찾기 시작했다. 마침 1960년에 새로운 계열의 수면제가 등장한 것은 이런 측면에서 시의적절한 일이었다. 벤조디아제핀Benzodiazepine계라고 불린 이 수면진정제는 기존의 바르비투르산계 수면제보다 효과가 강력했기 때문에 수면제의 대안을 찾던 의사와 환자들에게서 널리 환영받게 된다.

벤조디아제핀계 약물 역시 바르비투르산계 수면제와 마찬가지로 화학자가 창조한 약이다. 레오 슈테른바흐Leo Sternbach는 제2차 세계대전 당시 독일의 침공을 피해 미국으로 망명한 폴란드 태생의 화학자였다. 그는 전공을 살려 미국에서도 의약화학자로 일하고 있었

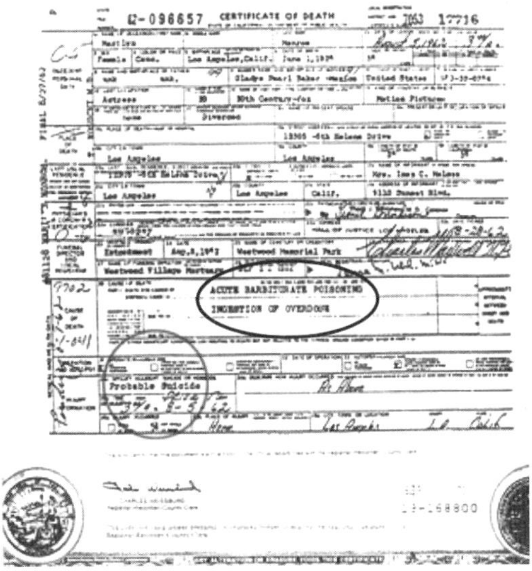

마릴린 먼로의 사망 진단서.

는데, 1950년대 후반부터는 바르비투르산계 수면제를 대신할 만한 수면제를 개발하고자 했다. 바르비투르산계 수면제의 한계가 명확했기 때문이다. 그런데 어떻게 만들어야 할까?

잘 모를 땐 자기가 잘 하던 것을 하는 게 좋다. 그렇다고 너무 똑같은 것을 하면 안 되니 조금만 새로운 것을 추가하면 된다. 창조적 자기 복제. 슈테른바흐도 이 전략을 택했다. 그는 폴란드에서 자신이 만들었던 물질의 구조를 바꾸기 시작했는데, 그가 가장 자신 있게 다룰 수 있는 물질이었기 때문이다. 그는 생각했다. 이렇게 많이 만들다 보면 뭔가 좋은 수면제가 나오지 않을까?

보통 이렇게 마구잡이로 시도하면 안 되는 경우가 대부분인데, 슈테른바흐는 기적을 경험하게 된다. 본인이 만든 물질 중 원하는 활성이 나오는 것이 하나도 없어서 프로젝트를 접던 날, 마지막으로 하나의 화합물을 더 테스트해본 것이다. 그 물질은 진작에 슈테른바흐가 포기했던 물질이었다. 반응이 원하는 대로 진행되지 않았고, 전혀 예측하지 못했던 구조가 나왔기 때문이었다. 구조와 활성의 관계를 체계적으로 연구해야 하는 화학자들에게 예측과 너무 동떨어진 구조는 별다른 정보를 주지 못한다. 활성이 없더라도 구조와 관련해서 적절한 정보를 줘야 다음 단계로 도약할 수 있는데 전체적인 골격이 달라져버리면 어디가 중요한 차이인지를 명확하게 파악하기 힘들기 때문이다. 그래서 이 물질은 1년 넘게 연구실 선반에 처박혀 있어야 했다.

하지만 2년 넘게 진행했던 수면제 프로젝트는 별다른 결실이 없었고 과제를 접어야 하는 상황이 됐다. 즉, 밑져야 본전이었던 것이다. 그는 연구실을 정리하면서 이미 키워놓은 쥐에 선반 위에 1년 넘게 처박혀 있던 물질을 테스트했다. 그리고 그날 회사는 발칵 뒤집어졌다. 바르비탈보다도 수면 효과가 강력했기 때문이었다. 2년 뒤 이 물질은 그대로 약이 되었다. 클로르디아제폭사이드chlordiazepoxide라는 복잡한 성분명은 리브륨Librium이라는 자유롭고 간편한 상품명으로 바뀌었다.

리브륨의 개발은 의약품의 역사에서 대표적으로 꼽는 우연히 얻어진 성공이다. 전혀 계획하지 않았던 물질, 한동안 버려두었던 물질,

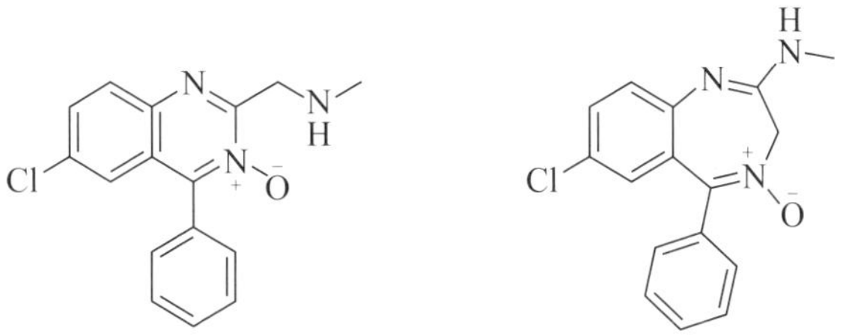

계획했던 구조　　　　　　실제 합성된 구조(리브륨)

원래 계획했던 구조와 실제로 만들어진 구조.

실패한 뒤에 기적적으로 재기한 물질, 그리고 기존의 약보다 훨씬 더 강력한 물질. 이런 조합은 쉽사리 나올 수 없는 기적이다. 리브륨에 비할 만한 기적이라면 항생제인 페니실린 정도를 꼽을 수 있다.

페니실린이 우연히 개발되었지만 그 후로 다양한 항생제 개발의 출발점이 되었던 것처럼, 리브륨도 많은 후속 수면진정제 개발의 시작이 되었다. 우연한 기회에 성공을 맛본 슈테른바흐는 남은 인생 동안 리브륨의 구조를 조각하면서 더 좋은 수면진정제를 만들고자 했다. 그리고 이렇게 만들어진 물질들은 구조적 특징을 감안하여 벤조디아제핀계 수면제라 불린다. 이 물질들은 지금도 수면제나 진정제 등의 목적으로 널리 사용하고 있다.

그런데 벤조디아제핀계 수면제도 위험한 것은 마찬가지다. 바르비탈보다 덜 위험하다고 해서 절대 안전한 약은 아니다. 때로는 더 위험할 수도 있다. 2008년에 전 세계 영화팬들을 설레게 했던 〈다크 나이트〉의 전설적인 악역 '조커'를 연기한 배우 히스 레저Heath Ledger,

그는 〈다크나이트〉의 촬영이 완료된 후인 2008년 1월 22일, 29세의 나이에 수면제 과다복용으로 사망했다. 이를 두고 일각에서는 〈다크나이트〉의 악역인 조커 역할에 너무 몰입한 나머지 촬영이 끝난 후에도 배역에서 빠져나오지 못하고 자살한 것이라는 루머가 돌기도 했다.

하지만 조사 결과에 따르면 그는 자살하지 않았다. 일단 조커를 연기한 다른 훌륭한 배우들 모두 잘 살고 있다. 그리고 영화상의 조커는 절대로 자살할 캐릭터가 아니니다. 레저 또한 새로운 작품인 〈파르나서스 박사의 상상극장〉을 촬영 중이었고, 평소 자세답게 새로운 배역 '토니'에 몰입해 있었다.

다만 그는 그즈음 있었던 아내와의 이혼 및 양육권 문제로 순탄치 않은 시간을 보내고 있었고 평소에 앓았던 불면증 증세는 더욱 심해졌다. 그리고 운명의 밤, 그는 평소보다 많은 수면제를 먹었다. 그가 가지고 있던 약들은 모두 제대로 처방받은 수면제였고 지시에 따라 먹으면 별 문제가 없는 약들이었다. 하지만 그는 용법을 무시하고 한 번에 그 약들을 모두 털어 넣었다. 모르핀 유래 마약류 진통제 두 종과 벤조디아제핀계 수면제 세 종, 항히스타민계 수면유도제 한 종, 모두 여섯 종의 수면제를 복용한 그는 다음 날 깨어나지 못했다.

처음 그가 사체로 발견됐을 당시 수면제를 먹고 자살한 것이 아니냐는 설이 강하게 돌기도 했으나, 그의 사인을 조사하던 사람들은 그가 평소에 앓고 있었던 불면증, 정상적인 용도로 구입한 약 등을 감안하여 자살이 아니라 수면제 과다복용으로 인한 사고사로 결론을 내렸다. 즉, 죽으려고 약을 먹은 것이 아니라 약을 먹다 보니 뜻하지 않게 죽었다는 것이다. 당시 레저는 사망보험에 가입되어 있었고 세 살 난 딸에게 이 보험금이 지급될 예정이었다. 언제나 그렇듯이 자살이냐 아니냐에 따라 보험금 지급 여부가 달라진다. 처음에 보험회사는 레저가 자살한 것으로 주장하며 보험금 지급을 거부했지만, 1년여에 걸친 조사의 결과가 나오면서 레저의 죽음이 사고사임에 동의하고 추가적인 법적 분쟁 없이 보험금 약 100억 원을 지급했다.

또 다른 위험

바르비투르산계 수면제는 한때 사형 집행에 쓰이기도 했다. 과거부터 사형 집행은 여러 가지 방법으로 행해졌는데, 사람들은 가능한한 사형수의 고통을 덜어주면서도 확실하게 형을 집행할 수 있는 방법을 찾으려고 했다. 하지만 이것은 답을 찾기 어려운 문제다. 아무도 죽어본 적이 없는 관계로 고통 없는 죽음을 만들기란 쉽지가 않다. 그런데 바르비투르산계 수면제는 잠을 재우는 약이다. 그렇다면 사형집행에도 쓸 수 있지 않을까? 잠들면서 죽는 삶. 많은 사람들을 자살로 이끌었던 바람이다.

소듐 펜토탈이 바로 그 용도로 쓰였다. 주사기의 맨 앞에 소듐 펜토탈을 넣어서 잠을 재운다. 소듐 펜토탈은 원래 이런 용도로 쓰이는 정맥마취제다. 하지만 그 양을 많이 넣어주면 사람을 편안하게 죽일 수도 있을 터였다. 그래도 안 죽는 사람을 위해서 근이완제를 그 다음에 배치한다. 몸의 모든 근육을 마비시키며 호흡을 멈추게 하는 목적이다. 그럼에도 안 죽는 사람을 위해 심장마비를 일으키는 염화칼륨KCl을 마지막으로 넣어준다. 아마 소듐 펜토탈 단계에서 죽는 죄수가 그나마 가장 편하게 죽을 것으로 예상할 수 있다.

그런데 미국에서 소듐 펜토탈 수급에 문제가 생겼다. 소듐 펜토탈을 유럽에서 수입하고 있었는데, 유럽에서 사람을 죽이는 용도로 쓰이는 물질은 어떤 이유에서든 판매를 금지했기 때문이다. 그래서 미국 정부는 소듐 펜토탈 대신 다른 약물을 그 자리에 넣어야 했다. 벤조디아제핀계 수면제인 미다졸람midazolam이었다.

수면제는 왜 이렇게 위험한 걸까? 우리 몸을 약간 진정시킬 필요가 있을 때, 우리의 신경세포는 가바gamma-aminobutyric acid, GABA를 방출한다. 이 신경전달물질은 수용체에 작용해 몸을 진정시키고 우리에게 편안함을 느끼게 한다. 바르비탈은 바로 이 가바가 더 잘 작용할 수 있도록 도와준다. 바르비탈을 복용하면 똑같은 가바가 똑같은 수용체에 작용하더라도 진정 효과가 더욱 확실하게 일어나면서 잠에 빠져든다. 바르비탈이 수용체에 결합하면서 가바의 효능을 높여주기 때문이다. 벤조디아제핀 역시 바르비탈과 작용 기전은 유사하다. 수면제는 최고의 조연들이다.

벤조디아제핀의 뒤를 이어 수면제의 왕으로 자리 잡은 졸피뎀zolpidem은 조금 더 선택적인 약물이어서 제대로 사용한다면 별 문제

없이 쓸 수 있는 좋은 수면제이다. 하지만 졸피뎀을 과량 복용하거나 장기간 복용할 때는 진정 효과가 극대화되면서 부작용이 나타난다. 잠에 취해 다른 일을 하는 것이다. 환자들은 졸피뎀을 먹고 잠을 자는 경우가 대부분이지만 간혹 잠에 들지 않는 경우가 있다. 또는 수면제를 먹고 잤지만, 다음 날 새벽에 너무 일찍 일어나는 경우가 있다. 이때는 약에 취해 본인이 무엇을 하는지도 모르면서 위험한 일을 벌이기도 한다. 졸피뎀이 사고를 치는 경우는 대부분 이런 경우다.

오늘날 바르비탈을 기억하는 환자는 많지 않다. 수면제로는 졸피뎀이나 에스조피클론eszopiclone 같은 'Z-약물'을 주로 처방하고 있고 벤조디아제핀을 쓰기도 한다. 수면마취 목적으로도 대부분 소듐 펜토탈 대신 미다졸람이나 프로포폴을 사용하고 있으며, 뇌전증 치료제로도 2000년대에 개발한 약물을 우선 처방하고 있다. 시장에 나온 지 120년이 지나고 대체제가 나온 지 60년이 지나면서, 이제 바르비투르산계 수면제의 옛 영광은 오래전에 제작된 영화나 의약품의 원리를 설명하는 교과서에서 그 흔적을 찾아볼 수 있다.

그럼에도 불구하고 이 책에서 바르비투르산계 수면제를 다룬 이유는 두 가지다. 우선, 바르비투르산계 수면제는 순수하게 화학자가 설계하고 합성한 화합물이 분자 조각을 통해 의약품으로 개발된 더할 나위 없이 훌륭한 사례다. 베이어의 바르비투르산 합성에서부터 시작된 구조 변경은 화학자가 주도했으며 세상을 조금은 바꾸었다. 뒤를 이어 개발된 벤조디아제핀이나 졸피뎀의 경우도 화학자가 만든 약으로 구조 변경의 좋은 사례이기도 하다.

하지만 이제부터 이야기할 두 번째 이유가 좀 더 크다. 바르비투르산계 수면제의 구조를 변경하는 과정에서 위험하기 짝이 없는 물질이 나왔기 때문이다. 의약품계의 흑역사, 탈리도마이드thalidomide다. 바르비투르산계 수면제의 위험성이 알려졌지만 벤조디아제핀이 개발되기 전인 1953년, 스위스의 제약회사 치바Ciba는 페노바르비탈의 구조를 좀 더 극적으로 바꾼 화합물을 만들었다. 이미 다른 사람들이 바꿀 만큼 바꾼 구조였기에 커다란 변화 없이는 승부를 보기 힘들었기 때문이다. 다행인지 불행인지 구조가 확연히 바뀐 이 화합물은 그럭저럭 수면제로 효과를 보였다. 이 물질에는 글루테티마이드glutethimide라는 이름이 붙었고 도리덴Doriden이라는 상품명의 수면제로 시판되었다. 중독성이 나타난다는 점이 이후 밝혀지긴 했지만 그다지 많이 팔린 약은 아니었고 그만큼 관심도 제한적이었다.

그런데 이 물질을 기반으로 한 번 더 극적인 변화가 이루어졌다. 이때는 그뤼넨탈Grünenthal이라는 독일의 신생 제약회사가 작업을 주도했다. 그뤼넨탈은 제2차 세계대전으로 독일이 패망한 직후 설립된 회사다. 초기에는 당시 유행하던 항생제를 팔아서 회사를 유지했는데, 1950년대에 들어서면서 새로운 인력들이 보충되며 신약 개발 능력을 갖추게 됐다. 일부 기사에 따르면, 이 회사를 바꾼 연구력의 급격한 업그레이드에는 나치 전범들의 역할이 컸다. 아우슈비츠 등에서 생체 실험을 하던 과학자들이 처벌을 피해 숨어 있다가 제약회사로 복귀했다는 것이다. 이 주장은 주장일 뿐이며, 아직 확인된 것은

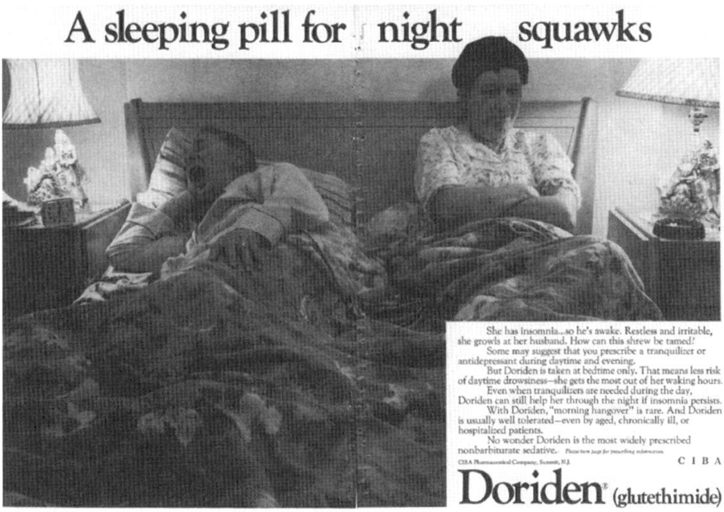

1969년의 도리덴(글루테티마이드) 광고.

아니다. 어차피 나쁜 사람이 만들었다고 나쁜 물질은 아니지 않은가.

그러나 탈리도마이드가 지극히 위험한 물질이었던 것은 사실이다.

까다로운 신입

탈리도마이드는 1950년대 중반 독일에서 항경련제로 개발되었다. 그런데 정작 경련을 멈추는 효과는 강하지 않았다. 이러면 약의 시판을 철회하는 경우가 대부분이다. 그런데 항경련제 용도로 탈리도마이드를 복용한 사람들이 쉽게 잠드는 것이 관찰되었다. 즉, 수면 효과가 강력했던 것이다. 또한 약을 많이 먹는다고 복용자가 죽는 일도 없었다. 그러므로 당시 사용하던 바르비투르산계 수면제처럼 자살에 쓰일 가능성은 없었다.

시간이 지나며 다른 효과들도 밝혀졌다. 대부분의 수면제가 그러하듯이 탈리도마이드도 진정 효과가 강력했다. 여기에 다른 효과가 추가로 밝혀진다. 입덧을 줄여주는 것이다. 임산부의 입덧은 예나 지금이나 똑같이 문제였다. 지금이야 태아 생각에 감기약도 안 먹는 산모들이 많지만 당시는 달랐다. 입덧을 없애야 다른 아이도 키울 수 있고, 또 일도 할 수 있었다. 그리고 약이란 지극히 안전하다는 인식이 퍼져 있던 시기이기도 했다. 입덧을 줄여주는 물질은 그다지 개발되지 않았기에 미충족된 수요도 충분했다. 탈리도마이드가 비교적 수월하게 시장에 진입했던 이유다. 때는 1957년 10월이었다.

사람들은 탈리도마이드의 안전성에 대해 큰 의심을 하지 않았다. 이미 동물실험에서 안정성이 검증됐기 때문이었다. 쥐를 대상으로 진행된 실험에서 별다른 부작용이 없었기에 추가적인 임상시험을 진행하지 않은 채 시판이 되었다. 지금이라면 상상하기 어려운 일이다. 독일에서 콘테르간Contergan이라는 이름으로 시판된 이 약은 처방전 없이 약국에서 바로 살 수 있게 허가받았으며, 이후 독일 내 의약품 판매 순위에서 아스피린에 이어 2위에 오르는 기염을 토한다. 이후 전 세계로 수출되면서 글로벌한 의약품이 될 예정이었다.

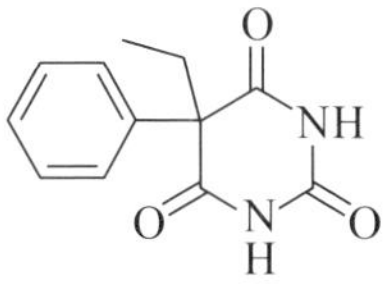

페노바르비탈

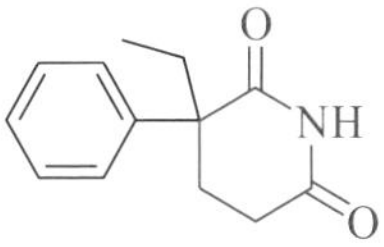

글루테티마이드

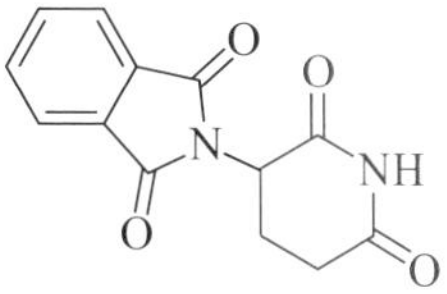

탈리도마이드

페노바르비탈, 글루테티마이드, 탈리도마이드의 구조.

이 거침없는 진격에 제동이 걸린 것은 1960년의 미국이었다. 제약회사에서는 이미 의사들에게 시제품으로 천 명분의 약을 나눠주었고 미국의 의사들도 대부분 이 약에 만족하고 있었다. 1957년부터 시판되어 수많은 사람들이 복용한 만큼 미국 내 승인도 문제가 없으리라 여겼다. 실제로 영국 같은 다른 나라에서는 독일에서 쓰이는 약이라는 이유로 특별한 추가 심사 없이 승인을 해줬다. 그런데 세계 최대의 의약품 시장인 미국에서 판매가 막힌 것이었다.

탈리도마이드의 미국 내 승인을 막았던 사람은 미국 식품의약품안전처의 신임 심사관 프랜시스 켈시Frances O. Kelsey였다. 그녀는 의학박사 학위를 받은 후 식약처에서 신약 승인 심사를 담당하게 되었다. 그리고 신입인 그녀에게 주어진 심사 건이 탈리도마이드였다. 다른 나라에서 이미 승인된 물질을 심사하는 일은 비교적 쉬운 일이다. 경험이 비교적 부족한 것을 고려해 심사를 편하게 해주려는 선임 심사관들의 배려가 묻어나는 업무분장이었다.

하지만 켈시에게는 탈리도마이드도 여느 심사 건과 다를 바 없는 하나의 심사 대상일 뿐이었다. 그리고 켈시는 평범한 초짜 신입 심사관이 아니었다. 켈시는 이미 시카고 대학교에서 교수로 일했으며 약학과 의학에 정통한 전문가이기도 했다. 그녀가 탈리도마이드 심사를 맡을 때의 나이는 46세였다.

이 경험 많고 의욕 넘치며 까다로운 심사관에게 걸린 탈리도마이드는 예상치 못한 난관에 봉착했다. 그녀가 안전성 자료가 미비하다는 이유로 승인을 보류한 것이다. 당연히 통과할 것으로 예상했던 미국 내 수입 업체는 창고 안에 쌓인 약을 보며 한숨을 지었고, 당연히 수입될 것으로 믿었던 의사들 또한 약을 승인해달라며 식약처에 불만을 쏟아냈다. 물 건너온 따끈따끈한 신약을 사용하지 못하는 환자들의 불만 또한 아우성쳤다. 켈시의 동료나 선임 심사관들마저도 그녀가 너무 까다롭게 구는 것 아니냐며 쉽게 가자는 말을 하곤 했다. 하지만 그녀는 아랑곳하지 않고 안전성 자료 제출을 고집스레 요구했다.

그녀가 계속해서 자료를 요구했던 이유는 약이 시판되면서 탈리도마이드가 가지는 신경 독성에 대한 보고가 나왔기 때문이다. 탈리도마이드와는 별개이긴 하지만, 토끼를 대상으로 한 실험에서 신경 독성을 유발하는 물질이 기형아를 유발할 수도 있다는 사실 또한 이미 보고되어 있었다. 탈리도마이드도 이런 사례에 해당할 수 있는 노릇이었다. 추가적인 안전성 검사가 필요했다.

탈리도마이드가 임산부에 대한 테스트를 거치지 않은 것도 승인을 미루게 한 요인이었다. 당시 태아 독성에 대한 안전성은 필수 검사 항목이 아니었다. 약물이 태반을 통과할 수도 있다는 사실을 학자들이 경험적으로 알아가는 단계였지만, 항상 그렇듯이 제도는 느리게 바뀐다. 아직 태아에 대한 안전성 검사를 강제하기 전에 이뤄진 다른 나라에서의 승인을, 켈시는 가볍게 넘어가지 않았다.

이러한 관점에서 탈리도마이드는 1년 간 여섯 번이나 승인이 보류되었다. 그리고 켈시 외의 모든 사람이 답답해하던 찰나, 호주에서 관련 논문이 나왔다. 당시 급증하던 기형아 출산과 탈리도마이드가 관련되어 있다는 결과가 발표된 것이다. 연이어 독일에서도 유사한 결과가 나왔다. 이처럼 지구 반대편에서 두 건의 논문이 거의 동시에 출간되자 유사한 사례가 빗발치듯 나왔다. 사례를 조사해보니 탈리도마이드를 복용하고 사산이나 유산하는 경우가 많이 발생했고, 그나마 세상에 나온 아기도 팔다리가 제대로 발달하지 않은 기형아의 모습을 하고 있었다. 조사를 거듭할수록 탈리도마이드에 문제가 있다는 것은 분명해졌다.

이 모든 것이 켈시가 승인을 보류한 1년 사이에 일어난 일이었다. 1년 전만 해도 장밋빛 미래가 분명해보였던 약은 어느덧 천덕꾸러기가 되어서 뒷수습을 하기 바빴다. 회사는 은근슬쩍 승인 신청을 취소했고, 켈시는 나라를 지킨 영웅으로 추앙받았다. 이듬해인 1962년, 전 세계에서 탈리도마이드가 금지되었지만 이미 40여 개국에서 1만 2000여 명의 기형아가 태어났다. 제대로 집계되지 않은 사례들도 있을 테니 실제 피해자 수는 훨씬 더 크다고 봐야 할 것이다. 미국에서도 17명의 기형아가 태어났다. 켈시가 꿋꿋이 막고 있었지

탈리도마이드 아기thalidomide baby.

만 초기에 샘플로 제공한 1000명 분의 탈리도마이드에서 나온 피해자나 해외에서 약을 복용한 사람들은 어쩔 수가 없었다. 그래도 미국의 인구 규모를 감안할 때 이 정도 피해는 기적에 가까울 정도로 미미한 숫자였다. 1962년에 켈시는 식약처 심사관으로서는 이례적으로 케네디 대통령의 표창을 받았다. 그녀가 지킨 소신에 대한 뜻깊은 보답이었다. 나라를 지키는 방법은 참 다양하다.

탈리도마이드는 의약품의 역사를 소개할 때 빠지지 않고 등장하는 흑역사다. 피해 규모도 컸고, 아기들이 심각한 부작용을 겪어서 많은 사람들을 충격에 빠뜨렸던 측면도 있었다. 이때 태어난 탈리도마이드 아기들의 40퍼센트는 1년 내에 사망했으며, 살아남은 아기들은 60대가 된 지금도 여전히 고통을 호소하고 있다. 탈리도마이드

1962년에 케네디 대통령에게 표창장을 받는 켈시.

의 악몽이 현재진행형인 이유이기도 하다.

정작 사람들을 분노케 했던 것은 그뤼넨탈의 태도였다. 1968년 5월 27일, 그뤼넨탈의 주요 임원 아홉 명이 형사재판에 회부됐지만 2년 여의 법정 공방 후 유죄 판결을 받은 사람은 정작 한 명도 없었다. 판결 취지는 단순했다. 회사로서는 당시의 가이드라인대로 안전성 시험을 했다는 논리였다. 이후 민사재판이 이어졌지만 피해자 단체에게 지원금을 제공하는 조건으로 합의하며 별다른 처벌 없이 마무리되었다.

인류 역사상 최악의 약물 스캔들이었음에도 불구하고 이런 재판 결과가 나온 것은 그만큼 관련 규정이 미비했다는 뜻이기도 하다. 뭔가 울컥한 기분은 지울 수 없지만 말이다. 그런데 법적 처벌이야

백번 양보해서 그러려니 하지만 회사가 제대로 사과조차 하지 않았다는 것은 납득하기 어렵다. 그들이 제대로 된 사과를 한 것은 무려 50여 년이 지난 2012년 8월 31일의 일이었다. 2012년이라면 당시의 담당자들이 대부분 죽거나 은퇴한 후의 일이라고 봐야 한다. 늦어도 한참 늦은, 진정성이 그다지 느껴지지 않는 이 사과를 어떻게 바라봐야 할지 의문이 든다.

이런 사태를 겪으면서 각국 정부의 관련 규정은 강화되었고, 학계의 개선 노력도 진행되었다. 관련 기술이 개발된 것도 환영할 만한 일이다. 악명 높은 이 약물은 이제 역사 속으로 사라질 것이 분명해 보였다.

그런데 탈리도마이드는 부활한다. 심지어 탈리도마이드는 단순히 다시 시장에 진입하는 것을 넘어서서 학계와 의료계의 슈퍼스타로 떠올라 많은 사람들을 놀라게 했다. 탈리도마이드뿐 아니라 유사한 기전과 물성을 가진 약물들이 앞다투어 개발되며 약학계를 뒤집어놓고 있기도 하다. 그동안 무슨 일이 일어난 것일까?

화려한 귀환

탈리도마이드는 우선 한센병(나병)의 치료제로 재등장했다. 한센병은 감염병이다. 나균Mycobacterium leprae이 우리 몸에 들어와 자기 마음대로 번식하며 우리를 괴롭히면, 우리 몸은 균을 죽이기 위해 면역계를 활성화시키고 각종 사이토카인cytokine을 분비한다. 사이토카인은 면역 과정을 매개하는 작은 호르몬들이다. 그런데 정작 이 사이토카인들이 균을 죽이는 대신 우리 몸의 피부를 괴사시켜버린다. 자책골이다. 탈리도마이드는 이런 사이토카인의 효능을 약화시켜 우리 몸을 지켜준다. 물론 균을 죽이지는 못한다. 균을 죽이기 위해서는 결국 항생제의 도움을 빌려야 한다.

1965년에 이스라엘의 피부과의사 제이콥 셰스킨Jacob Sheskin은 한센병 환자를 치료하고 있었다. 그의 앞에 있는 환자는 나성 결절 홍반erythema nodosum leprosum, ENL으로 힘들어하고 있었다. 나성 결절 홍반은 사이토카인으로 인해 면역세포가 우리 몸을 공격하면서 생기는 한센병의 주요 증상이다. 온몸에 붉은 반점이 올라오는데 직경 1센티미터가 넘어 환자를 여러모로 힘들게 한다. 무엇보다도 극심한 통증과 가려움으로 잠을 잘 수가 없다.

셰스킨은 환자를 재우고 싶었다. 충분한 수면이 치료에 필수적이라는 것은 당연하다. 그런데 가려움으로 고통받고 있는 이 환자를 재울 수 있는 약이 별로 없었다. 한참을 고민하던 셰스킨은 3년 전에 세계를 충격에 빠뜨렸지만 수면 효과만큼은 탁월한 탈리도마이드를 환자에게 투여했다. 환자가 임산부가 아닌 이상 그래도 부작용은 좀 적을 터였다. 물론 많이 복용하면 임산부가 아니어도 위험할 수 있다. 그래도 일단 그날 밤에 잠을 잘 재우는 것이 더 급했다.

그런데 다음 날 아침 셰스킨은 환자의 상태가 좋아진 것을 확연히 느낄 수 있었다. 잠이 보약이라지만 이렇게까지 효과가 뛰어날

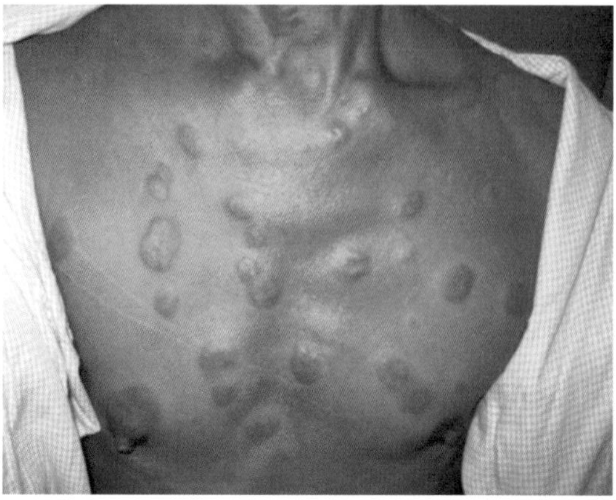

나성 결절 홍반.

수 있을까? 원인을 찾아보니 단순히 잠을 잘 자서 좋아진 것이 아니라, 면역 반응 자체가 줄어든 것이었다. 이 결과가 보고된 후 탈리도마이드가 한센병의 증상을 개선할 수 있다는 것이 알려졌고, 체계적인 임상시험을 거쳐 약으로 승인된다. 이런 용도로 개발된 약이 특별히 없었고 탈리도마이드는 아주 저렴하게 생산할 수 있었기에 가능한 일이었다. 또한 한센병은 치료제 확보가 쉽지 않은 후진국형 질병이었기에 탈리도마이드는 여러모로 쓰임새가 있었다.

하지만 치명적인 문제점이 보고되었다. 2013년에 BBC는 브라질에서 2005년부터 2010년 사이에 새로이 태어난 탈리도마이드 기형아가 100명가량 된다고 보도하였다. 50년 전에 악명을 떨쳤던 탈리도마이드 기형아가 왜 이제 와서 다시 태어나는 것일까?

비밀은 바로 한센병 치료와 관련이 있다. 브라질은 전 세계적으로 손꼽힐 정도로 한센병 환자가 많은 나라다. 매년 3만 명 이상의 신규 환자가 나타나는데 아무래도 열악한 공중 보건 때문이 아닐까 싶다. 이 환자들을 위해서 탈리도마이드가 처방되었다. 매년 100만 정 이상의 탈리도마이드 알약이 환자의 집 선반 위에 놓였다.

문제는 이 약을 산모들이 복용하면서 발생했다. 가령 아버지가 한센병 환자라 탈리도마이드 약을 받아왔는데, 탁자 위에 놓인 이 약을 임신한 어머니가 복용하는 식이다. 몸이 좋지 않을 때는 뭐라도 먹게 된다. 약에 대한 교육을 잘 받았다면 당연히 약을 구별하겠지만, 문맹이 많은 지역도 있었고 의사가 제대로 설명을 안 해준 가정도 있었다. 아마 들었는데 제대로 전달하지 않은 아버지도 있었을 것이다. 또한 임신 초기에 본인이 임신한 줄 모르고 약을 먹는 어머니도 많았다. 산모 본인이 한센병에 걸려서 약을 처방받아 먹는 경우도 있었다. 여러모로 총체적 난국이었다.

이런 문제가 계속 불거지자 당국에서는 임산부에게 위험하다는 것을 글자를 모르는 사람도 알 수 있도록 그림으로 표시했는데 이 그림에서 다시 문제가 생겼다. 임산부 복용 금지의 의미를 피임약으로 잘못 알고 성관계 전에 복용했기 때문이었다. 오히려 문제가 더 커졌다. 이후 당국에서는 조금 더 자극적인 그림을 부착해서 기형아 출산의 위험을 강조했고 해당 문제는 줄어들었다. 그래도 이때 태어난 기형아들은 평생을 장애와 함께 살아가야만 한다. 탈리도마이드는 아무리 봐도 방심할 수 없는 약이다.

그런데 이처럼 악마의 재능을 가진 탈리도마이드가 어떻게 학계의 슈퍼스타가 되었다는 것일까? 브라질의 한센병 환자 때문에 악명을 떨쳤을 수는 있겠지만 이런 경우를 '슈퍼스타'로 표현하지는 않는다. 아니면 한센병 환자가 그렇게 많다는 말인가? 2019년 한 네이처 자매지인 〈네이처 리뷰스 드러그 디스커버리〉에 발표된 자료에 따르면, 탈리도마이드계 의약품의 선두주자인 레날리도마이드lenalidomide의 2018년 매출액은 10조 원을 넘었다. 이 수치는 2018년 모든 의약품을 통틀어 매출액 기준 2위에 해당한다. 한센병 환자가 그렇게 많을 리는 없다. 탈리도마이드가 화려하게 복귀한 이유는 다른 데에 있는 것이 분명하다.

다발 골수종

뼛속 깊은 곳에 있는 골수라는 조직은 적혈구와 백혈구를 만드는 역할을 한다. 백혈구는 생각보다 다양한 세포들을 일컫는 총칭인데, 이 중 특별한 백혈구(B림프세포)는 형질세포plasma cell라는 형태로 전환된다. 면역 반응이 필요한 경우에 이런 과정이 나타나는데 이렇게 전환된 형질세포는 이후 항체를 생산한다. 항체가 많이 필요하므로 형질세포는 분화 속도 또한 빠른 편이다.

그런데 형질세포가 여러 가지 이유로 인해 암세포가 되는 경우가 있다. 이 세포는 이제 골수종 세포myeloma cell라고 불리는데 이 세포 역시 기존의 형질세포처럼 고유의 단백질을 생산한다. 항체를 만들어야 하는 세포가 고장나 암세포로 바뀐 후 별 기능도 없는 단백질만 잔뜩 생산해내는 것이다. M단백질이라고 부르는 이 단백질은 혈액 속으로 끊임없이 분비되어 혈액의 점도를 높인다. 이렇게 끈적거리는 피가 제 역할을 못하는 것은 당연한 이치. 피는 물보다 진하지만, 너무 진하면 곤란하다.

골수종 세포가 위험한 이유는 또 있다. 골수종 세포는 혈액을 따라 순환하다가 골수에 다시 들어간다. 자신이 만들어진 고향으로 돌아가는 것인데 막상 고향으로 돌아가서는 고삐 풀린 망아지 마냥 온갖 행패를 부린다. 앞서 이야기했듯이 골수에서는 적혈구와 다양한 백혈구가 만들어진다. 골수종 세포가 침범했을 때는 당연히 이 과정에 이상이 생기고 신체에 변화를 가져온다. 뼈에 물리적인 통증이 느껴지는 것이 일차적인 증상이며, 심해지면 뼈가 조금씩 녹는데, 뼈에서 녹아 나온 칼슘은 혈액으로 흘러 들어가 우리 몸을 더욱 힘들게 만든다. 이 칼슘을 배설하기 위해 신장은 과부하가 걸리며, 딱히 증상이 개선되지 않을 경우 신부전으로도 이어진다. 적혈구가 부족하기 때문에 전체적인 피로감이 증가하는 것도 환자들에겐 힘든 일이다.

다발 골수종multiple myeloma은 이처럼 형질세포가 여러 가지 이유로 인해 골수종 세포로 전환되고 이 암세포가 골수에 침착되며 생기는 혈액암이다. 각종 암 중에서도 예후가 굉장히 안 좋은 편에 속하는데 2000년대 초반까지는 기대수명이 4년 남짓이었다. 백혈병, 악성 림프종과 함께 3대 혈액암으로 분류되는 이 질병은 동양인에게서는 비교적 발병 사례가 드문 질환이었지만 사회가 서구화되면서 갈수록 우리나라에서도 발병 사례가 증가하고 있다. 1970년대 이전에는 3~4명에 그치던 연간 발생자 수가 2001년에는 547명으로 늘어났다. 2018년 발표자료를 보면 국내 누적 확진자는 7742명이다.

다발 골수종이 악명 높은 이유는 치료가 어렵기 때문이다. 우선 수술이 불가능하다. 혈액 속 형질세포와 뼛속 골수 모두 제거하기 어려운 것은 똑같다. 피를 모두 뽑거나 뼈를 모두 뽑을 수는 없다. 골수를 이식할 수는 있다. 하지만 모두가 골수 이식을 받을 수 있는 것도 아니다. 약물로 치료하는 것이 제일 낫다. 문제는 여기에 있다. 효과가 있는 약물이 별로 없다.

이 상황에서 치료제로 개발된 것이 탈리도마이드계 약물이다. 탈리도마이드가 한센병의 복합증 치료제로 사용된 이후 많은 사람들이 탈리도마이드가 면역계를 억제할 수 있다는 것을 알게 되었고, 1990년대에 들어서는 본격적으로 화학자들이 노력해서 구조를 조각했다. 목표는 과도한 면역의 억제. 일반적으로 면역은 좋은 것으로 생각되지만 조절되지 않는 면역만큼 무서운 것도 드물다. 그리고 새로이 구조를 개선한 약물들은 탈리도마이드보다 5만 배 이상 효과적으로 사이토카인을 줄이고 결과적으로 면역 과정을 억제한다는 것이 밝혀졌다. 관련 질환에 사용할 수 있는 길이 열렸다.

레날리도마이드나 포말리도마이드pomalidomide가 대표적인 2세대 탈리도마이드계 다발 골수종 치료제이다. 1999년에 세상에 처음 소개된 이 물질은 셀진Celgene이라는 회사에서 주도적으로 개발했는데, 처음에는 앞서 이야기한 것처럼 면역력을 떨어뜨리는 물질을 개발하기 위해서였다. 그리고 어느 정도 원하는 효과가 나온 후 이 물질을 적용하기 위한 구체적인 질병으로 다발 골수종을 목표로 삼았다. 2005년에 레날리도마이드가 레블리미드Revlimid라는 상품명으로 미국 식약처의 신약 승인을 받은 것에는 이러한 배경이 있었다. 참고로 셀진의 주가는 2002년 2달러에서 2008년 30달러까지 상승한다. 코로나19 팬데믹 상황에서 많은 회사들이 코로나19 치료제와 백신으로 주식 대박을 꿈꾸었는데, 그 이전에도 대박 의약품이 있었던 셈이다.

레날리도마이드가 승인을 받던 즈음 다른 기전의 다발 골수종 치료제인 보르테조미브bortezomib(상품명 벨케이드Velcade)도 승인을 받아 시판된다. 뒤를 이어 다양한 치료제들이 시판되면서 이제는 비교적 다발 골수종에 대한 치료 옵션이 늘어났다. 그전에는 그저 증상 완화를 위해 스테로이드제를 투여하거나 부작용이 심한 항암제를

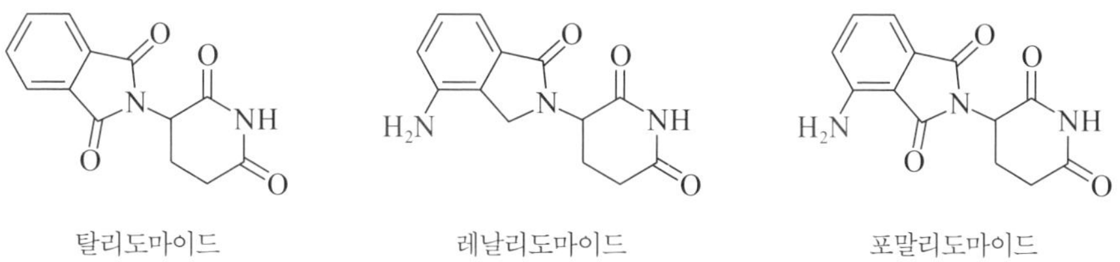

탈리도마이드 레날리도마이드 포말리도마이드

탈리도마이드와 후속 치료제의 구조.

써야 했는데, 이제라도 비교적 안전한 약물이 시판되는 것은 약을 연구하는 입장에서 무척이나 기쁜 일이다.

뒤늦은 기전 규명

탈리도마이드가 어떻게 기형아를 출산하게 했는지에 대한 기전은 2010년에 밝혀졌다. 그토록 오랫동안 사람들에게 관심을 받았던 물질의 작용 기전이 21세기가 되고도 10년이나 지나서 밝혀진 것이다. 어떻게 이런 일이 가능하냐고 물어볼 수도 있겠지만, 의약품의 역사에는 의외로 이런 일이 많다. 아스피린은 개발된 지 70년이 지나서야 기전이 밝혀졌고 관련된 연구로 세 명의 학자가 1982년에 노벨생리의학상을 수상했다. 참고로 아스피린이 개발된 해는 1897년이다. 타이레놀은 앞서 1장에서 언급했듯이 1893년에 개발됐고 실험과정에서 오류가 있어 1953년에나 시판되었는데 정작 해열·진통 효과의 기전은 아직도 밝혀지지 않았다.

물론 이제는 이런 일이 거의 없다. 지금은 질병과 관련된 단백질을 특정하고 그 단백질을 저해하는 물질을 찾아나간다. 효과가 나타나면 다시 검증을 하기 위해 그 단백질을 없애거나 과발현시킨 동물 모델을 만들어서 확인한다. 기전부터 명확하게 하고 재검증까지 거치기 때문에 지금 시기에 새로이 나오는 약은 작용 기전을 모르기도 어렵다. 하지만 예전에는 그렇지 않았다. 동물을 기른 후 동물에 화합물을 먹이고 효과가 나면 그대로 약이 되는 경우가 많았다. 바르비탈이 대표적이다. 그나마 20세기에는 동물실험이라도 했지, 그전에는 동물실험 없이 바로 사람에게 투여하는 경우도 많았다. 기전을 몰라도 효과만 좋으면 그만이었다. 이유는 나중에 알거나, 정 안 되면 몰라도 된다고 생각하던 시절의 이야기다.

2010년에 일본의 연구진이 탈리도마이드가 결합하는 표적단백질을 분리하는 데 성공했다. 일단 분리하면 확인은 어렵지 않다. 단백질은 보통 수십~수천 개의 아미노산으로 구성되어 있다. 그러므로 표적단백질의 아미노산이 연결된 순서, 즉 서열sequence을 확인해 보면 어느 정도 가닥이 나온다. 왜냐하면 많은 단백질의 아미노산 서열이 밝혀져 데이터베이스로 정리되어 있기 때문이다. 사람이 단백질 합성에 사용하는 필수 아미노산은 20가지이다. 그러므로 표적단백질과 아미노산 서열이 10개 일치하는 단백질이 데이터베이스에 있다면 그 단백질이 표적단백질의 정체일 가능성이 농후하다. 우연히 일치할 확률은 없을까? 특정 위치의 아미노산 서열 2개의 순서가 우연히 일치할 확률은 400분의 1이다. 3개가 일치한다면 8000분의 1이다. 10개가 우연히 일치할 확률은 거의 없다. 이런 작업을 반복하면 우리가 확인하고자 하는 단백질이 어떤 단백질인지 명확하게 알 수 있다.

실제로 이러한 방식으로 일본의 연구진은 탈리도마이드가 세포 내에서 결합하는 단백질을 찾아낼 수 있었다. 이 결합 단백질은 가벼운 지적 장애와의 관련성이 보고된 바 있었던 비교적 생소한 단백질이었다. 뇌와 관련된 역할 덕분에 이름도 뇌를 뜻하는 라틴어에서 따온 '세레블론cereblon'이라고 붙여놓고 관련 연구를 막 시작하던 단계였다. 그런데 알고 보니 이 단백질이 바로 탈리도마이드와 직접 결합해서 인류 역사상 최악의 약물 스캔들을 일으켰던 범인이었던 것이다. 경미한 범죄로 구치소에 잡아둔 용의자가 사실은 희대의 흉악 범죄와 관련 있음이 밝혀졌다. 사람들이 이 연구 결과에 열광한 것도 당연했다. 드디어 범인을 잡았다.

범죄 조직원 검거에 성공한 이후 이를 바탕으로 범죄 조직을 일망타진하는 것처럼, 결합 단백질을 찾아낸 이후의 연구도 빠르게 진행되었다. 전 세계의 학자들이 앞다투어 밝혀낸 기전은 탈리도마이드가 세포 내 단백질 분해 시스템을 교란한다는 점이었다. 원래 우리 세포는 필요 없는 단백질을 질서 있게 분해해서 재활용하는 전략을 진화적으로 만들어냈다. 2004년에 노벨상까지 받은 이 세포 내 단백질 분해 시스템은 여러 개의 청소 단백질이 얽혀 있는 거대하고 복잡한 시스템이다. 앞서 찾아낸 단백질, 세레블론도 그중의 하나다.

그런데 이 시스템에 탈리도마이드가 세레블론을 매개로 끼어들면서 분해되지 않아야 할 무고한 단백질들이 분해된다는 것을 알아냈다. 이 무고한 단백질 중에는 혈관을 새롭게 만들어내는 단백질도 있었다. 새로운 혈관은 세포 분열과 조직 발달을 위한 필수 조건이고, 태아에게 특히 필요한 요소이다. 훗날 탈리도마이드의 독성을 연구하면서 임신 후 42일 이내에 단 한 알(50밀리그램)이라도 복용하면 십중팔구로 기형아가 생기는 것이 확인되었는데, 바로 그 시기가 세포 분열이 가장 활발한 시기라는 사실과도 일치했다. 즉, 무고한 혈관 생성 단백질이 탈리도마이드 때문에 이유 없이 분해되었고, 해당 조직이 분화되지 않아서 기형아가 나타난 것으로 지금 학자들은 파악하고 있다. 그런데 태아만 새로운 혈관을 절실하게 필요로 하는 것은 아니다. 빠르게 분열하는 조직이라면 암세포도 만만찮은 존재다. 그러므로 탈리도마이드가 다발 골수종 치료에 사용되는 것도 유사한 이유인 것으로 판단하고 있다.

쥐에게는 별다른 독성이 없었지만 사람에게 독성이 나타나는 이유도 밝혀졌다. 쥐에도 단백질 분해 시스템은 있지만 사람의 시스템과 완벽하게 일치할 리는 없다. 이미 오래전에 진화적으로 방향을 달리한 두 종이 완전히 동일한 단백질을 만들어낼 이유는 없기 때문이다. 실제로 탈리도마이드가 직접적으로 결합하는 단백질인 세레블론의 구조를 확인해본 결과 사람과 쥐의 단백질은 구조가 유사하긴 했지만 살짝 차이가 있었다. 그리고 그 작은 차이 때문에 쥐의 세레블론에는 탈리도마이드가 잘 결합하지 못한다. 연구진은 쥐의 세레블론에 돌연변이를 일으켜서 사람과 같은 구조를 가지도록 만들었다. 엄밀히 말하면 391번째 아미노산의 구조 하나만 살짝 바꿨을 뿐이었다. 하지만 이 작은 차이에도 탈리도마이드는 쥐의 세레블론을 사람의 세레블론처럼 인식하며 강하게 결합하는 것을 확인할 수 있었다. 멀쩡한 단백질에다 굳이 자극을 줘서 돌연변이로 만든 후 다시 독극물을 주입한 번거로운 실험이었지만 탈리도마이드의 작용 기전을 확인하는 데에는 더할 나위 없이 중요한 실험이었다.

흥미로운 것은 과학자들이 이러한 탈리도마이드와 단백질 분해 시스템의 부적절한 관계를 신약 개발의 새로운 돌파구로 연구하고 있다는 점이다. 가령 우리가 억제하고자 하는 나쁜 단백질이 있다고 치자. 기존의 신약 개발 전략은 이 나쁜 단백질과 강하게 결합하는 물질을 만들어서 약으로 사용하는 방식이었다. 그런데 결합하는 것보다는 그냥 분해해버리는 게 더 강력하지 않을까? 일단 찰싹 붙어 있다고 해서 반드시 나쁜 단백질의 활성이 떨어진다는 보장도 없고, 잘 결합하던 나쁜 단백질이 어느 날 돌연변이를 일으켜 약물과 결합하지 않을 수도 있다. 하지만 나쁜 단백질을 처음부터 분해해버린다면 이런 문제를 걱정할 필요도 없다.

복용해야 할 약의 양이 줄어든다는 점도 장점이다. 가령 나쁜 단백질 100개를 저해하기 위해 지금처럼 잘 결합하는 약물을 넣어준다면 이론적으로는 100개의 약물 분자가 있어야 한다. 결합한 채로 있어야 하기 때문이다. 결합이 풀리는 순간 나쁜 단백질은 다시 날뛰어 우리 몸을 괴롭힐 것이다. 그런데 단백질 분해제라면 계속 결합하고 있어야 할 이유가 없다. 하나를 분해한 후에 다음 단백질을 찾아서 다시 분해하기 때문이다. 약물의 양이 줄어들기 때문에 개발의 후속 단계에서 약물을 제형화하는 과정이나 환자의 복용 측면에서 편리해질 것이 분명했다. 종이 100장을 잘라내는 데는 가위가 하나만 있어도 충분하다.

사람들은 지금 탈리도마이드에 다른 약물을 연결하고 있다. 일종의 하이브리드 화합물이라고 불러도 무방한 이 새로운 화합물에서 한쪽 끝에 위치한 약물 골격은 나쁜 단백질을 가져오고, 반대쪽 끝에 위치한 탈리도마이드 골격은 단백질 분해 시스템을 끌고 온다. 마치 주선자를 따라 나온 소개팅처럼 전혀 모르는 나쁜 단백질과 세포 내 단백질 분해 시스템이 얼떨결에 만나게 되고, 나쁜 단백질은 영문도 모르는 채 분해되어버릴 것이다. 소개팅인 줄 알고 나갔는데 알고 보니 무서운 불법 다단계였던 것이다. 그래도 피해자가 우리에게 각종 질병을 일으키는 양아치 같은 단백질이라니 조금 통쾌하기도 하다.

이런 단백질 분해를 통한 질병 치료 전략이 연구된 것은 2000년대 초부터이긴 하지만, 본격적으로 주목을 받기 시작한 것은 탈리도마이드의 기전이 밝혀진 2010년대부터다. 현재 의약화학자들은 탈리도마이드 외에도 유사한 기능을 하는 물질들을 개발해냈으며 관련 회사들은 나스닥에 상장까지 된 상태다. 또한 해외의 유명 제약회사들도 연구진을 꾸려서 치료제 개발에 박차를 가하고 있다. 국내

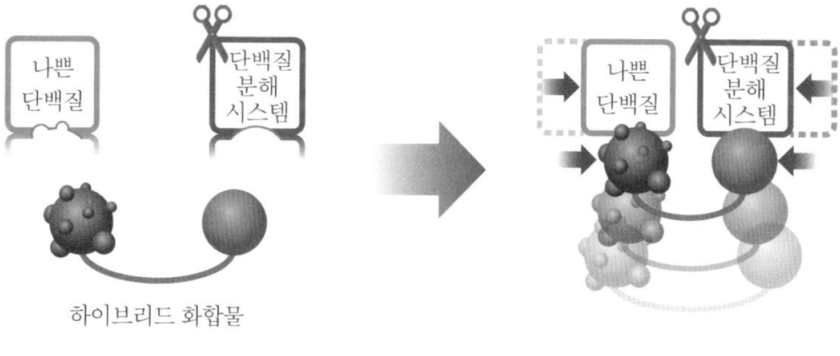

하이브리드 화합물을 이용한 단백질 분해 전략.

에서도 관련 기술에 기반을 둔 회사들이 여럿 설립되어서 앞다투어 성과를 내고 있다. 이 새로운 트렌드가 과연 신약 개발 플랫폼을 어디까지 바꿀지 지켜보는 것도 흥미진진한 일이다.

⁝ 조각가의 손을 떠나는 작품들

1865년에 베이어가 바르비투르산을 만들 때 그는 무슨 생각을 가지고 있었을까? 적어도 이렇게까지 큰 파장을 가지고 올 것을 예상하지는 못했을 것이다. 하지만 그의 뒤를 이은 수많은 분자 조각가들은 바르비투르산을 다듬고 깎아서 더 좋은 수면제도 만들었고 정맥마취제도 만들었다. 그리고 기고만장하던 화학자들은 탈리도마이드를 만들어 의약품계에 흑역사를 남기게 되었다. 이 위험한 물질이 더 위험한 질병을 치료하기 위해 변신한 것도 역사의 아이러니이다.

이번 장에서는 수면제를 다뤘다. 이 세상의 많고 많은 약 중에서 수면제를 다룬 이유는 수면제가 개발되는 과정을 보면 지난 시기에 화학자들이 어떻게 약을 조각했는지를 적나라하게 알 수 있기 때문이다. 깊은 고찰 끝에 나온 약물도 있었지만 의외로 뜻하지 않게 개발된 약물 또한 존재하는 것은 불편한 진실이다. 그리고 이러한 의약품 개발 시스템은 잠깐은 통했을지 모르지만 오랜 시간 동안 많은 사람들을 거치면서 한계를 드러냈다.

우리는 약을 개발하는 것과 동시에, 안전하고 강력한 약물을 개발할 수 있는 시스템 또한 개발하고 있다. 천연물에서 약을 얻는 시스템과 화학자들이 물질을 창조하는 시스템 모두 강력하고 지금도 연구되고 있지만, 꼭 이러한 방법만이 최선이라고 말할 수는 없을 것이다. 그리고 지난 100년간의 노력을 거쳐 이제는 어느 정도 그럴듯한 신약 개발 시스템을 갖추는 데 성공했다.

다음 장에서는 지금 일반적으로 사용되고 있는 신약 개발 시스템을 돌아보려 한다. 지금까지 천연물을 바꾸거나 화합물을 창조했던 분자 조각가들은 이제는 어떤 방식으로 약을 만들고 있을까? 어떻게 근본적인 시스템을 마련했을까? 여기에는 화학자들뿐 아니라 생물학자들의 노력이 추가된다. 또한 이런 시스템이 가지는 문제점이 무엇인지도 돌아볼 예정이다.

현대의 분자 조각가들은 어떤 방식으로 일하고 있을까?

더 들어가기

탈리도마이드와 화학의 발전

'거울상 이성질체enantiomer'라는 개념이 있다. 화합물의 관계를 나타내는 이 단어는 순수한 화학적 개념이며 오래전부터 알려져 있었다. 언제부터냐면 루이 파스퇴르 시절부터다. 생물속생설을 실험으로 밝히고 이후에는 광견병 백신을 개발하여 전 유럽의 찬사를 받았던, 고등학교 교과서에도 나오는 그 파스퇴르가 맞다.

본격적으로 명성을 얻기 전이었던 27세의 파스퇴르는 와인 코르크에 묻어 있는 물질에서 이상한 점을 발견했다. 프랑스가 자랑하는 와인은 주석산tartaric acid이 많이 포함되어 있다. 파스퇴르도 코르크에 묻어 있는 물질이 주석산이라는 것은 알 수 있었다. 하지만 그 물질을 자세히 관찰해보니 결정 형태의 모양이 다른 두 물질이 섞여 있었다. 그는 두 물질을 분리해서 분석했는데, 단 하나의 성질을 빼고는 모든 물리적 성질이 동일했다. 서로 달랐던 그 성질은 빛을 회절시키는 정도였다. 당시 그는 빛의 회절을 측정하는 기구인 편광 광도계를 쓰는 법을 익혀 두었는데 이런 때에 크게 도움이 되었다. 그는 주석산이 서로 다른 두 개의 형태로 존재한다는 것을 발표해서 화학계에 큰 파장을 일으켰다. 1849년의 일이었다. 이후 주석산에는 세 번째 형태도 존재한다는 것이 밝혀졌다.

파스퇴르가 밝혀낸 관계는 거울상 이성질체였다. 그런데 그는 거울상 이성질체에 대한 연구를 더 수행하지 않았다. 사실 하고 싶어도 하기 어려웠을 것이다. 주기율표도 없던 시절이었고 탄소가 어떻게 결합하는지에 대해 별다른 기초 지식도 없었다. 아무리 파스퇴르가 뛰어나다고 해도 하나의 학문 체계를 만들기는 어려운 법. 그는 거울상 이성질체에 대한 연구 대신 생명에 대한 연구로 관심 분야를 돌려 생물속생설이나 광견병 백신 등의 성과로 다시 한번 인류에 공헌한다.

거울상 이성질체가 나타나는 이유는 1874년에 네덜란드의 화학자 야코뷔스 판트호프Jacobus van't Hoff와 프랑스의 화학자 조제프 르 벨Joseph Le Bel이 거의 동시에 발표했다. 파스퇴르의 발견 이후 25년이 지난 시점이었고 화학계에 많은 발전이 이루어진 후였다. 두 화학자는 탄소에 네 개의 서로 다른 치환기가 있을 경우 거울상 이성질체가 나타난다고 주장했다.

오른손과 왼손이 닮긴 했지만 겹쳐지진 않는다. 두 손으로 박수는 칠 수 있지만, 오른손 장갑을 왼손에 낄 수는 없다. 대칭일 뿐 같은 것은 아니다. 다음 그림의 1번 화합물과 2번 화합물의 관계도 오른손-왼손의 관계에 해당한다. 두 화합물은 크기와 구성요소가 동일하다. 마치 오른손과 왼손의 크기가 거의 같고, 다섯 개의 손가락이 손바닥에 연결되어 있다는 점이 동일한 것을 생각하면 된다. 하지만 어쨌든 오른손과 왼손이 결국에는 다르듯이 1번과 2번 화합물도 다른 화합물이다.

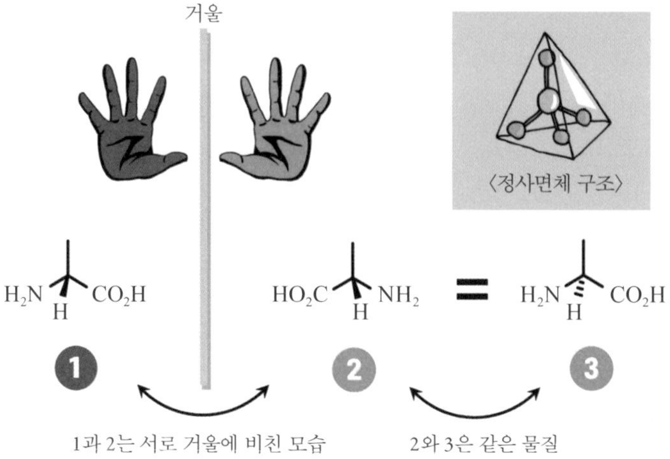

거울상 이성질체 관계에 있는 두 물질.

정말 다를까? 이리저리 돌리면 겹쳐지지 않을까? 겹쳐지면 같은 화합물일 것이다. 그런데 겹쳐질까? 한 번 더 확인해보자. 2번 화합물을 1번과 겹치기 위해서 2번 화합물을 수직축을 중심으로 회전시키면 3번 구조가 나온다. 이제 1번 화합물과 질소(NH_2), 탄소(가운데), CO_2H기의 위치는 같아졌다. 그런데 수소(H)가 약간 다르다. 구조식에서 보이는 점선과 굵은 실선은 2차원의 종이에 3차원 입체 구조를 표현하기 위해 화학자들이 고안한 고육지책이다. 1번 화합물의 수소는 앞으로 나와 있고, 3번 화합물의 수소는 뒤로 들어가 있다. 1번과 3번은 겹쳐지지 않는다. 아무리 회전시켜도 안 된다. 이게 된다면 모든 화학 교과서를 다시 써야 할 것이다.

거울상으로 존재하는 두 화합물은 서로 다른 화합물이지만, 회전시켜서 동일한 구조가 나오는 두 화합물은 같은 화합물이다. 1번은 아무리 회전시켜도 2번이나 3번과 겹쳐지지 않고 계속해서 거울상만 나올 뿐이다. 반면 2번은 3번과 같은 화합물이다.

탄소에 하나, 둘 또는 세 개의 치환기가 있을 때까지는 해당 사항이 없지만, 탄소는 최대 네 개까지 치환기를 가질 수 있다. 그런데 네 번째 치환기가 연결되는 순간 네 개의 치환기는 3차원적 구조를 띠게 된다. 보통 정사면체tetrahedron 구조라고 부른다. 이 정사면체 구조는 치환기가 모두 다를 경우, 위의 설명처럼 두 가지 이성질체의 혼합물 형태로 존재할 수 있다. 그리고 두 물질은 오른손과 왼손의 관계처럼 서로 겹치지 않는다. 오른손과 왼손은 서로 다른 손이다. 그러므로 이 두 물질도 서로 다른 물질이다. 이러한 경향은 탄소에 치환된 작용기가 모두 다를 때만 발생한다.

화학반응 과정에서 거울상 이성질체가 가지는 큰 문제는 이들을 구분해서 만들기가 무척이나 어렵다는 데 있다. 시약을 일반적인 조건에서 반응하면 저 두 물질은 반드시 50 대 50의 혼합물로 생성된다. 자연의 법칙이다. 특수한 시약이나 출발물질, 또는 효소를 넣어주지 않는 한 반드시 50 대 50으로 나온다. 이처럼 거울상 이성질체가 절반씩 섞여 있는 혼합물을 '라세미 혼합물racemic mixture'이라고 부른다.

신약 개발 과정에서 라세미 혼합물이 문제가 되는 이유는 이들의 활성이 다르다는 것이다. 거울상 이성질체의 관계에 있는 두 화합물은 어쨌거나 다른 물질이다. 그러므로 활성과 독성이 동시에 나타나는 것

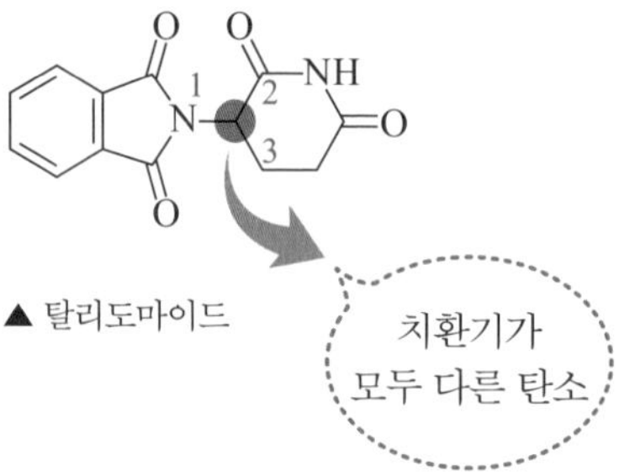

탈리도마이드에서 치환기가 모두 다른 탄소.

도 충분히 가능하다. 의약화학자들이 라세미 혼합물이라는 단어를 호환마마보다 무서워하는 이유다. 물론 거울상 이성질체라는 피곤한 이슈를 피하려면 간단한 방법이 있다. 구조 내에 치환기가 모두 다른 탄소가 하나도 없으면 된다. 지금 의약품 개발의 트렌드이기도 하다.

하지만 탈리도마이드에는 치환기가 모두 다른 탄소가 하나 존재한다. 위 그림에서 화살표로 표시한 탄소는 바로 왼쪽에는 질소(1번 결합), 위로는 탄소(2번 결합), 아래에도 탄소(3번 결합)가 있다. 그런데 위에 있는 탄소와 아래에 있는 탄소는 다른 탄소로 인식된다. 왜냐하면 위에 있는 탄소에는 산소와 질소가 연결되어 있는 반면, 아래에 있는 탄소에는 또 다른 탄소와 생략된 수소가 연결되어 있다. 치환기가 다르면 분자는 같은 원소라도 그 미묘한 차이를 인지해서 다른 것으로 결론 내린다. 서로 다른 네 개의 치환기를 가진 탄소라고 했는데, 네 번째 치환기는 어디 있을까? 생략된 수소다. 화합물 구조를 그릴 때 탄소와 수소의 결합은 표시하지 않는다. 구조식 표현이 너무 복잡해지기 때문에 생략한다. 이상과 같은 이유로 탈리도마이드는 거울상 이성질체가 나타날 수밖에 없다.

우리 몸은 어떨까? 우리 몸에 있는 단백질이나 유전자는 모두 탄소 기반의 고분자다. 그러므로 치환기가 모두 다른 탄소를 아주 많이 포함하고 있다. 그렇다면 자연의 법칙을 감안했을 때 수많은 거울상 이성질체가 존재할 것 같다. 하지만 그렇지 않다. 당장 화학자들도 1980년대 이후로 거울상 이성질체 중 하나만을 선택적으로 만드는 방법을 개발했다. 이런 합성법을 비대칭 합성법asymmetric synthesis이라고 부른다. 그리고 화학자들이 지난 백 년간 비대칭 합성법을 연구해 왔다면, 우리 몸은 수십만 년 동안 생체 내 물질의 비대칭 합성을 최적화하고 진화시켰다. 비교가 안 된다. 우리 몸에 있는 수많은 효소들은 거울상 이성질체를 완벽하게 조절해서 최소한의 물질만 만들어낸다.

여기서 화합물과 단백질의 괴리가 드러난다. 한쪽 이성질체가 원하는 단백질과 결합하여 원하는 효과를 보이는 동안 다른 쪽 이성질체는 어떤 일을 할까? 원하는 단백질과도 결합하지 못하고 그 외의 다른 단백질과도 아무런 결합을 하지 않는다면 별 상관이 없다. 알아서 배설될 테다. 그런데 우리 몸에는 수많은 단백질이 있다. 우리가 생각지도 못했던 다른 단백질과 결합한다면 어떻게 될까? 그로 인해 원치 않는 부작용이 나타날 수도 있다.

1960년대 초 탈리도마이드의 부작용을 경험하면서 사람들은 탈리도마이드의 거울상 이성질체 중 하나가 부작용을 일으키는 것이 아닐까 생각했다. 이런 관점에서 의약품을 개발할 때 라세미 혼합물이 아니라 순수한 거울상 이성질체 상태로 만들기 위해 그전에는 주목하지 않던 비대칭 합성법에도 신경을 쓰기 시작했다.

비대칭 합성법은 화학적으로 상당한 고난이도의 기술을 요하지만 불가능한 것은 아니다. 그리고 생명체는 이미 필요한 물질들을 비대칭적으로 잘 만들어내고 있으며, 화학자에게 자연은 언제나 최고의 스승이었다. 화학자들은 자연에 존재하는 물질 또는 그 물질의 유도체를 이용하면서 원하는 결과를 이끌어내는 데에 성공하기도 했다. 수십만 년 이상 벌어져 있던 자연과 인류의 화학 수준 격차를 불과 수십 년도 안 돼 따라잡은 성과에 사람들은 열광했고, 이 분야를 연구하던 대표적인 학자 세 명은 2001년 노벨상을 수상했다. 이 세 명 중에는 앞서 2장에서 언급했던, 2022년에 두 번째 노벨상을 수상하는 배리 샤플리스 교수도 포함되어 있다.

탈리도마이드 사태를 계기로 발전한 화학 기술은 이제 사람들에게 많은 영향을 끼치고 있다. 그동안 알게 모르게 라세미 혼합물로 복용하던 약들이 하나둘씩 검증을 거치며 순수한 거울상 이성질체 형태로 분리되어 시판되고 있다. 예를 들어 이부프로펜ibuprofen(상품명 부루펜Brufen)은 원래 라세미 혼합물로 복용하고 지금도 그렇게 별 문제 없이 사용하고 있다. 그런데 이부프로펜에서 실제 활성을 나타내는 거울상 이성질체만 분리한 덱시부프로펜dexibuprofen은 효과가 더 빠르고 강력하다. 분자 조각가들의 조각 기술이 훨씬 더 정교해진 덕분에 우리는 좋은 소염진통제를 쓸 수 있다. 참고로 내 일곱 살 아들이 감기에 걸렸을 때 복용했던 해열제도 덱시부프로펜이었다. 내가 특별히 요구한 것이 아니라 의사가 먼저 처방해주었다. 나는 덱시부프로펜을 보며 파스퇴르와 탈리도마이드를 잠깐 생각했다.

그런데 정작 이 거창한 이슈를 야기했던 탈리도마이드는 거울상 이성질체를 분리하는 기술의 혜택을 받지 못한다. 지금의 기술로 탈리도마이드를 비대칭 합성으로 만드는 것은 별로 어렵지 않다. 지난 60년간 화학은 괄목상대할 정도로 발전했다. 하지만 안타깝게도 탈리도마이드를 비대칭 합성으로 순수하게 만든다고 해도 탈리도마이드가 체내에 들어오는 순간 우리 몸은 알아서 반대편 형태의 거울상 이성질체를 50퍼센트 만들어낸다. 결국 라세미 혼합물이 되는 것이다. 마지막까지 피곤하게 만드는 물질이다.

5장

지금은 어떻게 약을 만들까

⋮ 생각보다 간편한 화학반응

화학자들의 분자 조각은 출발물질에 다양한 반응을 적용하여 구조를 바꾸는 과정이다. 반응을 여러 번 수행하면 처음에 주어진 출발물질과는 전혀 다른 구조를 창조할 수 있고, 이 구조가 원하는 단백질과 결합한다면 약효를 보이는 것도 가능하다. 어쨌든 분자 조각의 핵심은 화학반응이다. 그렇다면 화학자들은 실제로 어떻게 반응을 진행할까? 그들은 실험실에서 무슨 일을 하는 걸까? 우리는 흔히 화학자들이라면 연기 나는 플라스크에 무언가를 집어넣고 팔팔 끓이는 모습을 상상하지만, 이는 실제와 많이 다르다. 잠시 화학반응에 대한 구체적인 이야기를 조금 했으면 한다.

화학자들은 우선 반응을 설계한다. 시작은 출발물질 확보. 누울 자리를 보고 다리를 뻗는다고 했다. 간단하거나 값싸게 확보할 수 있는 출발물질일수록 일이 쉬워질 것이다. 합성 단계가 길어질수록 출발물질이나 중간체의 확보가 중요해진다. 전쟁으로 치자면 보급선 확보다. 보급이 끊겨서 망한 전쟁이 얼마나 많았던가. 안정적인 중간체 생산이나 이를 위한 값싼 출발물질 구입은 긴 흐름에서 합성의 성패를 좌우하는 중요한 요인이 된다.

최종 구조를 효율적으로 합성하기 위해서는 어떤 전략이 좋을까? 일단 합성 단계가 짧아야 한다. 화학자들이 게을러서만은 아니다. 나는 물론 게으르지만 부지런한 화학자들도 많은데, 그런 화학자들도 합성 단계가 길어져서 비용이 늘어나는 것은 부담스럽다. 그렇게 비용이 늘어나면 그 비용은 고스란히 환자에게 전가될 것이다. 그러면 안 팔린다. 간단한 진리다. 비싸면 안 산다.

그런데 어떻게 하면 합성 단계를 줄일 수 있을까? 우선 최종물질과 출발물질의 구조가 비슷하다면 아무래도 손이 적게 갈 것이다. 그런데 대부분 최종물질과 가까울수록 구입이 어렵다. 팔지 않는 경우도 많고, 판다고 해도 예산 범위를 넘어선다. 여기서 화학자들의 고민이 시작된다. 출발물질 확보와 합성 단계의 최소화라는 딜레마를 예산의 압박 속에서 해결해야 한다. 화학자의 경험이 풍부하고 화학반응에 조예가 깊을수록 간단한 출발물질과 짧은 합성 단계로 구성된 좋은 합성 전략을 세울 수 있다.

출발물질을 골랐다고 치자. 이제 출발물질을 다음 단계의 물질 또는 최종물질로 어떻게 전환할지에 대해 화학적으로 고민을 해야

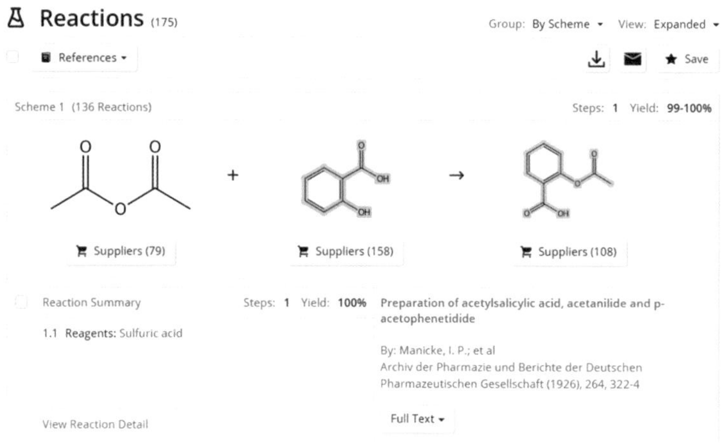

미국화학회가 제공하는 데이터베이스인 Scifinder에서 합성 과정을 검색하는 화면.

한다. 물론 요즘은 데이터베이스가 잘 구축되어 있어서 막무가내로 책을 뒤질 필요 없이 간단한 검색만으로도 유사한 반응을 참고할 수 있다. 기존에 알려진 반응이라면 그냥 그대로 해도 되지만 그렇지 않은 경우에는 실제로 실험을 해보는 수밖에 없다.

이 과정을 여러 차례 반복하다 보면 전체적인 전략을 세울 수 있다. 물론 완벽하진 않다. 문헌 조사만으로는 한계가 있을 것이 분명하고 실제로 실험을 해봐야 아는 경우도 있다. 따라서 이제는 시약 카탈로그와 컴퓨터 앞을 벗어나 실험대 앞에 설 차례다. 출발물질에 시약을 넣어서 중간물질로 바꾸면 된다. 하지만 이 작업이 그리 간단하지는 않다. 반응 조건이야 앞서 검색한 유사한 반응들을 참고하면 된다. 요즘은 반응 조건이 정확하게 나와 있고, 논문의 저자에게 이메일로 물어보면 친절하게 회신하는 경우가 많다. 유튜브에 실험 프로토콜을 올리는 사람들도 있다.

대부분의 반응은 교반기를 이용해 반응물을 휘저어주는 것으로 끝난다. 손으로 휘젓는 것이 아니다. 지금이 어느 시대인데 손으로 젓겠는가. 반응 플라스크에 자석을 넣고 교반기 위에 살짝 띄워서 고정시켜둔다. 이후 교반기를 켜면 교반기 내부의 자석이 기계적으로 회전한다. 그러면 플라스크 안의 자석도 회전하면서 용액을 섞는다. 플라스크 안에 우리가 넣어준 출발물질과 시약도 자연스럽게 섞이며 만날 것이다. 그렇게 어쩌다 마주친 두 물질은 생성물질로 거듭나게 된다.

물론 단순히 교반으로 끝나면 다행이겠지만, 때로는 반응 온도를 낮추거나 높여야 하는 경우도 있다. 끓이면 용매가 증발할 테니 용매가 줄어들지 않도록 다시 넣어주는 시스템이 필요하다. 환류reflux라고 부르는 시스템이다. 반응물이나 시약을 넣는 순서에 따라 다른 설비를 해야 할 수도 있다. 하지만 어쨌든 기본은 교반이고, 교반은 기계가 한다. 부수적인 반응 조건은 기본적으로 열 가지도 채 되지 않고 어느 정도의 훈련만 거치면 한 달 내로 무리 없이 진행할 수 있다. 합성 과정에서 화학반응을 일으키는 것 자체는 어렵지 않다.

⁝ 생각보다 귀찮은 분리 과정

정작 화학자들을 귀찮게 하는 것은 반응액에서 원하는 화합물을 분리하는 과정이다. 교반기를 이용해 열심히 섞어준 반응액에서 원하는 화합물만 어떻게 분리할까? 지금 반응 플라스크에는 반응에 참가하고 남은 시약과 용매가 있다. 대부분의 경우는 원하는 생성물 외에 소량의 부산물들도 따라온다. 출발물질이 약간 남을 때도 있다. 어떤 경우든지 이 혼합물 내에서 원하는 생성물을 분리하는 것은 생각보다 까다로운 작업이다. 그래서 화학자들은 원하는 물질을 분리하기 위해 다양한 방법을 개발했다. 제일 대표적인 것은 용매 추출법solvent extraction이다.

대부분의 화합물은 유기용매에 잘 녹는다. 유기용매는 휘발성 기름이며, 기름은 물과 섞이지 않는다. 그래서 반응이 끝난 플라스크에 물과 유기용매를 넣고 열심히 흔든다. 그러면 물층과 유기용매층이 나뉘는데, 유기용매층을 따라내면 물에 녹는 많은 시약들은 제거된다. 앞서 언급한 것처럼 유기용매는 잘 휘발하므로 농축기를 사용해 제거할 수 있다. 농축기는 압력을 줄여주는 기계다. 압력이 줄어든 환경 아래에서 휘발성 유기용매는 10분 안에 날아가버린다. 결국 우리는 원하는 생성물 즉, 첫 번째 중간물질을 순수하게 확보할 수 있다. 우리가 다루는 물질이 주로 물보다는 유기용매에 잘 녹는다는 성질을 이용한 분리 방법이다.

그런데 반응을 통해 중간물질이 100퍼센트 생겨나면 간단하게

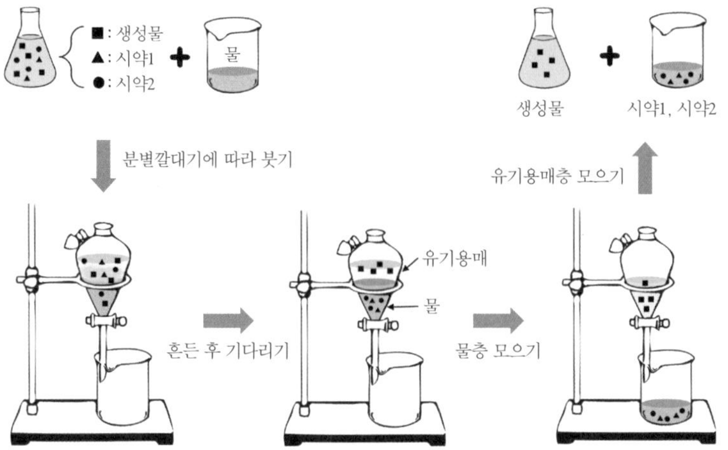

용매 추출법으로 화합물을 분리하는 과정.

용매 추출법으로 분리가 가능하지만, 원하는 물질이 90퍼센트만 생기고 유사한 구조의 부산물이 10퍼센트 생기면 어떻게 분리할까? 대부분의 화학반응은 원하는 물질만 100퍼센트 생성되지 않는다. 원하는 물질이 90퍼센트만 나와도 훌륭한 반응이라고 하는데, 그렇다면 나머지 10퍼센트는 어떻게 제거할까? 이 10퍼센트의 부산물 역시 유사한 구조의 물질이므로 유기용매에 잘 녹을 가능성이 크다. 그러므로 용매 추출법으로 시약류를 제거했다고 하더라도 이 부산물은 아직 원하는 중간물질과 함께 있을 것이다.

화학자들은 이럴 때를 대비해 다른 분리법도 개발했다. 원하는 중간물질과 부산물은 구조가 다르므로 물리·화학적 특성이 다를 것이다. 물보다 유기용매에 잘 녹는다는 것은 틀림없지만, 그래도 유기용매에 대한 친화도가 같지는 않을 것이다. 그러므로 사람들은 용매추출법으로 1차 분리한 생성물을 실리카겔silica gel(SiO_2)에 흘려보내는 방법으로 분리를 한다.

우선 칼럼column이라고 하는 유리관에 실리카겔을 채워둔다. 이후 반응 혼합물을 옮겨놓고 유기용매를 서서히 흘려준다. 반응에서 만들어진 주생성물과 부생성물은 다른 물질이므로 유기용매와의 친화도 차이에 따라 전개되는 속도가 다르다. 충분한 거리를 전개시키면 두 화합물이 섞이지 않을 정도로 사이에 간격이 생기는데, 이때 두 물질이 분리되어서 우리가 원하는 물질만 얻을 수 있다. 물론 우

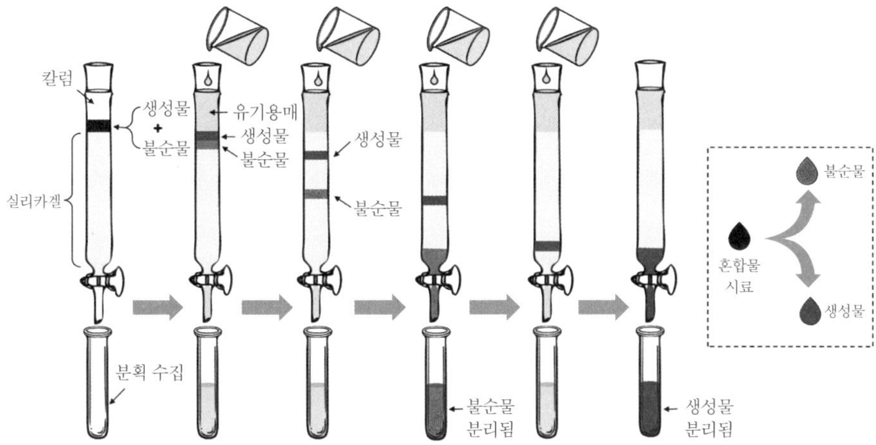

칼럼 크로마토그래피법 개요.

리가 얻는 물질은 유기용매와 함께 전개되므로 유기용매에 녹아 있을 테지만, 유기용매는 휘발성이 있으므로 간단하게 제거할 수 있다. 이 방법은 칼럼 크로마토그래피column chromatography법이라고 부른다.

드디어 우리는 첫 번째 반응의 생성물을 얻었다. 이렇게 합성한 물질은 하얀 고체이거나 노란 액체일 가능성이 크다. 즉, 눈으로는 제대로 화학반응을 수행했는지 확인할 수 없다. 그러므로 전문적인 분석 장비를 통해서 구조를 간접적으로 확인한다. 눈에 보이지 않는 물질의 구조를 분석하기 위해 분석화학자들 역시 훌륭한 연구를 진행해왔고, 그 결과 극소량의 물질만 있어도 원하는 반응이 일어났는지 아닌지 판단할 수 있다. 이 단계까지 오면 첫 반응이 끝났다. 우리는 반응을 설계했고, 합성을 진행했으며, 화합물을 분리했다. 그리고 구조를 분석하여 반응을 마무리했다. 분자 조각의 첫 단계가 끝난 것이다. 이렇게 조각한 생성물은 최종물질로 가는 중간물질이다. 그러므로 우리는 이 물질을 이용해 다음 반응을 수행해야 한다. 여러 차례의 반응을 거치게 되면 우리가 원하는 물질을 얻을 수 있을 것이다. 굿 럭.

게으른 화학자

이렇게 자세하게 합성 과정을 설명한 이유는 이 과정이 얼마나 귀찮은 과정인지를 언급하기 위해서다. 설계, 합성, 분리, 분석의 과정은 유기화학을 하는 사람들은 대부분 겪게 되는 과정이며 많은 석사 과정 대학원생들이 실험에 질리게 되는 순간이기도 하다. 설계야 그러려니 하자. 보통 이 과정은 대학원생들이 오기 전에 짜놓는 경우가 많다. 실험실의 고참 연구자들이 나름의 경험과 지식을 바탕으로 설계하는 것이니 신입 대학원생이 그렇게 고민할 필요는 없다. 합성도 약간의 숙련 과정을 거치면 해결된다. 가끔 사람들은 화학자들이 정교한 손기술을 가지고 있다고 생각하는 경향이 있는데 이는 완벽한 오해다. 조각하려면 손기술이 필요할 것 같지만, 분자 조각가들은 손으로 조각하지 않는다. 화학 지식으로 조각한다.

의외로 사람을 미치게 하는 과정이 분리 작업이다. 이 작업은 합성 뒤에 따라오는 간단한 마무리라고 생각하는 경향이 있는데, 생각보다 손이 많이 간다. 앞서 언급한 용매 추출법은 그렇게 힘들지 않다. 숙련된 사람에게는 10분이면 충분하다. 하지만 대부분의 합성 과정에서 부산물이 발생하기 때문에 칼럼 크로마토그래피법을 통한 분리가 추가로 필요하다. 그런데 이 과정이 오래 걸린다. 화합물이 전개되는 속도에 따라 다르지만 충분한 시간 동안 전개시키면 완벽하게 분리된다고 했는데, 충분히 전개시키는 과정이 좀 오래 걸린다. 30분 만에 끝날 수도 있지만, 하루에 안 끝날 수도 있다.

이 과정을 연구자가 일일이 수작업으로 진행할 필요는 없다. 적당한 유기용매를 넣어주면 전개되고 분리되니 연구자는 옆에서 지켜보다가 마무리만 하면 된다. 하지만 어쨌든 오랫동안 지켜봐야 하는 것은 변함이 없다. 귀찮은 일이다. 최근에는 분리하는 기계가 나와서 작업효율을 높여주고는 있지만 그래도 여전히 많은 손길을 필요로 한다. 차라리 반응을 세팅하는 과정이 훨씬 편하다. 시약만 넣고 교반시키면 끝난다. 그래서 경험이 쌓이면 분리 작업을 하면서 다른 반응을 동시에 세팅하기도 한다.

심지어 앞서 설명한 예시는 칼럼 크로마토그래피법으로 분리가 잘 되는 경우이다. 분리되지 않는 경우도 있고, 화합물의 물성이 좋지 않아서 칼럼 크로마토그래피를 적용할 수 없는 경우도 있다. 분리 과정은 여러모로 귀찮다. 또한 대용량 합성 과정에서는 칼럼 크로마토그래피를 적용하기가 어렵다. 유기용매나 분리에 쓰이는 충진제인 실리카겔의 비용이 급격히 증가하기 때문이다. 실험실 차원에서는 쓸 수 있지만 대량 생산을 위해서는 새로운 분리 과정을 고안해야 하고, 이러한 한계 때문에 화학자들은 또 다른 고민을 한다. 용매 추출법이나 칼럼 크로마토그래피법 외에 재결정을 하기도 하고 증류를 하기도 한다. 끓이기도 하고 식히기도 하고 참으로 가상한 노력을 할 수밖에 없는 것이다. 만들어놓고 빤히 눈앞에 있는데 분리하지 못하는 심정. 그림의 떡이다.

지금도 이렇게 힘든데 과거에는 어땠을까? 화학 기술이 지금처럼 발전하지 않았던 1960년대의 화학자들 역시 화합물의 분리 때문에 힘들어하고 있었다. 필요는 발명의 어머니다. 귀찮음 때문에 화학자들은 화합물을 쉽게 분리하는 방법을 고민했고 또 많은 아이디어들이 나왔다. 그런데 이처럼 화합물을 분리하기 위해 고군분투하던 중, 의약품 개발의 패러다임을 완전히 바꾸는 계기가 나온다.

불쌍한 화학자

1955년, 로버트 브루스 메리필드Robert Bruce Merrifield는 생고생을 하고 있었다. 지도교수인 딜워스 웨인 울리Dilworth Wayne Woolley 교수가 메리필드에게 단백질을 합성하라고 시켰기 때문이었다. 단백질이면 아미노산이 여러 개 연결된 거대한 화합물이다. 울리 교수가 원했던 물질은 아미노산이 일곱 개 연결된 화합물이었는데, 이처럼 아미노산이 비교적 적은 개수로 연결된 물질은 단백질이라기보다는 보통 펩타이드peptide라고 부른다. 어쨌든 본질은 비슷하다. 아미노산이 여러 개 연결된 물질이다.

그런데 이 아미노산이 참 다루기 힘든 물질이다. 우리 몸은 아미노산을 선택적으로 연결하기 위해 DNA부터 효소까지 참으로 다양한 장치를 마련했지만, 그것은 수십만 년을 거친 진화의 산물이다. 고작 200년의 역사를 가진 유기화학이 범접할 수 있는 수준의 기술이 아니다. 20세기 중반에 화학적으로 아미노산을 연결하는 작업은 충분히 도전적인 연구 주제였다. 그래서 1953년에 비교적 작은 펩타이드인 옥시토신과 바소프레신을 합성하는 데 성공한 화학자 빈센트 뒤 비뇨Vincent du Vigneaud는 2년 후에 노벨화학상을 수상하기도 했다. 사람이 자연을 흉내낸 것에 대한 거창한 보상이었다. 그런데 노벨상이 그리 만만한 상은 아니지 않은가. 노벨상을 수상했다는 것은 그 자체로 단백질 합성이 도전적인 작업이라는 증거이기도 하다. 실제 뒤 비뇨가 단백질을 합성한 과정은 힘들기 짝이 없었다.

아미노산을 다루기 힘든 이유는 일단 물리적 특성이 좋지 않기 때문이다. 보통 화학적으로 다루기가 편한 대상은 액체인데, 아미노산은 고체로 존재한다. 은근히 귀찮다. 그러므로 이 아미노산이 여러 개 연결된 펩타이드는 훨씬 다루기 어려울 것이다.

하지만 아미노산이 귀찮은 물질인 진정한 이유는 그 지저분한 반응성 때문이다. 뒤 비뇨가 합성한 옥시토신은 아홉 개의 아미노산으로 이루어진 펩타이드이다. 그러므로 아홉 개의 아미노산을 연결하면 되니까 '여덟 번의 연결 반응을 거치면 만들어지지 않을까'라고 생각할 수도 있지만 완벽히 오산이다. 아미노산은 반응에 참여할 만한 작용기를 많이 가지고 있기 때문이다. 그래서 아미노산을 적절히 연결하기 위해서는 원하는 위치에만 연결하는 반응 외에도 여러 가지 부수적인 반응을 함께 수행해야 한다. 연결된 아미노산이 많아질수록 부반응이 많아지고 신경써야 할 일도 그만큼 늘어난다. 화합물의 용해도 역시 나빠져서 앞서 언급한 용매 추출법이나 칼럼 크로마토그래피법으로 분리하는 것이 굉장히 어려워진다. 반복적이지만 어려운 실험, 그리고 갈수록 난이도가 높아지는 고난의 길이다. 이런 과제가 메리필드에게 주어졌다.

메리필드는 열심히 일했다. 그리고 5년간의 실험 끝에 일곱 개의 아미노산이 연결된 펩타이드를 합성해냈다. 인슐린에 산을 가했을 때 나오는 물질이므로 인슐린의 조각이라고 볼 수 있는 펩타이드였다. 그리고 그 자체로도 생리활성을 가지는 물질이어서 화학적으로 합성을 시작했는데, 결국 5년 만에 해냈다. 1955년, 그가 34세 되던 때의 일이다. 이후 그는 이 당시의 합성법을 가리켜 "어렵고 시간이 많이 소모되는difficult and time consuming" 작업으로 표현했다. 한 마디로 "못 해먹겠다"라는 말이었다.

발명의 어머니

앞서 길게 설명하긴 했지만 단백질 합성이 힘든 이유는 간단하다. 잘 안 만들어지고, 잘 분리되지 않기 때문이다. 그런데 여기에 한 가지 어려움이 더해진다. 재미가 없다. 단백질 합성은 아미노산을 하나씩 연결해가는 과정이고, 전형적인 분자 조각의 예이며, 우리 몸을 이해하기 위한 기초적인 화학 과정의 하나면서 그 자체로 약을 만들 수 있는 귀한 일이지만, 재미가 없다. 단순하지만 번거로운 연결 반응의 연속이다. 화학자들이 좋아할 만한, 출발물질의 특성을 이용해 기발한 방법으로 작용기를 도입하는 것과 같은 혁신이 들어갈 여지가 없다. 연구가 아니라 단순노동이다. 아무리 성실한 화학자라고 하더라도 같은 단순노동을 5년간 한다면 지칠 게 분명하다.

이렇게 지칠 때, 대부분은 그 일을 쳐다도 안 본다. 그런데 위인은 뭔가 다른가 보다. 메리필드는 이 과정을 개선하려 하였다. 단백질 합성이 가지는 어려움들을 극복한다면 좋은 연구가 될 것은 분명했다. 그런데 어떻게? 그는 아미노산의 물리적 특징이 좋지 않은 것을 역이용하려 했다. 많은 화학자들이 다루기 쉬운 액체를 선호한다는 것은 앞서 이야기했다. 용매 추출법이나 칼럼 크로마토그래피법 등으로 분리할 때 편하기 때문이다. 그리고 아미노산으로 구성된 물질은 대부분의 유기용매에 잘 녹지 않는다. 그래서 그것을 억지로 녹이기 위해 많은 유기용매를 추가로 넣는 등의 귀찮은 작업이 따라온다.

메리필드는 발상을 다르게 했다. 물이나 유기용매에 아예 녹지 않는 중합체인 레진resin을 첫 번째 아미노산에 붙인 것이다. 이 과정은 화학적 결합이지만 어지간한 반응으로는 끊어지지 않는 결합이다. 그리고 이 화학결합 때문에 안 그래도 잘 안 녹는 아미노산이 이제는 선을 넘었다. 눈에 보이는 고체에 붙어서 절대로 녹지 않게끔 바뀌었다.

그 후 레진이 연결된 첫 번째 아미노산에 두 번째 아미노산을 연결한다. 앞서 설명한 일반적 합성 과정을 상기시켜보자면 플라스크에는 주생성물 외에 많은 물질이 있을 것이다. 연결 반응에 사용한 시약, 반응에 참여하지 않은 두 번째 아미노산, 용매와 같은 물질이 모두 있을 것이다. 그런데 이런 물질들은 어쨌든 모두 용매에 녹아 액체 상태로 있다. 원하는 주생성물, 즉 두 개의 아미노산이 연결된 펩타이드는 레진에 꼭 붙어서 녹지 않은 채로 있을 것이다. 이 상태에서 여과를 한다면 어떨까? 물과 유기용매로 수차례 씻어낸다면 거름종이 위에는 레진이 남아 있을 것인데 이 레진에는 연결된 두 개의 아미노산이 붙어 있다. 즉, 우리는 용매 추출법이나 칼럼 크로마토그래피법 같은 방법 없이 간단한 여과 과정만으로 원하는 주생성

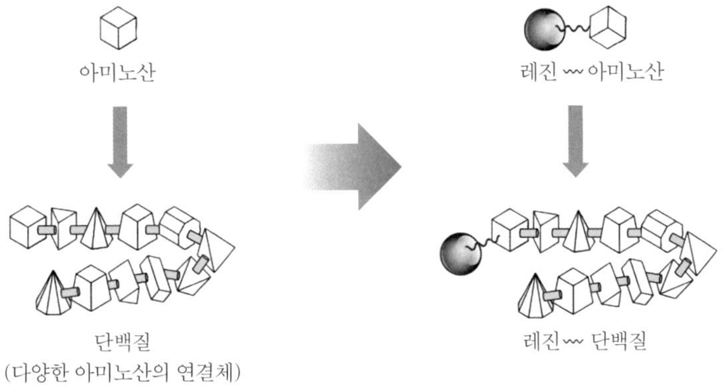

고체상 합성법 개요.

물을 분리할 수 있다.

이 물질은 다음 반응에도 그대로 이용 가능하다. 실제 연결반응을 원활하게 하기 위해 부수적인 반응을 함께 수행해야 한다고 앞서 언급했는데 이런 부수적인 반응에도 역시 적용 가능하다. 그러므로 이런 작업을 반복한다면 여러 개의 아미노산이 연결된 화합물을 손쉽게 합성할 수 있다. 물론 그 화합물의 끝 부분에는 어지간해서는 녹지 않는 레진이 달려 있지만, 마지막 단계에서 제거할 수 있다. 그토록 원하던 아미노산의 긴 연결체, 즉 펩타이드를 순수하게 확보할 수 있는 것이다.

메리필드는 이러한 개념이 담긴 논문을 1963년에 최초로 미국화학회지에 보고했다. 그는 네 개의 아미노산이 연결된 펩타이드를 레진을 이용한 아미노산 연결법으로 합성하였다. 그리고 이 과정을 최적화해서 그전에는 만들 수 없었던 단백질들을 생산해내기 시작했다. 8년 뒤인 1971년, 그가 발표한 논문에는 312개의 아미노산을 합성하는 과정, 그리고 그 단백질을 이용해 추가적인 생화학 연구를 하는 과정이 요약되어 있다. 7개의 아미노산을 연결하기 위해 5년간 고생했던 그로서는 제대로 된 혁신을 이루었다고 할 수 있을 것이다.

간편해진 화학반응

메리필드가 개발해낸 방법, 즉 물에 녹지 않는 레진을 이용해 화합물을 분리하는 방법을 고체상 합성법solid phase synthesis이라고 부른다. 고체상 합성법은 메리필드가 개념을 선보이자 그 단순하고 강력한 힘을 바탕으로 전 세계 수많은 화학자들에게 퍼져나갔다. 이제 1950년대처럼 단백질을 합성하기 위해 용매 추출법이나 칼럼 크로마토그래피법으로 분리하면서 생고생하는 화학자들은 줄었다.

심지어 이 고체상 합성법은 단백질 합성에 사용되는 것을 넘어서 다른 물질들의 합성에도 적용됐다. 우선 DNA의 합성에 쓰였다. DNA는 우리 몸의 유전 정보를 간직한 중요 생체물질이지만 실험실에서 만들지 말란 법은 없다. 문제가 되는 유전자의 발현을 억제하기 위해 맞춤형 DNA를 제작해서 넣어준다면 더할 나위 없이 좋은 치료제가 될 것이다. 실제 이와 같은 방법으로 2017년부터 RNA를 합성해서 의약품으로 사용하고 있다. 20세기 중반에도 DNA 가닥의 합성이 중요한 일이었던 것은 마찬가지다.

단백질이 20가지 아미노산이 연결된 가닥인 것처럼 DNA는 아데닌, 구아닌, 시토신, 티민이라는 네 가지 염기가 연결된 가닥이다. 30억 개 정도 되는 염기 서열이 어떤 식으로 구성되느냐에 따라 우리 인생이 달라진다. DNA가 처음 발견된 1869년이나 그 중요성을 깨달은 1910년, 그리고 더욱 깊은 연구가 수행된 1940년대에도 DNA가 유전자의 근원일 리가 없다고 생각했던 것도 이해는 간다. 이 복잡한 생명체의 근원이 고작 네 가지 물질의 배열이라니. 그 네 가지의 물질이 연결되는 순서, 그리고 그 순서가 번역되어 단백질의 형태로 생산되는 과정은 여전히 분자생물학의 핵심 주제이다.

어쨌든 DNA도 일렬로 이루어진 물질이다. 그렇다면 고체상 합성법을 적용할 수 있을 것이다. 1970년대부터 DNA 중합체를 화학적으로 합성하기 시작했는데, 지금은 간단히 인터넷을 검색하는 것만으로도 고체상 합성법을 통해 생산한 DNA 골격을 주문 제작할 수 있을 정도이다. 고체상 합성법은 강력한 기술이다.

하지만 고체상 합성법이 가지는 강력함은 따로 있다. 바로 자동화가 가능하다는 것이다. 단백질이나 DNA를 합성하는 과정은 연결 반응의 반복이다. 그리고 합성의 뒤에 따라오는 분리 과정은 복잡한 작업이 필요하지 않은 여과 과정일 뿐이다. 그렇다면 이러한 단순·반복 작업을 기계를 이용해 수행할 수 있지 않을까? 오늘날 단순 업무에 지친 회사원들이 매크로를 돌리는 것처럼, 메리필드가 이끌던 연구진은 본인들의 방법을 자동화하기 시작했다.

메리필드는 1984년에 노벨화학상을 받았다. 그것도 단독 수상이었다. 그는 다른 노벨상 수상자에 비하면 비교적 늦게 교수가 되어 독자적 연구를 수행했지만, 그 후로 누구보다도 빠르게 자신의 영역을 구축해갔다. 특히 많은 사람들이 합성의 어려움을 이야기할 때, 그러한 어려움을 역이용하여 고체상 합성법으로 돌파구를 찾은 것은 지금 봐도 훌륭한 혁신이다.

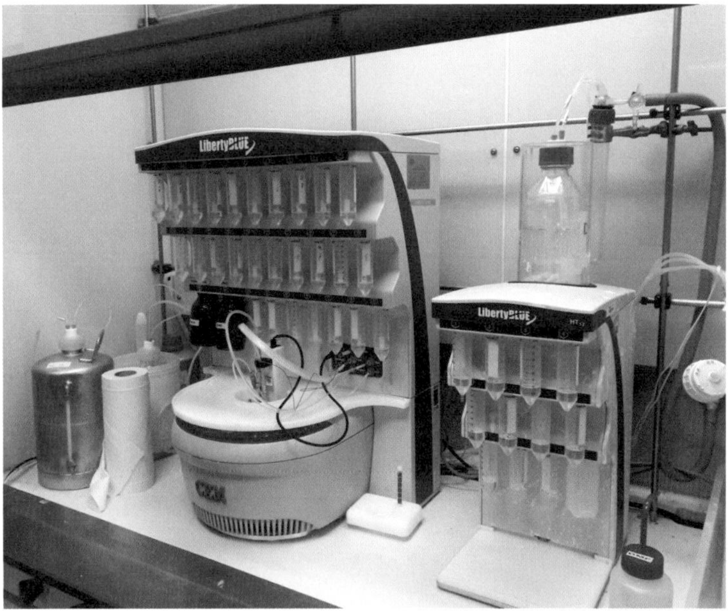

고체상 합성을 자동으로 수행하는 기계.

단순 작업의 기계화

고체상 합성법이 노벨상을 받았다고 해서 완벽한 합성법은 아니다. 고체상 합성법도 그 자체로 장단점이 확실하다. 단점부터 이야기하자면, 고체상 합성법은 대량 생산에 적용하기 어렵다. 톤 단위로 화합물을 생산해내려면 수십 톤 단위의 레진이 있어야 하고, 그것을 여과할 수 있는 장비가 필요하다. 이러한 설비를 구비하는 것은 아무리 좋은 공장이라도 어렵다. 고체상 합성법은 소량 합성에 적당한 방법이다. 고체상 합성법을 통해 좋은 물질을 찾아내면 대량 생산 공정은 다시 설계해야 한다.

또 하나의 단점은 고체상 합성법을 사용할 수 있는 화합물 합성 전략이 제한적이라는 점이다. 출발물질 옆에 거대한 레진이 붙어 있기 때문에 시약이 레진과 반응하기도 하고, 출발물질을 지나쳐버릴 때도 있다. 아무리 레진이 반응을 안 한다지만 결국 유기물질로 이루어진 고분자이기 때문에 시약과 반응하는 경우가 종종 있다. 그러므로 마음대로 반응을 설계하지 못한다. 또한 부반응이 많아지면 원하지 않는 화합물이 레진에 연결된 채로 마지막까지 따라오는 경우도 발생한다. 결국 부반응이 일어나지 않을 정도로 잘 진행되는 화합물 합성에만 사용해야 하므로, 제한이 있는 셈이다.

화합물을 분석하는 것도 마냥 쉽지 않다. 기존의 분석법은 대부분 유기용매에 녹는 저분자 화합물을 분석하는 방법이므로 적용이 어렵다. 적외선 분광 스펙트럼과 같은 방법으로 분석을 할 수는 있는데 아무래도 해상도가 떨어진다. 반응이 정확하게 진행됐는지는 레진을 제거해야만 알 수 있으므로 불편한 방식이다.

하지만 고체상 합성법의 장점은 이런 단점을 덮을 만큼 매력적이다. 앞서 설명한 것처럼 분리가 쉽고 자동화가 가능하다는 점 덕분에 화학자들은 너무 편해졌다. 그렇다면 고체상 합성법을 꼭 단백질이나 DNA를 반드는 데만 써야 할까? 단백질이나 DNA가 아닌 일반적인 화합물이라도 합성, 분리라는 일련의 과정을 이어가면서 만든다는 점에서 본질은 같다. 다른 물질의 합성에도 이와 같은 방법을 적용하면 생산 절차를 개선할 수 있지 않을까? 고체상 합성법의 장점에 흠뻑 빠진 화학자들은 고체상 합성법을 이용해 다른 물질들을 만드는 데에 착수했다.

고체상 합성법을 이용해 굉장히 복잡한 구조의 천연물을 만드는 것은 어렵다. 이런 복잡한 구조의 천연물을 만들기 위해서는 다양한 시약을 써야 할 것이 분명한데, 앞서 언급했듯이 레진을 이용하는 고체상 합성법의 특성상 다양한 시약을 쓰는 데에는 제한이 따른다. 더군다나 구조를 모르는 채로 반응을 20~30단계씩 끌고 나가는 것 또한 위험하다. 고체상 합성법은 고난이도의 반응을 위해서 개발된 것이 아니다. 간단하고 반복적인 반응을 효율적으로 하는 데 최적화된 반응법이다.

화학자들은 공학자들과 힘을 합쳤다. 그들은 간단하고 반복적인 반응을 다양하게 수행하기 위해 기계를 만들었다. 가령 로봇 팔을 열 개 설치해두고 그 팔이 시약을 넣게끔 설계를 한다고 치자. 만약 각기

다른 시약 열 개를 준비해두고 기계를 작동시키면 우리는 동시에 열 개의 다른 시약을 넣을 수 있을 것이다. 그 팔의 아래에는 적당한 플라스크를 놓아두는데, 플라스크에는 출발물질이 레진에 연결되어 있다. 그렇다면 우리는 버튼 하나를 눌러서 동시에 열 개의 반응을 수행할 수 있다. 그리고 반응이 끝난 후 다시 버튼을 눌러 플라스크를 여과시키는 작업을 진행한다. 이렇게 우리는 반응 열 개를 수행하고 분리까지 할 수 있다. 우리가 한 행위는 버튼을 두 번 누른 것뿐이다.

이 작업을 고체상 합성법이 아닌 전통적인 합성법으로 진행한다고 치면 숙련된 화학자도 일주일은 걸릴 만한 일이다. 그런데 만약 로봇 팔 10개를 이용해 두 번의 반응을 수행한다면 어떨까? 예를 들어 플라스크 100개를 준비해서 한 줄에 10개씩 10줄로 나열해둔다. 플라스크에는 출발물질이 들어 있다. 이제 로봇 팔을 이용해 10개의 다른 시약(A_1~A_{10})을 넣어준다. 이 팔은 가로로 설치되어 있고 내려오면서 각 줄마다 시약을 넣어줄 것이다. 반응을 완료한 후 여과하고 이제 로봇 팔을 세로로 세팅해서 다른 시약(B_1~B_{10})을 같은 열마다 넣어준다면 우리는 A_1B_1~$A_{10}B_{10}$까지 100개의 화합물을 얻을 수 있다. 몇 번의 버튼 조작과 시약 세팅만으로 얻을 수 있는 화합물치고는 굉장히 많다. 100개의 화합물을 전통적인 방법으로 만든다면 한 달 내내 쉬지 않고 일해도 못 만들 것이다.

하물며 이런 작업을 계속해서 반복한다면 어떨까? 화학자들이 일반적인 노력으로는 일 년 내내 만들어도 불가능할 숫자의 화합물을 만들 수 있다. 1998년 미국 하버드 대학교의 화학자 네 명은 일

년 동안 200만 개의 화합물을 만들어 세상을 놀라게 했다.

잘 훈련된 화학자라고 해도 날마다 새로운 화합물을 만들어내진 못한다. 화학자는 닭이 아니다. 그런데 고체상 합성법과 기계가 힘을 합치면 그것이 가능해진다. 수십만 개의 새로운 화합물을 만들어낼 수 있다. 고체상 합성법을 고안해서 노벨상을 받았던 메리필드도 자신의 발명이 이렇게까지 이용될 줄은 몰랐을 것이다.

그런데 이렇게 많이 만들어서 어디에 쓸까?

복권에 당첨되는 법

많이 만들면 그중에 약이 되는 화합물이 있지 않을까? 따지고 보면, 지금껏 세상을 바꾼 약들은 우연히 개발된 경우가 많았다. 1장에서 언급한 세렌디피티라는 개념인데 페니실린과 같은 물질이 대표적이다. 사람들이 아무리 노력을 해도 찾을 수 없던 의약품이 어느 순간 하늘에서 뚝 떨어졌다.

그렇다고 그런 물질을 새로이 찾기 위해 하늘만 바라보고 있을 순 없다. 우연을 만들어야 한다. 우연을 만들기 위해서는 어떻게 해야 할까? 의약화학자들은 많은 물질을 만든 후 그 물질을 대상으로 활성 검색하면 좋은 약이 나올 확률도 높아질 것이라고 보았다. 그런데 전통적인 방법으로는 만드는 데에 한계가 있었다. 화합물을 만드는 비용이 너무 많이 들었다.

이때 고체상 합성법이 등장한 것이다. 최소한의 화학자만 고용하고 짧은 시간을 들여서 많은 화합물을 손쉽게 합성할 수 있게 되었다. 화합물 생산 단가가 내려갔다. 그렇다면 무작정 많이 만들어서 열심히 활성 검색을 한다면 돈이 될 만한 것이 나오리라고 기대해볼 법하다. 로또를 정가인 1000원에 사는 것이 아니라, 1원에 사는 획기적인 방법을 찾아서 모든 숫자 조합을 다 산 것으로 비유할 수 있다. 다 사면 당첨된다. 물론 로또를 1원에 사는 방법은 없다. 하지만 화합물을 싸게 만드는 방법은 앞서 언급했듯이 충분히 실현 가능한 상태였다. 이처럼 고체상 합성법을 통해 많은 화합물을 만들고 이 중에서 약을 찾아내는 신약 개발 전략을 조합화학combinatorial chemistry이라고 부른다. 원래 조합화학이란 단어는 고체상 합성법 등의 기술로 다양하게 화합물을 만드는 방법을 뜻했지만, 어느덧 이 방법을 이용해 신약을 발굴하는 전략까지 포함해서 광범위한 의미로 쓰이게 되었다.

1990년대에 전 세계의 거대 제약회사는 이러한 조합화학의 매력에 흠뻑 빠져 있었다. 기계 팔에 다양한 시약을 넣고 약간의 조작을 거치면 수백만 개의 화합물이 쏟아져 나왔다. 물론 이런 조합화학을 수행하기 위해서는 초기 설비가 필요했다. 우선 기계 팔을 만들어야 한다. 말이 기계 팔이지 실제 이 과정을 제대로 수행하기 위해서는 시약과 생성물을 관리할 수 있는 전문 시스템이 필요했다. 이러한 초기 투자 비용을 감당할 수 있는 회사는 거대 제약회사밖에 없었다. 그들은 조합화학을 '돈 놓고 돈 먹기'로 여겼다.

조합화학에 돈이 많이 필요한 이유는 또 있다. 빠른 활성 검색 시스템을 구축해야 하기 때문이다. 화합물 100만 개의 활성을 검색하기 위해 쥐 100만 마리를 기를 수는 없다. 우선 윤리적이지 못하다. 동물실험의 기본원칙은, 대체 불가능할 때replacement, 고통을 최소화하는 방식refinement으로, 가능한 적은 수reduction의 동물로 수행하는 것이다. 이를 '3R 원칙'이라고 부른다. 이 중 최소한의 동물을 사용하게 한 원칙에 정면으로 위배된다. 동물실험 윤리위원회에서 승인을 내릴 리가 없고 관련 실험을 진행할 수도 없다. 그런데 세포를 이용해 실험한다면 이러한 규제에서 자유롭다.

또한 세포 실험은 결과를 훨씬 빠르게 볼 수 있다는 장점도 있다. 어느 세월에 쥐를 기르고 화합물을 넣어서 변화를 관찰하겠는가. 세포보다 더 좋은 시스템은 목표로 하는 단백질만 순수하게 정제해서 샬레에 깔아두는 것이다. 어느 것이든 간에 쥐보다 빠르고 경제적이며 윤리 이슈에서 자유롭다.

과학자들은 빠른 시간 안에 활성을 검색할 수 있는 시스템을 개발하려 했다. 어떤 세포를 길러야 하는지, 활성은 어떤 기준으로 평가할 것인지 등을 연구하는 것이다. 정량적으로 결과를 나타낼 수 있으면 더 좋을 것이다. 이렇게 개발된 시스템을 '고효율 검색 시스템high-throughput screening, HTS'이라고 부른다. 고효율 검색 시스템은 어떠한 질병 또는 단백질을 목표로 하느냐에 따라 다르다. 그러므로 신약을 개발하려는 회사 입장에서는 새로운 시스템을 개발해야 하고 이는 추가 비용으로 여겨진다. 하지만 그래도 좋다. 어차피 조합화학을 통해 신약이 쏟아져 나올 것이 분명했기 때문이다.

그러나 완벽하다고 생각하는 전략이 보통 실패하기 마련이다.

뜻밖의 실패

조합화학의 광풍이 분 지 대략 30년이 흘렀지만, 내가 아는 한 조합화학을 통해 만들어진 화합물이 곧바로 신약이 된 예는 없다. 1990년대에 전문가들의 기대를 한몸에 받으며 거대 제약회사들을 설레게 만들었던 조합화학은 의외로 별다른 성과 없이 조용하게 잊혀져갔다. 이유는 뭘까? 대형 신인이 꽃을 피우지 못하는 경우는 스포츠든 예능이든 과학이든 자주 나타난다. 그래도 이유는 알아야 한다. 같은 실패를 반복할 수는 없다.

결과론적이긴 하지만 조합화학의 실패 이유는 여러 가지였다. 우선 조합화학의 가장 큰 기반인 고체상 합성법은 레진의 특성상 쓸 수 있는 시약에 제한이 있었고, 그러다 보니 간단한 구조만 생산했다. 간단한 구조가 꼭 나쁜 것은 아니다. 하지만 조합화학으로 만든 구조들은 간단할 뿐 아니라 서로 유사했다. 유사한 시약을 반응에 사용하면서 화합물 개수만 늘리다 보니 활성도 유사하게 나왔다. 고체상 합성법의 한계를 탈피하기 위해 레진을 사용하지 않고 다양한 화합물을 합성하는 액체상 합성법도 개발되었다. 하지만 이렇게 만든 수많은 화합물들의 구조가 유사하다는 점에는 크게 변화가 없었다. 비슷한 문제를 반복해서 푼다고 시험 점수가 올라가진 않는다. 다양한 경험이 필요하다.

활성 검색 시스템도 한계가 있었다. 폐암 치료제를 개발한다고 해보자. 폐암도 다 같은 폐암이 아니다. 소세포폐암, 선암, 편평상피세포암, 대세포폐암 등 다양하게 분류할 수 있으며 치료법도 다르다. 어떤 유전자가 과발현/저발현되는지에 따라 증상 또한 다르게 나타나기 때문에 같은 폐암 환자라고 해도 접근을 다르게 해야 한다. 즉, 저해하고자 하는 단백질을 명확하게 규정하고서 활성을 검색해야 하는데 조합화학을 처음 시도하던 당시에는 이런 개념과 기술이 부족했다. 아무렇게나 넣는다고 약이 나오진 않는다. 정말 아무렇게나 넣어서 효과를 보려면 동물실험부터 시작해야 하는데, 앞서 언급했듯이 100만 개나 되는 화합물을 테스트할 동물실험 사육장은 없다.

이런 이유들로 인해 조합화학을 통해 약을 발굴하려는 시도는 무참히 실패했다. 간혹 세포 실험에서 유의미한 활성을 보이는 물질들이 나오긴 했지만 약으로 직접 사용할 정도는 아니었다. 설령 그 물질이 아주 높은 활성을 보였다고 해도 약으로 개발될지는 장담할 수 없다. 다른 장기에 독성을 나타낼 수도 있고, 세포 실험에선 활성이 나타나지만 동물실험에서는 아예 흡수가 되지 않거나 들어오는 대로 바로 배설할 수도 있다. 또는 순식간에 내성이 나타날 수도 있다. 약이 되지 않을 이유는 너무도 많다.

페니실린도 우연히 얻어걸리긴 했지만 그 자체로 한계가 많은 물질이다. 우선 먹어선 효과가 없으므로 주사제로 투여해야 한다. 물론 그 정도 불편함이야 감수할 수 있는 기적의 약이고 다른 세균을 죽이는 데에는 탁월한 물질이긴 하지만, 막상 페니실린을 오래 사용하면 효과가 사라진다. 세균이 페니실린에 내성을 가지기 때문이다. 페니실린은 그 후 많은 학자들의 노력을 거쳐 개선되었고, 더 많은 의사들에 의해 사용지침이 마련되었으며 더욱더 많은 환자들에게 사용되며 꾸준히 검증을 받았다. 페니실린의 첫 등장은 우연한 사건이지만, 이 약이 지금까지 사랑받을 수 있었던 것은 그 후로 이어진 끝없는 노력 덕분이다. 페니실린은 뼛속까지 파헤쳐진 약이다.

이런 각오 없이 그저 많이 만들어서 약을 얻겠다고 생각했기 때문에 성공하기 어려웠던 것이다. 조합화학은 의약품 개발을 너무 쉽게 생각했는지도 모른다. 1990년대에 조합화학의 광풍이 몰아친 뒤, 빈약한 성과에 실망한 많은 제약회사들은 다시 전통적인 구조 변화 및 활성 개선의 방향으로 신약 개발의 패러다임을 되돌리고자 했다. 그들이 만든 수백만 개의 화합물들이 냉동고의 깊은 칸으로 들어가게 된 것은 당연한 귀결이었다.

그런데 한동안 볼 일 없을 것 같던 이 화합물들은 5년도 안 되어 냉동고 밖으로 다시 나오게 된다. 이제는 '화합물 은행'(또는 '화합물 도서관')이라는 거창한 이름까지 붙여서 판매도 되고 있으며 지금도 연구자들이 의약품 개발에 필수적인 요소로 생각하고 있다. 그동안 무슨 일이 있었길래 조합화학의 유산은 권토중래할 수 있었을까? 이 반전 뒤에는 생물학의 눈부신 발전이 있었다.

표적단백질

의약품 개발의 주도권은 항상 옮겨 다녔다. 19세기 초반에 식물에서 약을 추출할 때에는 식물학자가 개발을 주도했고, 화학 기술이 발달하고 무에서 유를 창조하는 실력이 늘어가면서 화학자가 주도하던 때도 있었다. 화학자들은 조합화학이라는 개념을 선보이며 신약 개발의 패러다임을 극적으로 바꾸려 했는데 아쉽게도 이 시도는 실패했다. 그리고 이제 의약품 개발의 주도권은 생물학자들로 옮겨갔다.

화학자들이 의약품을 개발하고 있을 때 생물학자들이 놀고 있었을 리는 없다. 그들도 유전공학이나 분자생물학의 눈부신 발전을 바탕으로 인체에 대한 연구를 하고 있었다. 그리고 이런 연구는 자연스럽게 질병을 치료할 수 있는 표적에 대한 연구로 이어지게 되었다.

대부분의 질병은 유전자나 단백질의 이상으로 나타난다. 유전자가 단백질을 만드는 정보를 담고 있으니 결국 유전자를 치료하면 이론적으로 모든 질병을 치료할 수 있다. 하지만 유전자는 세포 내에서도 가장 중심인 핵 안에 있고, 핵은 또 하나의 보호막인 핵막으로 둘러싸여 있다. 또한 유전자의 핵심인 DNA는 평소에는 이중나선의 형태로 있으면서 다른 물질의 접근을 어렵게 하고 필요할 때 잠깐씩만 나선을 풀어서 역할을 수행한다. 설령 이 모든 문제를 해결했다고 해도 30억 개의 DNA 염기 중에서 원하는 부분만 선택적으로 교정하는 것은 또 다른 차원의 문제다. 물론 지금은 정교한 유전자 가위가 나와서 2020년에 노벨상도 받고 많은 진보를 이뤘지만 여전히 어려운 차원의 일인 것은 분명하다.

이러한 이유로 그간 신약 개발의 주요 표적이 되었던 대상은 단백질이었다. 당이나 지질, 호르몬과 같은 다른 생체 내 물질을 표적으로 삼는 치료법도 있지만, 그래도 대세는 단백질이다. 단백질이야말로 유전 정보의 지시를 받아서 실제로 우리 몸에 변화를 일으키는 현장 요원들이기 때문이다.

단백질도 여러 종류가 있는데, 신약 개발의 주요 관심사가 됐던 단백질은 주로 효소enzyme와 수용체receptor다. 효소는 자신이 변하지 않으면서 생체 내 물질을 다른 물질로 전환시키는 생물학적 촉매다. 인체가 진화시킨 고도의 분자기계라고 할 수 있다. 분자생물학이 눈부시게 발달한 지금도 이런 분자기계를 인위적으로 만드는 것은 쉽지 않다. 그러나 망가뜨리는 것 정도는 할 수 있다. 예나 지금이나 무언가가 잘 작동하게 하는 것은 어렵지만 방해하기는 쉬운 법이다.

생물학자들은 지난 100여 년간 우리 몸에 존재하는 수많은 효소 중에 어떤 효소를 저해할 때 병이 낫는지를 연구했다. 예를 들어 'HMG-CoA 환원효소reductase'라는 효소가 있다. 이 효소는 1960년대부터 생체 내 콜레스테롤 합성의 핵심 효소로 주목받았다. 그러므로 이 효소를 억제하면 콜레스테롤 수치가 내려가고 자연스럽게 고지혈증이 개선될 것으로 생각했다. 이처럼 질병 치료의 직접적인 목표가 되는 단백질을 말 그대로 '타깃target' 또는 '표적단백질'이라고 한다.

질병과 관련한 모든 단백질이 신약 개발의 표적단백질이 되지는 않는다. 콜레스테롤의 생체 내 합성에 관여하는 단백질은 20가지가 넘지만 그 단백질들이 전부 표적단백질은 아니다. 한 단백질을 저해했다고 해도 그를 대체하는 경로가 있다면 생리적으로 영향을 주지는 않을 것이다. 우리 몸은 하나의 경로가 막힐 때를 대비해서 다른 경로를 준비하는 경우가 많다. 우리 몸은 다양한 경로로 콜레스테롤을 만드는데, 콜레스테롤이 우리 몸에 중요한 물질이기 때문이지만, 현대를 살아가는 고지혈증 환자에게는 답답한 대체 경로 시스템일 뿐이다. 우리 몸은 가끔 지나칠 정도로 정교하다.

우리 몸에 단백질은 무수히도 많지만, 질병 치료의 열쇠가 되는 표적단백질은 극소수다. 대체 경로가 없어야 하고, 그 단백질을 저해했을 때 다른 건강상의 변화가 나타나거나 부작용을 유발해서는 안 된다. 이런 것을 확인하기 위하여 해당 단백질을 제거했을 때, 또는 과발현했을 때의 변화를 관찰하기도 하고 특정 질환이 있는 가계도를 조사해서 기대 생존률을 보기도 한다. 여러 가지 방법으로 특정 단백질이 질병과 직접적으로 연결되어 있는지, 건드렸을 때 부작용은 없는지 등을 살피는데, 이런 여러 차례의 검증을 거치고 나면 그 단백질은 해당 질환 치료제 개발의 표적단백질이 된다.

표적단백질 발굴 과정과 그 중요성을 보여주는 좋은 예가 하나 있다. 가족성 고지혈증 환자의 가계도를 연구하던 레바논과 프랑스의 학자들은 미궁에 빠져 있었다. 가족성 고지혈증이라면 유전적인 변화가 있어야 하는데 당시 알려져 있던 일반적인 고지혈증 관련 돌연변이가 두 가족에서 나타나지 않았던 것이다. 결국 연구진은 보다 광범위한 유전자 조사를 통해 공통적으로 나타나는 돌연변이를 찾아내는 데 성공했는데, 원인은 1번 염색체의 돌연변이였다. 그리고 이 돌연변이로 인해 PCSK9이라는 특정 단백질이 과도하게 발현되는 것도 찾아냈다. 그렇다면 이 단백질을 저해했을 때 콜레스테롤 수치가 내려갈 수도 있지 않을까? 만약 그렇다면 고지혈증 치료제의 새로운 돌파구, 즉 표적단백질이 될 수도 있을 노릇이었다.

물론 콜레스테롤 수치를 낮출 수 있는 표적단백질로서 앞서 언급한 전통의 강자 HMG-CoA 환원효소가 있고 이것을 저해하는 약은 많다. 우리가 흔히들 고지혈증 치료제로 부르는 스타틴계statins 약물이 여기에 속한다. 하지만 다른 기전의 약을 함께 복용한다면 훨씬 더 극적으로 고지혈증을 개선할 수 있을 것 또한 분명하다. 더군다나 HMG-CoA 환원효소는 세포 내에서 콜레스테롤 생산을 담당하는 데 비해, PCSK9은 세포 밖에서 콜레스테롤 수치를 유지하는 역할을 한다. 같은 목표를 위해 세포의 안팎에서 함께 노력한다면 효과는 배가될 것이다. 줄탁동시啐啄同時. "병아리가 알을 깨기 위해서는 안의 병아리와 밖의 어미닭이 같은 곳을 쪼아야 한다"라는 뜻의 사자성어다. 콜레스테롤 수치를 낮추기 위해서도 줄탁동시의 자세로 임한다면 원하는 목표를 보다 수월하게 이룰 수 있을 것이다. 사람들은 보다 큰 관심을 가지고 PCSK9을 바라보기 시작했다. 2003년 6월의 일이었다.

그러나 관문이 하나 남아 있었다. 이 단백질, 즉 PCSK9을 저해

시켰을 때 다른 부작용이 있으면 안 된다. 이 단백질이 괜히 진화적으로 선택되어 남았을 것 같지는 않다. 우리 몸이 일부러 고지혈증을 일으키기 위해 PCSK9 단백질을 선택했을 리는 없지 않을까? 그것보다는 우리가 알지 못하는 특별한 이유로 이 유전자나 단백질을 우리 몸이 진화시켰을 가능성이 크다. 그것을 모르는 채로 함부로 저해시켰다가는 고지혈증은 개선할 수 있지만 더 심각한 건강상의 문제를 야기할 수도 있다. 실제로 우리 몸의 콜레스테롤은 너무 적어도 문제다. 콜레스테롤 수치를 일정 정도 유지하기 위해 우리는 음식물에서 섭취도 하고, 세포 속에서 자체 생산하기도 하고, 세포 밖에서 재활용도 하는 시스템을 진화시켰다. 비록 콜레스테롤이 넘치는 지금의 세상 속에서 여러 가지 문제를 일으키기는 하지만, 이 시스템은 지난 수십만 년간 인류를 지켜온 고마운 친구들이다. 따라서 이 시스템의 일부인 PCSK9을 억제시킨다는 것은 오랜 친구를 손절하는 것과 같은 위험한 시도이다. 즉, 이 단백질이 진정한 의약품 개발의 표적단백질로 올라서기 위해서는 독성 문제에서 자유롭다는 결과가 뒷받침되어야 한다는 뜻이다.

그 결과가 2005년에 발표되었다. 미국의 연구진은 이 유전자에 돌연변이가 생겨 PCSK9 단백질이 발현되지 않는 사람들에 대해 연구를 했다. 이때 찾은 돌연변이는 2003년에 발표된 유전자 과발현이 아니라 정반대로 유전자가 발현되지 않는 돌연변이였다. 아프리카계 미국인들 중에서는 이런 돌연변이를 가진 인구가 2퍼센트 내외로 비교적 흔한 편이어서 체계적인 연구가 가능했다. 그리고 이 사람들에 대한 유전자 변이와 건강상의 변화를 확인한 결과 뜻밖의 사실을 확인했다. 이 유전자가 발현되지 않더라도 건강상에 특별한 문제가 없었던 것이다. 콜레스테롤 수치가 40퍼센트 정도 낮다는 것을 제외하면 별다른 이상이 관찰되지 않았다. 2퍼센트의 아프리카계 미국인들은 이런 돌연변이를 가진 채 아주 건강하고 행복하게 잘 살고 있었다.

드디어 PCSK9 단백질이 고지혈증 치료의 완벽한 표적단백질로 올라서는 순간이었다. 이어진 대규모 연구는 조금 더 분명한 메시지를 던져주었다. 많은 사람들을 대상으로 이 단백질이 저해된 케이스를 조사했을 때, 일반적인 사람들보다 콜레스테롤 수치가 낮을 뿐 아니라 결과적으로 동맥경화 관련 질환이 발병할 확률도 내려가는 것을 알 수 있었다. 이런 결과들을 마주하며 사람들은 앞다투어 PCSK9 단백질을 저해할 수 있는 물질을 찾기 시작했고, 많은 연구를 거쳐 지금은 두 개의 의약품이 시판되고 있다.

표적단백질을 하나 발굴하는 것은 이처럼 좋은 일이다. 화학자들이 다른 데 관심을 돌리던 사이, 생물학자들은 놀라운 기술 발전을 바탕으로 속속들이 새로운 질환의 표적단백질을 찾아냈고 제약회사의 러브콜을 받았다. PCSK9이 대표적인 케이스이지만, 유일한 케이스는 아니다. 우리는 예전에는 알지 못했던 질병의 원인을 알아가고 있다. 모든 문제의 해결책은 동일하다. 원인을 없애는 것. 질병이라고 크게 다를 건 없다.

하지만 갈 길이 멀다. 우리는 21세기를 살아가고 있고, 많은 학자들이 노력해서 질환별 표적단백질을 대부분 찾았을 것 같지만, 그렇지 않다. 여전히 원인도 모르는 불치병투성이다. 예를 들어 알츠하이머병은 최초로 보고된 지 100년도 넘은 질병이지만 아직도 그럴듯한 표적단백질을 찾지 못했다. 물론 학자들이 놀고 있었던 건 아니라서, 특정 단백질이 변화를 일으켜 녹지 않고 쌓이면서 뇌세포가 죽는 현상은 관찰했다. 그래서 그 특정 단백질(아밀로이드 베타amyloid beta) 응집체를 분해하거나 풀어서 녹이면 증상이 개선될 것으로 예상하기도 했다. 하지만 막상 그런 물질을 넣어주었을 때에도 임상적 효과는 미미했다. 아밀로이드 베타 응집체를 풀어서 녹여준다고 해서 죽어 있던 뇌세포가 살아날 리는 없으니 이는 어쩌면 당연한 결과다.

아밀로이드 베타가 변화를 일으켜 독성을 띠기 전에 그 근본적인 원인을 해결해야 한다. 어쩌면 아밀로이드 베타가 응집하는 현상은 알츠하이머병의 원인이 아니라 부수적인 증상일 수도 있다. 보다 근본적인 단계에서 표적단백질을 찾아야 하는데 아직 그 원인 경로를 파악하지 못한 것이다. 알츠하이머병뿐 아니라 표적단백질을 찾지 못한 채 헤매고 있는 질병이 너무 많다.

인간 유전체 프로젝트를 완료하고 인간의 유전자를 파악했을 때 사람들은 이제 모든 질병을 치료할 수 있을 줄 알았다. 하지만 생각보다 유전자와 질병의 관계를 파악하기는 어려웠다. 그래서 사람들은 단백질로 관심의 방향을 돌렸는데, 여전히 단백질과 질환의 관계에서도 길을 헤매고 있다. 다행스러운 점은 그 와중에도 조금씩 진보가 있다는 사실이다. 갈 길이 멀기는 하지만 말이다.

화합물 은행

질병의 표적단백질을 발굴하면 그 다음은 어떻게 할까? 약을 개발할 수 있다. 그런데 어떻게? 표적단백질은 잘만 조절하면 질병을 개선하는 긍정적 변화를 불러오지만, 막상 그것을 조절하는 물질은 없는 상태다. 그 물질을 찾으면 약이 될 가능성이 높다. 그러면 그 물질은 어떻게 찾을 수 있을까? 표적단백질 발굴은 시작일 뿐이다. 원인을 아는 것과 원인을 없애는 것은 차원이 다른 일이다.

이 상태에서 다시 등장한 것이 바로 앞서 언급했던 화합물 은행이다. 제약회사는 1990년대 중반 조합화학의 광풍 속에서 수많은 화합물을 만들어 보관해놓았다. 그중에서 약으로 쓸 만한 물질은 없었다. 하지만 특정 단백질을 저해할 만한 물질 정도는 있지 않을까? 약처럼 효과 좋고 안전한 물질을 찾는 것은 어렵지만, 눈을 낮춰서 단백질을 저해하는 물질 정도는 찾을 수 있을 것이다.

약과 단백질 저해 물질이 뭐가 다르냐고 생각할 독자들을 위해서 잠깐 부가 설명을 하려 한다. 어떤 먹는 약이 있다고 생각해보자. 이 약은 적절하게 입 안에서 녹아 위산을 견딘 후 소화효소를 무사히 지나쳐 소장으로 가야 한다. 이후 두껍기 짝이 없는 세포막을 통과해 우리 몸의 입국심사대라고 할 수 있는 간으로 들어간다. 간에서는 수많은 효소들이 철통과 같은 감시를 하며 몸 밖에서 들어온 이상한 물질을 내보내려 하는데, 이 단계에서 구조가 바뀌어 몸 밖으로 배설되는 물질도 많다. 어쨌든 운 좋게 이 단계를 넘어가면 혈관을 따라서 필요한 장기로 보내질 수 있다. 물론 물에 적절하게 녹아야 한다. 물에 녹지 않으면 혈관 속 단백질과 엉겨붙은 채로 돌아다니곤 하는데, 너무 강하게 결합하면 아예 떨어지지 못해서 원하는 장기를 그냥 지나칠 때도 있다. 고생 끝에 왔는데 목적지를 지나가면 어떤 기분일까. 다시 목적지로 가기 위해서는 우리 몸을 한 바퀴 돌아야 한다. 혈액은 돌고 도니까. 혈액에 있는 무수한 효소들의 화학반응이나 신장의 배설 기능을 견뎌냈을 때에만 이러한 두 번째 기회를 가질 수 있겠지만 말이다.

어쨌든 적절한 물성을 지녀서 원하는 장기에 왔다고 해도 아직은 혈관 속이다. 원하는 세포로 들어가기 위해 다시 두껍기 짝이 없는 세포막을 통과해야 한다. 이제야 비로소 표적단백질과 만날 수 있다. 하지만 세포 안에는 표적단백질만 있는 것이 아니라 수많은 단백질이 함께 있다. 이 중에서 원하는 표적단백질과 우선적으로 결합해야 하는데 쉬운 일이 아닌 것은 분명하다. 약이 표적단백질과 만나는 과정만 서술해도 이 정도인데, 이 뒤의 단계에서 문제가 되기도 한다. 제대로 된 약이 되려면 수많은 난관을 극복해야 한다.

이 과정을 모두 무시하고, 유리 위에 순수한 표적단백질만 살포시 깔아두고 그 위에 화합물을 떨어뜨려서 활성을 확인하는 과정이 단백질 저해 물질을 찾는 작업이다. 아무래도 수많은 단계를 건너뛰

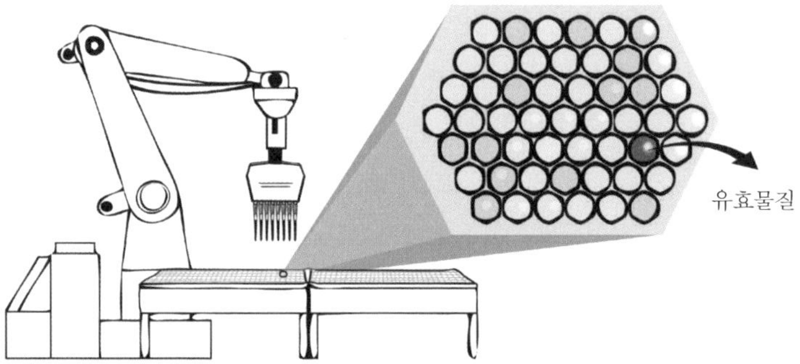

화합물 은행을 이용한 유효물질 발굴. 로봇 팔로 화합물을 넣어서 아래에 깔린 단백질의 활성 변화를 관찰한다. 여기서 활성이 좋은 물질은 유효물질이 된다.

기 때문에 단백질 저해제를 찾는 과정이 약을 찾는 과정에 비해 수월할 수밖에 없다. 물론 여전히 어려운 작업인 건 사실이고 이렇게 찾은 물질이 약이 될지는 또 다른 문제다. 하지만 첫술에 배부를 수는 없는 법. 멀수록 돌아가야 한다. 지금도 연구자들은 수십~수백만 개의 화합물을 표적단백질에 떨어뜨려서 원하는 저해 효과가 있는지를 검색하고 있다. 만족할 만한 물질이 없으면 다른 화합물 은행을 구매해 다시 활성을 확인한다. 그렇게 사람들은 가능성 있는 물질 수십 개를 추려낸다. 이 물질을 유효물질hit compound이라고 부른다.

유효물질은 말 그대로 효과가 있을 뿐이며 그 효과도 아직은 미약하다. 하지만 지난 100년간 화학자들은 구조를 수식하고 최적화하는 연구를 수행해왔다. 가능성이 있는 화합물을 조각해서 특정 단백질에 결합하도록 '맞춤 제작'하는 일은 그들의 주된 업무영역이었다. 한동안 고체상 합성법과 조합화학에 빠져 있긴 했지만, 제약회사에는 여전히 화학자들이 많았고 그들은 구조를 바꿀 능력이 있었다.

더군다나 분석기술 또한 발달하여 특정 단백질과 화합물이 결합하는 양상을 눈으로 확인하며 구조를 변경할 수 있다. 분자를 조각해야 하는 화학자 입장에서는 매뉴얼이 제공돼 있는 것과 유사하다. 지금의 신약 개발 시스템이 효율적일 수밖에 없는 이유다.

유효물질은 선별과 약간의 구조 개선을 거쳐 선도물질lead compound로 바뀐다. 유효물질이 효과가 있긴 하지만 약으로 개발하려면 효과 이외에 안전성safety이나 안정성stability 등을 가져야 한다. 그러므로 유효물질 중 물리·생리·화학적 특성을 고려하여 집중적으로 연구할 물질을 몇 가지 추려야 한다. 이때는 기초적인 구조 변화를 수반하기도 하는데, 화학적으로 간단한 구조를 도입해서 약이 될 가능성을 개선시키는 것이다. 혹은 다른 회사의 지적재산권을 침해하지는 않았는지도 확인해야 한다. 아무래도 일단 개수 늘리기에 집중한 결과가 화합물 은행이다. 다른 회사에서 사온 화합물 은행의 경우에는 특허 문제가 불거질 수도 있기에 사전에 철저하게 조사를 해야 한다.

어쨌든 이 단계까지 오게 되면 선도물질이 나왔다고 할 수 있다. 글로 설명하긴 했지만 대부분의 실험실에서는 선도물질까지 오기도 어렵다. 선도물질 좋은 게 하나 나오면 실험실이 10년은 잘 굴러간다고 말하기도 한다. 좋은 선도물질을 하나 발굴하면 스타가 된다.

선도물질부터 임상시험까지

선도물질은 이제 뿌리까지 샅샅이 연구의 대상이 된다. 선도물질이 가진 구조를 어떻게 치환했을 때 활성이 변화되는지를 살펴보며, 우리 몸이 이 물질에 어떻게 반응해서 흡수·배설하는지, 다른 장기에 독성은 없는지 등을 체계적으로 연구하게 된다. 이 과정에서는 화학자들의 구조 변화가 주를 이루게 되며, 그들이 만든 구조가 어떤 식으로 표적단백질과 결합하는지를 다 함께 고민한다. 결합 양상을 보면서 특정 부위를 키우거나 줄이는 형태로 구조를 바꿔서 설계하고 이러한 계획에 따라 화합물을 다시 합성한다. 그리고 동물실험을 통해 생리적으로 효과가 있는지를 검증하며 원하는 효과가 나오지 않을 때에는 처음부터 다시 확인한다. 원하는 활성과 안전성이 나올 때까지 끊임없는 피드백을 거치고, 오랜 조정 작업 끝에 우리는 신약 후보물질drug candidate을 만들어낸다. 드디어 효과 있고 안전한 물질이 나왔다.

아쉽지만 여전히 갈 길은 멀다. 어지간한 제약회사나 유명 연구소에서도 후보물질까지 오는 것은 쉽지 않은 일인데, 아직도 갈 길이 많이 남아 있다는 것은 슬픈 일이다. 하지만 후보물질은 후보일 뿐 약이 아니다. 당장 후보물질은 동물실험만 했을 뿐이다. 사람이 개는 아니지 않은가. 개나 침팬지에게 안전하다고 해서 사람에게도 안전하다는 보장은 없다. 안전하고 효과적인 약을 만들기 위해서 우리는 다시 수많은 단계를 거쳐야 한다. 임상시험이다.

임상시험은 새로운 물질을 만들어내는 단계가 아니다. 그간의 과정을 통해 확보한 후보물질이 정말로 효과가 있고 안전한지를 검증하는 과정이다. 그런데 이 검증이 엄청나게 혹독하다. 임상시험은 크게 4단계로 나뉘는데 기본적으로 다음과 같다. 1단계에서는 소수의 건강한 사람을 대상으로 안전성을 확인하고 일부 환자들에 대해 기초적인 효과를 보면서 투여 용량을 결정한다.

2단계에서는 환자군을 넓혀서 본격적으로 효과와 안전성을 확인하며, 3단계에서는 기존의 약들보다 뛰어난 면이 있는지를 비교 검증한다. 3단계는 비교 임상 대신 환자군을 대규모로 넓혀서 시행하는 경우도 있다. 3단계를 통과하면 시판되는데, 그렇다고 검증이 끝나지는 않는다. 판매 후에도 제대로 작용하는지를 검증하는 4단계 검증이 있다. 임상시험이 철저한 이유는 간단하다. 안전한 약을 만들기 위해서다. 이러한 검증을 거치지 않은 약물이 얼마나 위험한지를 그간의 역사를 통해서 절실하게 느꼈기에, 사람들은 확실하고 안전한 약을 먹는 길을 택했다.

임상시험이 혹독한 과정이다 보니 많은 일이 벌어진다. 후보물질이 실패하는 경우가 대표적이다. 예상치 못한 독성이 발견되는 경우도 제법 있다. 그간 화학자나 생물학자가 개발한 시스템은 우리 몸 전체를 보는 것이 아니라, 극단적으로 시야를 좁혀 단백질을 관찰하는 시스템이었다. 표적단백질이 저해되는지 아닌지에만 관심을 가지는데 이렇게 해야만 일단 효과가 나오기 때문이다.

그런데 우리가 단백질에만 집중하는 사이, 우리가 넣어준 물질이 전혀 다른 장기로 들어가 무슨 일을 벌이는지는 전임상 단계에서 알 수가 없다. 원하는 물질을 원하는 부위에만 보낼 수 있는 일반적인 기술이 아직 개발되지 않았기에, 신약을 개발하는 사람들은 예상치 못한 부작용이 나타나는 상황을 받아들일 수밖에 없다. 임상시험을 철저하게 진행해야 하는 이유이기도 하다.

어쨌든 후보물질이 탈락한 것은 아쉽지만 어쩌겠는가. 많은 시간과 돈이 들어간 결과물이지만 아닌 건 아닌 거다. 그런데 거꾸로 생각하면, 임상시험 통과는 그만큼 큰 성과라는 말이기도 하다. 그래서 임상시험을 단계별로 통과할 때마다 회사에선 공시를 내고 언론에 기사가 나며 주식 가격이 뛴다. 하지만 안타깝게도 임상시험은 갈수록 어려워진다. 마지막까지 통과하는 것은 무척이나 어렵다. 물론 통과했을 때의 보상은 엄청나다. 신약 개발 과정은 전형적인 '하이 리스크, 하이 리턴'이다. 왕이 되려면 왕관의 무게를 짊어져야 한다.

2001년 12월에 있었던 미국의 제약회사 임클론ImClone의 주식 거래는 이러한 상황을 배경으로 한 '막장 드라마'였다. 당시 회사에서 주력으로 연구하던 약인 세툭시맙Cetuximab이 임상시험을 통과하지 못할 것이 확실해지자, 임클론의 대주주들은 회사에서 결과를 공시하기 전에 신속하게 주식을 팔았다. 불법이다. 내부자 정보를 이용해 주식을 거래하는 행위는 전형적인 불공정 거래다. 그래도 임클론의 대주주들은 개의치 않고 노골적으로 팔아치웠다. 며칠 간의 폭풍같은 주식 매도 후 임상시험 실패가 발표되자 예상대로 주가는 폭락했다. 그러자 대중들은 거세게 분노했고, 사전에 주식을 판매한 대주주들에 대해 조사가 시작됐다. 많은 대주주들은 내부 정보를 이용한 주식 거래 혐의로 유죄를 받고 실형을 살게 된다. 당시 CEO였던 사무엘 바크살Samuel Waksal이 받았던 형량은 7년 3개월. 생각보다 사회에 미친 영향이 컸음을 미루어 짐작할 수 있다.

그런데 정작 세툭시맙은 2004년에 임상시험을 통과하고 얼비툭스Erbitux라는 이름의 약으로 승인된다. 당연히 주가는 폭등했다. 물론 이때는 유전자 변이가 원인인 대장암으로 질병을 특정해서 진행했고, 그간의 실패가 도움이 되었을 것 또한 분명하다. 그래도 정작 그 물질을 만든 사람들이 의약품 개발의 성공 여부를 판단하지 못하는 것은 놀라울 따름이다. 신약 개발 테마로 주식투자를 하는 것이 어려운 이유이기도 하다.

더 들어가기

두 번의 혁신과 위장약 속 발암물질

신약 개발의 주요 관심사가 됐던 단백질은 주로 수용체와 효소라고 했다. 본문에서는 효소를 저해하는 물질만 소개했는데, 여기에서는 수용체를 조절하는 약들에 대해서 추가 설명을 하고자 한다. 수용체를 표적으로 삼는 약들도 많이 개발되어 있는데, 효소를 조절하는 약과 작용 기전이 기본적으로는 비슷하지만 커다란 차이가 있다.

일단 수용체는 효소와 다르다. 단백질이라는 점에서는 동일하지만 하는 일이 다르다. 효소가 물질을 다른 물질로 전환시키는 촉매라면, 수용체는 주로 신호를 전달하는 역할을 한다. 보통 세포막이나 핵막에 존재하며 세포나 핵 외부의 물질과 결합하면 구조 변화를 일으켜 세포나 핵 내부에 변화를 유발한다. 수용체에 결합하는 물질을 리간드ligand라고 부르는데, 다양한 물질이 리간드로 작용할 수 있다. 가령 신경전달물질이나 호르몬, 항원과 같은 물질들이 수용체와 결합해 리간드로 역할을 하곤 한다.

하지만 수용체와 효소의 가장 큰 차이점은 따로 있다. 거의 대부분 저해제만 존재하는 효소와 다르게, 수용체는 활성을 높이는 물질과 낮추는 물질이 모두 존재한다. 활성을 높이는 물질을 효능제agonist, 낮추는 물질을 길항제antagonist라고 부르는데, 길항제는 보다 친숙한 표현인 차단제blocker로 부르기도 한다. 여러 가지 진화적인 이유로 우리 몸은 수용체의 스위치를 켜고 끄는 게 모두 가능하도록 여지를 남겨두었다.

예를 들어 히스타민histamine 수용체는 히스타민을 리간드로 삼는다. 그러므로 히스타민이 결합하면 수용체는 효능제로 인식하고 우리 몸의 신체적 변화를 불러온다. 히스타민은 보통 외부에서 자극이 올 때 우리 몸을 지키기 위해 일차적으로 분비되는 물질이다. 히스타민은 외부에서 자극이 추가적으로 들어오는 것을 막기 위해 콧물을 분비하거나 기관지를 좁혀 재채기를 유도한다. 우리가 흔히 알레르기 반응이라 부르는 과정이다.

1940년대에 학자들은 히스타민 수용체를 조절하는 물질을 찾고자 했다. 목표는 히스타민 수용체의 억제. 알레르기 반응은 언제나 사람들을 피곤하게 했고, 이 반응을 억제하는 물질에 대한 연구가 자연스럽게 이어지고 있었다. 오랜 연구 끝에 사람들은 결국 이러한 물질들을 찾아냈는데, 지금도 약국에서 구입할 수 있는 항히스타민제들이다. 다만 항히스타민제에는 부작용이 있다. 우리 몸을 지키는 신경전달물질인 히스타민에는 부가적으로 잠을 깨우는 효과가 있다. 잠이 들면 신체를 지킬 수 없기 때문에, 히스타민은 우리를 두 눈 부릅뜨게 만든다. 그리고 항히스타민제는 이 과정을 다시 막아버린다. 따라서 항히스타민제를 복용하면 졸음이 온다. 이 부작용을 줄이기 위해 졸리지 않는 항히스타민제를 개발하려 노력했는데, 지금은 그나마 졸림이 덜한 3세대 항히스타민제가 개발되어 처방전 없이도 구매할 수 있다. 그래도 일반적으로는 운전을 앞둔 사람들에게 권하지 않는 약이 항히스타민제다. 그렇다면 1940년대에 개발된 초기 항히스타민제가 얼마나 졸리다는 말일까. 초기 항히스타민제 중 일부는 지금 약국에서 그냥 수면유도제로 판매하기도 한다.

그런데 학자들은 히스타민의 생리적 효과를 하나 더 찾아냈다. 바로 위산 분비 효과다. 히스타민이 기본적으로 우리 몸을 지키는 내분비물질이라고 했는데, 우리 입으로 들어온 나쁜 것들을 살균시키려는 목적으로 위산도 분비시키는 것이다. 하지만 속쓰림이 심한 사람에게는 이런 위산 분비 효과가 상당히 부담스럽다. 그래서 1960년대 들어 히스타민 수용체를 억제해서 위궤양을 치료하려는 접근이 시도되었다. 다만 이때 표적이 된 히스타민 수용체는 1940년대에 연구된 히스타민 수용체와 살짝 달라서 히스타민2(H2) 수용체로 구분된다. 처음에 연구했던, 알레르기나 졸림과 관련된 수용체는 히스타민1(H1) 수용체라고 부른다.

H2 수용체를 저해하기 위해 연구진들이 고른 출발점은 놀랍게도 히스타민이었다. 히스타민은 원래 H2 수용체에 작용하는 우리 몸 고유의 리간드다. 즉, 원래부터 효능제로 작용하던 물질이고 수용체에 결합하는 순간 위벽 세포에서 위산이 뿜어져 나오게 만든다. 그런데 효능제의 구조를 바꿔서 차단제를 만든다는 게 가능한 일일까? 영화로 치자면 적의 충성스런 부하를 포섭해 우리 편 스파이로 만들자는 건데, 영화에서나 가능할 법한 일이 과학 연구에서도 일어날 수 있는 걸까?

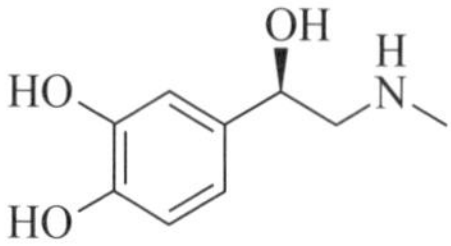

아드레날린

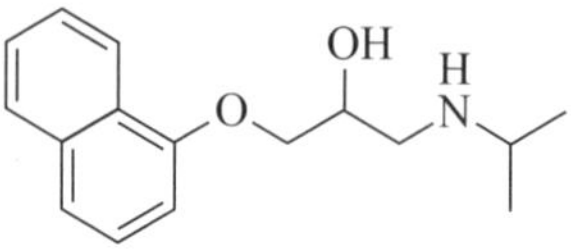

프로프라놀롤

아드레날린과 프로프라놀롤의 구조.

전례가 있긴 하다. 가령 자율신경(그중에서도 교감신경) 효능제인 아드레날린의 구조를 바꿔서 자율신경 차단제인 인데랄Inderal(성분명 프로프라놀롤propranolol)을 개발한 경우가 있다. 참고로 인데랄은 고혈압 치료제로 승인되었는데, 지금은 고혈압 외에도 다양한 용도로 쓰이고 있다. 가령 부정맥 치료제로 사용하기도 하며, 공식적인 용도는 아니지만 중요한 면접을 앞두고서 가슴을 진정시키는 용도로 쓰는 사람들도 있다.

어쨌든 전례가 있다니 불가능은 아닐 테다. 연구진은 히스타민이 H2 수용체와 결합하는 양상을 연구해서, 어떤 구조를 연결했을 때 효능제 또는 차단제로 작용하는지를 철저하게 밝혀나갔다. 기초 활성을 높이기 위해 히스타민의 치환기를 새로이 디자인했고, 적혈구에 미치는 부작용을 최소화하기 위해 연구 과정을 처음부터 다시 고안해야 했다. 기초연구부터 이뤄지는 이런 거대한 작업을 회사에서 하는 것은 쉽지 않은 일이다. 당시 이 연구진은 SK&F라는 미국 제약회사의 연구진이었는데, 정작 회사 경영진은 이 프로젝트를 미덥지 않게 생각했고 성과도 지지부진하자 여러 차례 덮으려는 생각을 했다고 한다. 그래도 결

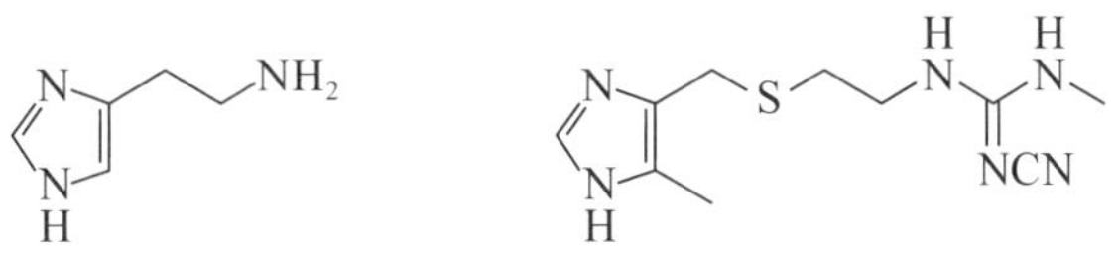

히스타민　　　　　　시메티딘

히스타민과 시메티딘의 구조.

과는 대박이었다. 1976년에 SK&F는 H2 수용체 차단제라는 신규 기전의 위궤양 치료제 시메티딘cimetidine을 개발해 타가멧Tagamet이라는 상품명으로 판매하였다. 보통 연간 매출액이 10억 달러(대략 1조 원)를 넘으면 블록버스터 의약품으로 분류된다. 타가멧은 인류 역사상 최초의 블록버스터 의약품이다.

그러나 시메티딘의 전성기는 길지 않았다. 5년 뒤 시메티딘의 효과를 개선한 물질인 라니티딘ranitidine이 개발됐기 때문이다. 시메티딘이 위궤양 치료제의 새로운 장을 열긴 했지만 나름의 한계도 있었다. 약물의 반감기가 짧아서 하루에 4번 복용해야만 했는데, 환자들에게는 불편하기 짝이 없는 일이었다. 그리고 이 약물이 다른 약물의 지속시간을 늘리거나 줄이는 경우가 많아서 의사나 약사들 입장에서도 껄끄러운 약이었다. 다른 약이 없을 때야 어쩔 수 없이 처방하지만 대체재가 있다면 이야기가 다르다. 그리고 그 대체재가 라니티딘이라는 성분명으로 나온 것이다. 상품명은 잔탁Zantac. H2 수용체 차단에 기반을 두어 허가받은 두 번째 위궤양 치료제다.

2등이 살아남기 위해서는 어떻게 해야 할까? 쉽게 생각할 수 있는 전략이 저가 전략이다. 이미 시장을 선점한 1등에게서 환자를 유인하려면 값이 싸다는 것만큼 강력한 유인책은 없을 것이다. 그런데 이때 잔탁의 개발사는 전혀 다른 전략을 채택했다. 바로 고가 전략이었다. 뒤늦게 나온 것이 더 좋은 것이고, 더 좋은 것이니 더 비싸야 한다는 명쾌한 논리였다. 거기에 더해 영업력을 갖춘 다른 회사와 제휴를 맺고 공격적인 마케팅을 전개하기도 했다. 그리고 실제로 타가멧보다 장점이 있긴 했다. 약물의 반감기가 길어서 하루에 두 번만 먹어도 충분하다는 점은 타가멧의 '식후 세 번 및 잠들기 전 한 번'에 지친 환자들에게 상당한 매력이었다. 1980년대의 경제적인 여유 속에서 사람들은 '비싸지만 더 좋은 약'으로 갈아탔고, 2등이었던 잔탁은 1등이었던 타가멧을 능가하는 메가 히트 상품으로 자리 잡았다. 최고 레벨에서 2등이 1등을 추월한다는 것이 마냥 쉬운 일은 아닌데 잔탁은 그걸 해냈다. 경영학 수업의 주요 사례로 등장할 전략과 함께.

하지만 이 이야기는 해피엔딩이 아니다. 2019년 9월, 미국 식약처는 잔탁에서 발암성 물질인 NDMA N-nitrosodimethylamine가 허가 농도 이상으로 검출되었다고 발표했다. 이 물질은 동물실험에서 각종 암을 일으키는 것으로 알려져 있었기에 시장의 충격은 컸고, 회사는 잔탁을 자진 회수한 후 판매를 취소했다. 한국에서도 그해 9월 26일에 안전성 자료를 배포해 잔탁뿐 아니라 라니티딘이 포함되어 있던 수많은 관련 의약품의 제조와 수입, 판매 등을 중지했다. 40년 가까운 세월 동안 2억 명 이상이 복용한, 누적 매출 100조 원의 메가 히트 의약품치고는 너무 비참한 결말이었다.

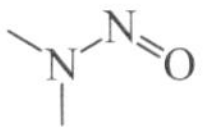

발암물질인 NDMA의 구조.

두 가지 질문이 나온다. "왜 이런 일이 발생한 것일까?"와 "지금껏 이 약을 복용한 사람들은 안전할까?"이다. 첫 번째 질문에 대해서는 명쾌한 답이 나오지 않았다. 간단히 의심해볼 수 있는 것은 제조 과정의 불순물 혼입이었다. 실제로 이 사건이 벌어지기 1년 전인 2018년에 고혈압 약에서 같은 발암물질인 NDMA가 검출되어 전 세계적으로 문제가 불거진 적이 있었다. 이때는 의약품 생산 마지막 단계에서 불순물이 들어가서 만들어지는 것으로 파악되었으며, 이 방법을 개선해 지금은 크게 문제되지 않고 있다.

하지만 라니티딘 제품에서 NDMA가 검출된 경위는 맥락이 조금 다르다. 제조 과정의 문제가 아니기 때문이다. 그렇다면 라니티딘 자체가 구조적으로 NDMA를 만들어낸다고 봐야 할 텐데, 이러면 문제가 더 심각해진다. 생산 방법을 아무리 개선해도 라니티딘에서 발암물질을 제거할 수 없다는 말이기 때문이다. 특히 라니티딘과 유사한 약인 니자티딘nizatidine에서도 NDMA가 검출됐다는 사실을 감안하면 이 주장에 더욱 설득력이 실린다. 다음 그림에서 알 수 있듯이 라니티딘과 니자티딘의 구조식에서 붉은색으로 표기한 부분이 NDMA 구조의 일부분이기도 하다. 반면 이 구조가 없는 시메티딘과 파모티딘famotidine에

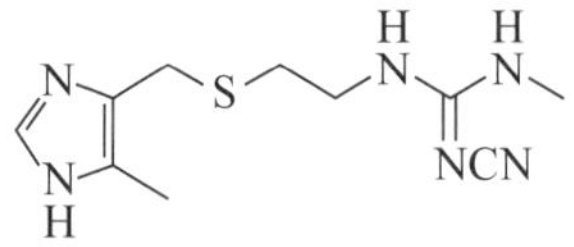

시메티딘

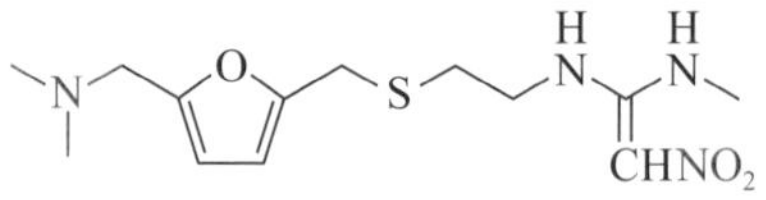

라니티딘

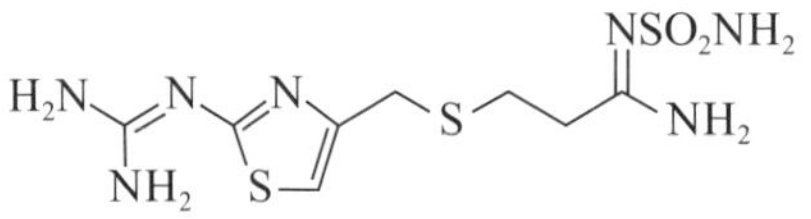

파모티딘

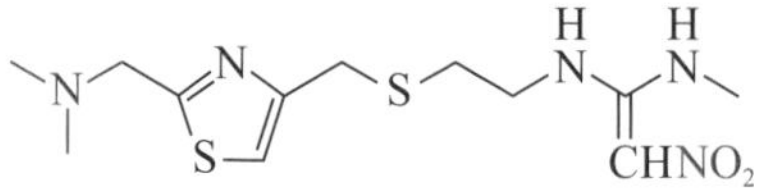

니자티딘

H2 수용체를 차단하는 위궤양 치료제들의 구조.

서는 NDMA가 문제가 된 적이 없다.

구조적으로 만들어질 가능성이 있다고 해도, 라니티딘이 어떻게 NDMA를 만들어내는지 그 정확한 이유에 대해선 여전히 의견이 나뉜다. 방사성 동위원소로 표지해서 파악하려는 연구진도 있고, 체내의 산화질소나 수돗물 속 미량의 소독 성분에 주목하는 사람도 있다. 워낙 극미량이 검출되는 상황이라 결론을 내기 어렵지만 학자들은 부지런히 연구를 이어가고 있다. 그런데 정말 중요한 것은 그게 아니다. 원인이 뭐든 간에 안 먹으면 된다. 이 약이 뭐 대단하다고 계속 먹겠는가. 지금은 1980년대가 아니라 2020년대다. 다른 약도 많다. 따라서 중요한 것은 두 번째 질문이다. “지금껏 이 약을 복용한 사람은 안전할까?”

2021년 강남세브란스병원이 건강보험공단의 자료를 이용해 분석한 결과가 논문으로 나왔다. 라니티딘을 복용한 환자와 NDMA를 만들지 않는 다른 위궤양 치료제인 파모티딘을 복용한 환자를 대략 오만 명 정도 추려서 간, 위, 폐, 신장 등 11개 주요 장기의 암 발병률을 비교한 것이다. 이 논문에 따르면 결과가 그나마 희망적이다. 라니티딘 제품을 복용한 환자군의 암 발병률은 7.45퍼센트인데 비해, 파모티딘을 복용한 환자군의 암 발병률은 7.56퍼센트로 통계적으로 차이가 없었다. 즉, 라니티딘을 복용했다고 해서 NDMA로 인해 암이 더 발병했다고 볼 수 있는 근거가 없다는 것이다.

이러한 통계 결과는 복용 패턴을 고려한 예측과도 대략 일맥상통한다. 앞서 잠깐 언급한 고혈압 약 속의 NDMA는 무척이나 위험하다. 고혈압 약은 평생 복용할 가능성이 크기 때문이다. 하지만 라니티딘은 보통 4주 동안 복용하며, 장기간 복용하는 경우가 비교적 드물다. 이 정도 단기 복용으로 암이 발생하려면 상당한 고용량의 NDMA가 만들어져야 할 것인데 그 정도의 양이 검출된 적은 없다. 지금 허가가 취소된 것도 세계보건기구에서 정하는 가이드라인보다 높은 수치가 나왔기 때문이지만, 일반적으로 암을 일으키는 것보다는 훨씬 낮은 수준이다. 물론 관련 연구가 보다 구체적으로 이루어지고 복용자들의 사례 조사가 뒤따라야 하겠지만, 지금까지의 자료로는 조금 더 지켜봐야 할 상태라고 생각한다.

사실 이 사태가 있기 전부터 라니티딘의 위상은 현격히 낮아져 있었다. 라니티딘도 어쨌든 개발된 지 40년이나 된 약이다. H2 수용체 차단제로 후속 약물도 개발되어 있었고, H2 수용체와는 상관없이 위벽 세포 내의 위산 분비 펌프를 직접 억제하는 약도 개발되어 잔탁의 시장 점유율이 낮아지고 있었다. 문제가 불거지기 직전인 2018년에 라니티딘의 위장병 치료제 시장 점유율은 25퍼센트였다. 여전히 큰 비중이긴 하지만 개발 초기의 위상과는 차이가 있었다.

그리고 최근에는 또 다른 기전의 의약품이 나와서 관련 시장에 신선한 변화를 불러오는 중이다. 복용하기도 편하고, 복용 이후에 효과도 비교적 빠르게 나타나서 환자들에게 반응이 좋은 이 약은 놀랍게도 국내 제약회사가 개발한 약이다. 여러모로 입지가 좁아져가던 상황에서 라니티딘은 완전히 설 자리를 잃고 말았다.

참고로 타가멧은 NDMA와는 무관하다. 관련 시장을 개척하고 1등으로 들어왔다가 밀려나버린 타가멧으로서는 억울할 법도 하지만 세상일이 다 그렇다. 뜻대로 되는 게 별로 없다. 그래도 타가멧을 만들어낸 사람은 충분히 그 보상을 받았으니 너무 불쌍하게 보지 않아도 된다. 누가 어떤 보상을 받았을까? 다시 과거로 좀 돌아가서 이 주제를 마무리하려 한다.

회사 경영진의 압박을 딛고 뚝심 있게 이 과제를 밀어붙여서 H2 수용체 차단제라는 새로운 개념의 약을 개발해낸 사람은 제임스 블랙James Black이라는 영국 출신의 연구원이었다. 참고로 앞서 자율신경 효능제인 아드레날린을 인데랄이란 자율신경 차단제로 개발한 사례를 하나 언급했는데, 이 일을 해낸 사람도 블랙이다. 블랙이 처음 인데랄을 개발했던 회사는 ICI라는 영국 제약회사였다. 그리고 이 회사에서 인데랄 유도체를 만들며 편안하게 연구할 수도 있었건만, 블랙은 새로운 회사와 신선한 연구 주제를 찾아 미국 제약회사 SK&F로 옮겼다. 그가 영국에서 인데랄을 개발했던 해인 1964년의 일이었다. 그리고 10여 년의 연구 끝에 또 다른 혁신을 일궈냈다. 혁신을 두 번이나 하는 사람은 쉽사리 찾아보기 힘들다. 보통 혁신을 이뤄내 세상을 놀라게 한 사람은 그 혁신에 안주하는 경우가 많기 때문이다.

분자 조각을 통해 의약품을 개발하는 시도에서 중요한 점은 어디에서 출발하느냐다. 비빌 언덕을 보고 비벼야 하고, 누울 자리를 보고 누워야 한다. 요리사가 신선한 재료를 위해 새벽시장에 들르는 것처럼 화학자들도 좋은 재료를 찾기 위해 수많은 곳을 뒤지고 다닌다. 그렇게 해서 그동안 찾아낸 물질들이 지금까지 소개했던 천연물이나 순수 합성물질, 인체 내 구성 물질과 같은 재료들이다. 모두 관련 교과서에 등장하는 단골 소재들이기도 하다. 블랙은 여기에 하나의 선택지를 더 보여주었다. 잘 알려진 인체 고유 리간드의 특성을 바꿔서 차단제로 바꾸는 작업이다. 한 번도 아닌 두 번이다. 충분히 가능성 있는 전략이라고 봐도 되지 않을까.

제임스 블랙은 1988년에 노벨상을 받았다. 앞서 언급했던 조지 히칭스, 거트루드 엘리언과의 공동 수상이었다. 다른 두 영웅들에 전혀 밀리지 않는 훌륭한 업적이었다.

6장

mRNA와 분자 조각의 미래

⁝ 화학자가 없으면 약을 못 만들까?

약은 크게 합성 의약품과 생물 의약품(바이오 의약품)으로 나뉜다. 이 책에서 다루고 있는 영역은 합성 의약품이다. 화학자들이 열심히 조각해서 만든 물질이 모두 합성 의약품이다. '생물 의약품'과의 대조와 비교를 위해서는 '화학 의약품'이라고 불러야 조금 더 적합하겠지만, 이전부터 그렇게 불러왔기 때문에 지금도 '화학 의약품'이란 말 대신 '합성 의약품'이란 표현을 조금 더 많이 쓰는 편이다.

최근 들어 조금 더 주목받는 의약품은 생물 의약품이다. 생물 의약품 역시 의약품의 중요한 범주이며, 많은 생물학자들이 고유한 방법으로 자신에게 주어진 재료를 조각하고 있다. 다만 그들이 다루는 물질은 작은 크기의 저분자 화합물이 아니라 항체 같은 거대 단백질 또는 유전자 조각들이다. 책상 위의 작은 조각을 만들려면 칼과 끌이 필요하겠지만, 산 위의 대형 구조물을 조각하려면 칼과 끌로는 어림없을 것이다. 적어도 포클레인 또는 그에 준하는 장비가 필요할 게 분명하다. 의약품 조각도 비슷하다. 목적하는 물질의 크기에 따라 조각하는 방법 역시 달라질 수밖에 없는데, 화학자들이 화학반응을 통해 조각한다면 생물학자들은 세포가 가진 고유한 기능을 조작해서 원하는 모양을 만든다. 아무래도 접근법에서 차이가 날 수밖에 없다.

화학자들이 19세기 초부터 화합물을 조각하면서 약을 개발했던 것에 비해 생물학자들은 접근이 느릴 수밖에 없었다. 1953년에 DNA의 이중나선 구조가 제시되고 이후 이어지는 생물학 혁명으로 생명체의 신비에 대해 어느 정도 알기 시작했지만, 아는 것과 바꾸는 것은 다르다. 바꾸는 기술은 1980년대에 유전자 재조합을 이용한 유전공학이 발전하며 비약적으로 발전하게 된다. 오늘날 많은 생물학자들은 유전자를 그다지 어렵지 않게 바꾸고 그에 따라 나타나는 단백질의 구조를 감상하고 있다. 그 단백질은 원하는 표적단백질을 억제하는 등의 목적으로 쓰일 것이다.

합성 의약품은 비교적 오래전부터 연구되었고 사람들에게도 많이 알려져 있기에, 의약품 시장에서 차지하는 비중이 높을 수밖에 없다. 스테로이드제, 타이레놀, 항생제처럼 한 세대를 풍미한 의약품은 대부분 합성 의약품이다. 역사상 가장 많이 팔린 약인 아스피린, 역사상 가장 많은 매출을 올린 약이자 스타틴계 고지혈증 치료제의 대표주자인 리피토Lipitor(성분명 아토르바스타틴atorvastatin) 역시 모두 합성 의약품이다. 리피토의 경우 1997년에 시판된 이후로 지금까지 대략 200조 원 정도가 팔렸다. 대충 따졌을 때 매년 10조 원가량 팔렸다는 건데, 단일 품목으로 이렇게 큰 매출을 기록하는 제품은 쉽게 찾아보기 어렵다. 그나마도 최근 들어 특허권이 풀리고 값싼 제네릭이 출시되면서 매출이 급감한 것을 감안하기 바란다. 많은 투자자들이 제약 산업에 주목하는 이유가 있다.

그런데 이 순위는 2024년을 기점으로 바뀔 것으로 보인다. 2003년에 시장에 진입한 휴미라Humira가 급속도로 추격하고 있기 때문이다. 휴미라는 항체 의약품으로서 생물 의약품의 대표 주자다. 면역 단백질인 사이토카인의 기능을 억제함으로써 면역 반응을 줄여주는 효과가 있다. 그래서 면역 반응이 과도해서 생기는 궤양성 대장염이나 강직성 척추염 등 다양한 질환에 처방되는데, 그래도 가장 유명한 적응증은 류머티즘 관절염이다. 관절염 치료제로 쓰이는 수많은 합성 의약품이 있는 상황에서 휴미라가 이 시장을 접수했고, 나아가 모든 의약품 중에서 최고의 매출을 기록하게 되었다. 생물 의약품이 합성 의약품을 넘어섰다는 상징적인 의미이기도 하다.

휴미라가 면역 반응을 낮춰서 관절염을 치료한다면, 면역 반응을 높여서 암을 치료한 경우도 있다. 면역항암제가 2018년에 노벨상을 수상한 일이 대표적인 사례다. 면역 과정을 조절하는 브레이크를 풀어줌으로써 면역세포를 활성화하고, 고삐 풀린 면역세포가 암세포를 잡아먹게 하는 것은 개념적으로 충분히 가능한 일이었다. 그런데 그것을 실제로 구현해낸 것이다. 흑색종 같은 암은 합성 의약품으로는 치료가 어려운데 면역항암제는 별다른 어려움 없이 치료해서 환자를 살리고 있다.

최근의 트렌드는 면역 반응을 올리기 위해서 항체를 넣어주거나 세포 내 신호 전달 과정을 조절하는 방식이 아니라, 그냥 면역세포를 넣어주는 방식이다. 다만 다른 사람의 면역세포를 넣어주면 거부반응이 나타날 수 있으므로 환자 본인의 면역세포를 넣어준다. 그런데 환자 본인의 면역세포를 믿을 수 있을까? 면역세포가 튼튼했다면 처음부터 환자가 되지 않았을 가능성이 크다. 그래서 환자 본인의 면역세포나 이에 해당하는 유전자를 끄집어내서 암세포 등과 잘 싸우도록 여러 가지 자극을 준다. 일반 병사를 슈퍼 솔저로 바꾸는 식이다. 그리고 이 슈퍼 솔저를 배양해서 수를 늘린다. 이렇게 수가 불어난 슈퍼 군대는 환자 본인의 몸으로 들어가서 암세포를 처치한다. 세포치료제로 불리는 이 방법은 현재 상용화되어 희귀 유전병 환자들에게 새로운 희망을 불어넣어주고 있다.

사이토카인과 같은 작은 단백질에서 항체, 그리고 세포까지, 치료법은 갈수록 큰 대상에 관심을 보이고 있지만 그렇다고 한 방향으로만 나아가는 것은 아니다. 다시 시야를 좁혀서 근본적으로 유전자를 교정하는 방식도 연구되고 있다. 유전자 발현을 억제하기 위해 간섭 유전자를 만들어 삽입하는 방식은 현재 의약품으로 승인되어 사용되는 중이다. 또한 유전자 가위를 이용한 유전자 교정법도 폭발적으로 연구되고 있는데, 2020년에 이 분야를 연구한 두 명의 과학

에마뉘엘 샤르팡티에(왼쪽)와 제니퍼 다우드나(오른쪽). 사진은 2015년에 찍힌 것이다.

자인 제니퍼 다우드나Jennifer Doudna와 에마뉘엘 샤르팡티에Emmanuelle Charpentier가 노벨화학상을 수상하면서 전문가뿐 아니라 일반인들의 관심까지 불러일으켰다.

불과 10년 전만 해도 개념에 불과하던 치료법이 속속들이 개발되고 환자를 치료하는 데 사용되는 것은 환영할 만한 일이다. 합성의약품이나 초기 항체 치료제에 익숙했던 사람들에게는 놀라우면서 동시에 반가운 변화일 것이다. 화학이든 생물이든 뭐가 중요하겠는가. 제일 중요한 것은 환자다. 각자의 영역은 알아서 존중하면 된다.

그런데 화학자와 생물학자가 사이좋게 함께 일하면 어떻게 될까? 사뭇 다른 두 영역의 조각가들은 어디까지 힘을 합칠 수 있을까? 원래 완전히 같은 분야 내에서 힘을 합칠 때보다 약간 다른 분야가 협력할 때 기적이 일어나기 마련이다. 그리고 화학자와 생물학자의 협업은 이제 신약 개발의 기본 전략에 수정을 가하고 있다.

mRNA 백신이 좋은 예다.

mRNA 백신

RNA는 생명의 기원을 설명할 때 가장 많이 언급하는 물질이다. DNA, RNA, 단백질이 생명을 설명하는 기본 요소지만, 세 물질이 동시에 만들어져서 생명체가 생겨났다고 보기는 어렵다. 셋 중에서 제일 먼저 만들어진 것이 있고 나머지 두 개가 따라서 만들어졌다고 보아야 할 것이다.

현재 학자들이 제일 먼저 탄생했을 것으로 추정하는 물질이 바로 RNA다. RNA는 DNA로부터 유전 정보를 전달받아 단백질을 만드는 과정에 나타나는 중간체 정도로 보는 게 초기의 시각이었다. 하지만 학계에서 RNA가 차지하는 위상은 갈수록 커지고 있다. 다양한 역할을 한다는 것이 알려졌기 때문이다. 우선 RNA는 그 자체로 유전 정보의 역할도 한다. DNA가 아닌 RNA로 유전 정보를 전달하는 생명체들이 있다는 점은 시사하는 바가 크다.

또한 RNA는 효소의 역할도 한다. 리보자임ribozyme이라는 단어는 'RNA ribonucleic acid'와 '효소enzyme'의 합성어인데, 근본 없는 표현이 아니다. 1989년 노벨화학상을 받은 실험 결과이며, 그해 수상 강연에 나오는 표현이다. 세포 속 깊숙한 곳에 고고하게 자리 잡아 잠깐 신호만 주고 다시 침묵하는 DNA나, 일선 현장에서 세포 내 생화학반응을 집행하는 효소(단백질)는 고유의 기능을 할 뿐이다. 하지만 부지런히 유전 정보를 나르는 RNA는 가끔씩 현장에서 단백질 대신 효소로서의 일도 하고, 필요하면 자기가 그냥 상관을 대신해 유전 정보를 전달하기도 한다. 중간체라고 규정짓기엔 너무 많은 일을 한다.

RNA가 DNA나 단백질의 기능을 모두 가진다면, 최초로 만들어진 생명 정보가 RNA라고 봐도 되지 않을까. 이를 뒷받침하는 사례도 있다. 바이러스는 보통 무생물과 생물의 중간에 위치한 것으로 여겨지는데, 이 바이러스들 중에는 RNA를 기반으로 하는 종류가 많다. 인류에게 그다지 환영받는 존재들은 아니다. 짐작하다시피 병을 일으키는 경우가 많기 때문이다. 앞에서도 언급했던 에이즈나 C형 간염의 원인 바이러스가 여기에 해당한다. 코로나19 바이러스도 마찬가지다.

2019년 12월 말에 중국에서 최초로 보고된 코로나19는 이듬해부터 전 세계를 습격하기 시작했다. 적극적인 방역을 취했으나 전파 속도는 줄어들지 않던 발병 초기, 사람들이 연구하기 시작한 것은 백신이었다. 전통적인 방식의 백신은 바이러스를 죽이거나 약하게 만들어 사람에게 주입한다. 보통 이런 방식의 백신은 바이러스 배양에 시간이 걸리기 때문에 개발하기까지 상당한 기간이 소요된다. 배양에 걸리는 시간도 문제지만, 배양했는데 독성이 사라지지 않으면 새로운 방법을 찾아 원점부터 다시 검토해야 하기 때문이다. 100년 전 일이긴 하지만 결핵 백신의 대명사, BCG 백신은 결핵균을 230회 배양하고 희석하면서 독성을 줄였다. 한 번 배양하는 데 일주일만 잡아도 5년가량의 시간이 걸린다. 하지만 과학은 산수가 아니기에 중간중간의 시행착오 등을 포함하면 실제 걸리는 시간은 훨씬 더 길어진다. BCG의 경우에는 13년이 걸렸다. 코로나19가 처음 발발했을 때 백신을 만들려는 노력이 까마득히 멀게만 느껴졌던 이유다. 하지만 중국은 이 어려운 작업을 또 1년 만에 완료해서 시노백Sinovac 백신으로 시판하였다. 어떤 의미에서는 중국도 대단하긴 하다.

하지만 전통적인 백신 제조 방식이 까마득히 멀게만 느껴지던 그 시기에 새로운 개념이 주목받기 시작했다. 바로 mRNA 백신이다. 전령messenger RNA를 뜻하는 mRNA는 RNA의 한 종류로서 DNA에서 단백질을 생산하는 과정에서 일시적으로 나타난다. 어떤 단백질을 만들어야 할지에 대한 정보를 품고 있으므로 일종의 '단백질 생산 공문서'라고 봐도 된다. 만약 바이러스의 mRNA를 사람에게 투여하면 어떻게 될까? 바이러스가 그대로 증식하게 될 테니 위험한 것은 동일하다. 하지만 바이러스의 전체 유전자가 아닌 일부 유전자의 mRNA만 넣어준다면 일부 단백질만 나올 것이다. 이런 과정을 이용한다면 우리 몸에 일어나는 면역 반응을 보다 빠르게 준비시킬 수 있다. 공문서를 우리에게 유리하게끔 위조하는 것이다.

이런 전략은 제대로 이뤄지기만 한다면 큰 도움이 된다. 가령 바이러스는 우리 몸에 들어와 면역세포에 잡아먹힌다. 하지만 바이러스가 증식하는 속도가 현저히 빠르기 때문에 결국 우리 몸은 바이러스에 잠식되고 만다. 이후 면역세포가 바이러스의 정보를 파악하고 그에 특화된 슈퍼 솔저 부대를 만들어 바이러스를 물리치면 우리는 다시 정상적으로 생활할 수 있다. 이 과정에 보통 1~2주일이 걸린다. 그런데 면역세포가 바이러스에 대한 정보를 사전에 가지고 있다면 그에 맞는 슈퍼솔저 부대도 빨리 창설할 수 있을 것이다. 사전학습의 힘이다.

면역세포는 코로나19 바이러스의 외곽에 있는 돌기인 스파이크 단백질을 인지한다. 코로나corona가 왕관이란 뜻인데 전자 현미경으로 관찰하면 실제로 왕관처럼 생겼다. 그 왕관의 돌기에 해당하는 단백질이 바로 스파이크 단백질이다. 우리가 만약 이 단백질만 생산해서 몸에 넣어줄 수 있다면 원하는 목적을 달성할 수 있을 것이다. 스파이크 단백질 그 자체로는 증식 능력이 없는 바이러스의 일부분이기에 감염과 같은 문제도 걱정할 필요가 없다.

장점은 또 있다. 전통적인 방식으로 바이러스를 약독화하거나 사멸시킬 경우에는 항상 감염 문제가 따라온다. 아무래도 죽이는 과정에서 살아남는 바이러스가 종종 있어서 뜻하지 않은 감염을 일으키는 것이다. 하지만 단백질만 생산한다면 이런 우려는 하지 않아도 된다. 단백질, 즉 바이러스의 파편 때문에 돌연변이가 생겨서 바이러스가 다시 만들어지지는 않는다. 감염 걱정 없이 백신을 접종할 수 있는 것이다.

mRNA로 코로나19 바이러스의 스파이크 단백질만 만들어내면 완벽하다. 심지어 이 방법이 훨씬 빠르다. mRNA의 구조를 만드는 일이 바이러스를 기르고 죽이는 과정보다 훨씬 빠르기 때문에 mRNA 백신은 코로나19 창궐과 맞물려 의약계의 중심이 되었다. mRNA는 1961년에 학계에 보고된 이후로 항상 학자들의 주목을 받아왔었지만, 지금과 같은 정도의 폭발적인 관심이 mRNA에 쏟아진 적은 없었다.

탄소 하나 차이

mRNA가 완벽한 답은 아니다. mRNA가 발견되고 지난 60년간 mRNA를 약으로 개발하지 않았던 데에는 다 나름의 이유가 있었다. mRNA 치료제 연구가 해결해야 할 문제는 크게 두 가지였다. 우선 mRNA는 우리 몸에서 아주 빠르게 분해된다. 아무리 우리가 잘 설계해서 넣어주더라도 사라져버리면 의미가 없다. 이런 문제는 mRNA를 이용해 질병 치료제를 개발하는 과정에 큰 걸림돌이 된다. 하지만 우리의 큰 기대와는 상관없다는 듯, 우리 몸은 진화적으로 RNA를 빠르게 분해할 수 있는 장치를 참 많이도 마련해두었다. 왜 그럴까?

앞서 언급했듯이 바이러스의 상당수가 RNA를 기반으로 한다. 우리는 이런 바이러스에 수십만 년간 당하면서 자연스럽게 몸속에 떠도는 바이러스를 분해하도록 진화했다. 사람의 RNA와 바이러스의 RNA는 구조적으로도 약간의 차이가 있으므로 이 차이를 포착해서 바이러스 RNA는 들어오는 족족 분해되곤 한다. 우리 몸을 지키는 현명한 방법이라고 봐도 될 것이다. 그런데 정작 사람의 RNA라고 해도 분해가 빠른 것은 마찬가지다. 왜 그럴까?

RNA는 세포 내에서 특별한 이벤트가 있을 때에만 만들어지는 물질이기 때문이다. 가령 단백질 생산을 예로 든다면, 일시적인 신호에 의해서 DNA가 자극을 받아서 mRNA를 만들고 이 유전 정보에 따라서 단백질을 생산한다. 이제 이 단백질은 처음 신호에 맞춰서 우리 몸에 변화를 줄 것이다. 그런데 이 작업이 끝나면 mRNA는 사라져야 한다. 계속 남아 있다면 계속해서 단백질을 만들어낼 것인데 이러면 문제가 생긴다. 혈압이 계속 낮아지거나, 콜레스테롤을 계속해서 안 만들어내거나 한다면 사람은 죽는다. 이미 처리한 공문서를 계속 집행하면 그것도 문제다.

꼭 이런 극적인 효과가 아니더라도, 단백질이 조절할 수 있는 범위를 넘어서 활성화되어 암이 발생하는 경우가 많다. 역할을 수행하기 전까지는 mRNA를 보호하기 위해 각종 단백질이 달려들지만, 할 일을 다 하면 언제 그랬냐는 듯이 미련 없이 떠나버리고 mRNA를 분해하기 위한 효소들이 달려온다. 우리 몸은 진화적으로 RNA를 분해하는 시스템을 많이도 개발해두었다.

그런데 RNA야 일시적으로 나타나는 유전 정보니까 그렇다 치지만, DNA는 생명의 근원이자 유전 정보의 핵심인 물질이다. 그러므로 DNA는 분해하면 안 된다. 실제로 DNA는 굉장히 안정적인 물질이다. 우리가 30년 넘게 보관한 샘플에서 화성 연쇄 살인 사건의 진범을 찾아낼 수 있는 이유이기도 하고, 영화 〈쥬라기 공원〉*이 탄생할 수 있는 과학적 근거이기도 하다. 그렇다면 우리 몸은 RNA와 DNA를 어떻게 구분하는 것일까? 참고로 RNA와 DNA는 구조적으로 아주 유사하며 작은 차이가 있을 뿐이다. 우리 몸이 이 작은 차이를 인지해야만 사람은 살아갈 수 있다.

다음 그림은 RNA의 구성 성분 중 유리딘uridine과 DNA의 구성 성분 중 티미딘thymidine의 구조를 나타낸 것이다. RNA는 유전 정보를 구성하는 데 유리딘을 사용하고, DNA는 티미딘을 사용한다. 이 차이는 비록 탄소 개수를 기준으로는 하나만 다르고, 분자량은 1퍼센트만큼 다른 아주 작은 차이지만, RNA 분해 시스템은 이 작은 차이를 인지하여 DNA를 살리고 RNA를 분해한다. 놀라울 정도로 정교한 시스템이다.

탄소 하나보다도 작은 차이

mRNA를 이용해 백신을 개발하려면 mRNA의 안정성을 확보해야 한다. 몸속에서 분해되는 것을 막고 세포에게 잘 전달되기 위해서는 우리 몸의 철통 같은 경비 시스템을 속여야 할 필요가 있다. 같은

* 호박에 갇힌 모기에서 뽑아낸 DNA로 공룡을 복원시키는 장면이 나온다.

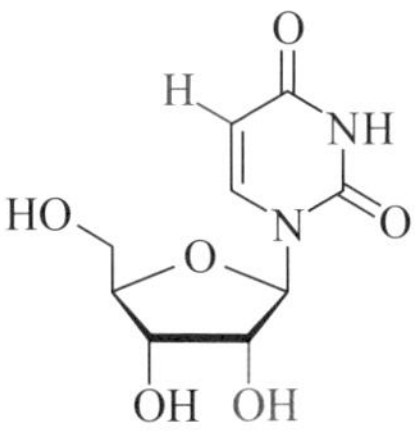

유리딘

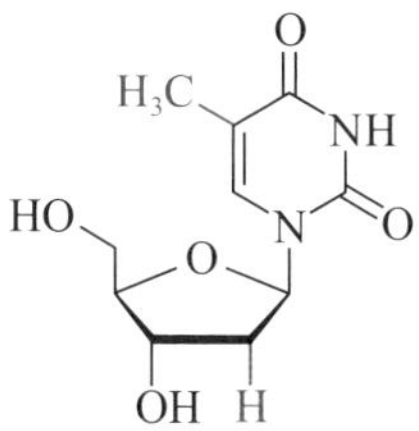

티미딘

유리딘과 티미딘의 구조.

편인데도 너무 까칠한 RNA 분해 시스템이 귀찮긴 하지만 그 나름대로 큰 역할을 하니 어쩔 수가 없다. 그러면 어떻게 바꿀 수 있을까? 그 문제에 대한 실마리는 1960년대부터 어느 정도 제시되고 있었다.

1963년에 시카고 대학교의 연구진은 사람의 소변에서 얻은 물질이 RNA 중합효소와 반응하는지를 알아보고자 했다. DNA의 이중나선 구조가 제시된 해가 1953년이다. 구조가 제시됐다고 해서 곧바로 생명의 신비가 풀리는 것은 아니다. 그 후로도 사람들은 오랫동안 생명의 신비에 대해 연구했는데 아마 앞으로도 계속될 것이 분명하다. 1963년에도 마찬가지였다. 당시는 유전자와 단백질에 대한 연구가 활발히 진행되고 있었고, 관련 효소가 그 과정에서 어떤 역할을 하는지에 대해서도 사람들은 궁금해했다.

이 연구진은 백혈병이나 통풍에 걸린 환자의 소변을 무려 20리터나 확보한 후 정제하여 몇 가지 물질을 얻었는데, 그중에는 유리딘과 유사하지만 구조가 살짝 다른 슈도유리딘pseudouridine이 있었다.

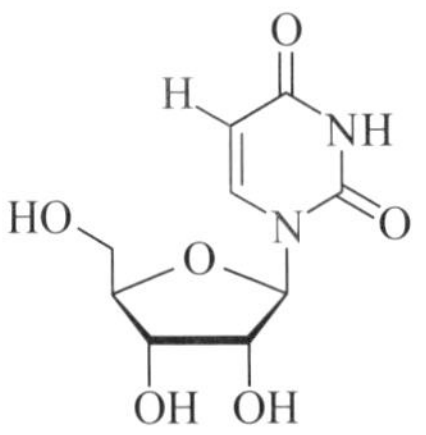

유리딘

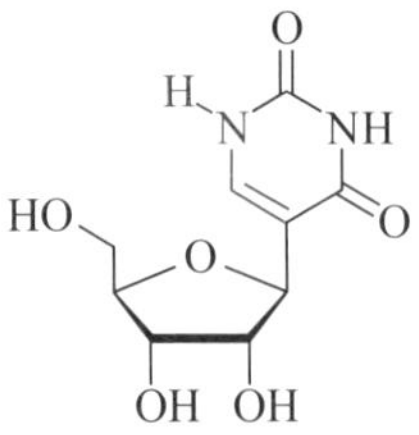

슈도유리딘

유리딘과 슈도유리딘의 구조.

구조가 유사했기 때문에 연구진은 슈도유리딘에 방사성 동위원소*를 연결하고 RNA 중합효소에 넣어주었다. 이후 방사선 추적을 통해 슈도유리딘이 마치 유리딘처럼 RNA 중합효소와 반응하는 것을 확인했다.

RNA 중합효소 입장에서 유리딘과 슈도유리딘의 차이는 아주 미세하다. 탄소와 질소의 위치가 살짝 바뀌었는데 막상 이 탄소와 질소가 RNA 중합효소와의 결합에 중요한 역할을 하는 것은 아니다. 그러므로 효소 입장에서는 이 차이를 구분하지 못한 채 같은 물질로 인식하고 넘어간 것이다. 하지만 이 결과는 잠깐 사람들의 관심은 끌고 말았을 뿐이었다. 일반적인 유리딘 그 자체로도 할 수 있는 일이 많았고, 굳이 슈도유리딘으로 연구를 진행할 필요가 없기 때문이

* 동위원소는 양성자 수는 같으나 중성자 수가 달라 질량이 다른 원소를 말한다. 질량이 달라도 화학적 성질은 같기 때문에 화합물 내에서 한 원자를 다른 동위원소로 대체할 수 있다.

었을 것이다. 이 발견은 과학적으로 재조명되기까지 무려 40년을 기다려야만 했다.

커리코 패러다임

커털린 커리코Katalin Kariko는 1985년에 헝가리에서 미국으로 건너온 RNA 전문가였다. 박사 학위를 받은 후 관련 연구를 하고 싶었지만 자유화의 바람이 몰아치던 격동의 고국에서는 그다지 할 수 있는 것이 없었다. 그보다는 과학의 최전선인 미국으로 건너가서 일하는 것이 나아 보였다. 마침 미국의 템플 대학교에서 그녀를 박사 후 연구원으로 고용하겠다며 제안했고, 그녀는 중고차를 판 돈 900달러를 딸아이의 인형에 숨겨 미국으로 들어왔다. 그녀의 나이 30세가 되던 때였다.

아메리칸 드림이 그렇게 쉬울 리 있겠는가. 커리코는 미국에서 원하는 RNA 연구를 맘껏 할 수 있을 것으로 생각했지만 세상은 그렇게 녹록치 않았다. 그녀는 RNA를 이용해 약을 만들고 싶었고 그녀를 고용한 지도교수도 그녀와 함께 RNA 구조에 기반을 둔 에이즈 치료제를 개발하려 했다. 하지만 커리코는 세부적인 연구 방향에서 지도교수와 마찰을 빚었고, 계약이 끝난 후 재계약 없이 다른 곳을 알아봐야 했다. 이런 측면에서 그녀가 인근의 펜실베이니아 대학교에서 조교수로 임용된 것은 다행이었다.

그래도 고생이 끝난 것은 아니었다. 미국은 교수가 되는 것도 힘들지만 교수가 된 뒤에 살아남는 것은 더 힘든 곳이다. 조교수를 많이 뽑고 결과를 못 내면 자르는 게 일반적이다. 이 가혹한 조건에서 그녀의 RNA 연구는 사람들에게 그다지 좋은 인상을 심어주지 못했다. 지원하던 연구비도 항상 떨어졌는데, 한 연구비 심사에서는 그녀를 제외한 여섯 개의 다른 연구진이 모두 연구비를 수주한 적도 있을 정도였다. 그녀의 연구는 철저히 외면받았다. 그리고 커리코는 조교수에서 5년 만에 해임되었다. 암 판정을 받은 것도 그때였다.

그럼에도 그녀는 연구 주제를 바꾸지 않고서 RNA에 대한 연구를 이어나갔다. 교수직은 아니었지만 연구원으로서 펜실베이니아 대학교에 자리를 잡았고, 투병 생활 중에도 연구의 끈을 놓지 않았다. 두드리면 열린다고 했던가. 그녀는 결국 RNA 전문가로 인정받아 1998년에 드루 와이스먼Drew Weissman 박사의 연구진에 합류하면서 적절한 연구비와 실험 장비의 지원 속에 RNA 치료제 연구를 안정적으로 수행하게 된다. 일화에 따르면 복사기 앞에서 우연히 와이스먼 박사를 만나 대화를 나누면서 의기투합하게 되었다고 한다. 연구실 프린터가 아닌 사무실 복사기에 의존해 논문을 읽던 그 시절의 아날로그적 감성이 이럴 때는 도움이 된다.

다른 사람들이 그녀의 RNA 연구가 무모하다고 판단했던 이유는 앞서 설명한 RNA의 불안정성 때문이었다. RNA는 몸에 들어가면 자연스럽게 분해될 뿐 아니라 분해된 산물이 염증 반응을 수반한다. 단순히 효과가 없는 것을 넘어서 위험할 수 있기 때문에 사람들은 관련 연구를 중단하라고 충고하곤 했다. 커리코도 실험에서 mRNA를 동물에 투여했을 때 염증으로 인해 죽는 것을 관찰하곤 했었다. 사람에게 넣어주는 것은 꿈도 못 꿀 일이었다.

하지만 mRNA는 성공한다면 그만큼 장점도 있었다. 인공적으로 DNA를 만들어서 약으로 쓴다면 이 DNA는 세포 내로 들어간 후 다시 핵막을 통과해 세포핵으로 이동해야 작동할 수 있다. 하지만 mRNA를 넣어주면 이럴 필요 없이 세포질 안에서 바로 단백질을 생산할 수 있다. 앞서 mRNA를 '생명 활동의 공문서'라고 비유했는데, 공문서 위조가 DNA와 같은 유전 정보의 본질을 조작하는 것보다는 쉬울 게 분명하다. 그러므로 mRNA는 약으로 접근하기에 유리하다. 안정성만 확보한다면 말이다.

그 안정성 문제를 풀 실마리가 2005년 잡혔다. 와이스먼 박사의 연구진에서 계속해서 RNA 연구를 하던 커리코는 색다른 결과에 주목했다. 대부분의 RNA가 면역계에 의해 분해되는 것과는 달리 RNA 중에서도 슈도유리딘이 풍부한 특정 RNA는 거의 분해되지 않았던 것이다. 혹시 mRNA의 유리딘도 슈도유리딘으로 바꾸면 살아남을 수 있지 않을까? 마침 이러한 결과는 1963년에 수행된 시카고 대학교 연구진의 실험 결과와도 맞아떨어졌다. 당시 시카고 대학교 연구진은 슈도유리딘을 넣어줘도 RNA의 기능은 유지된다는 것을 발견했다. 그렇다면 분해는 안 되면서 기능은 유지하는 RNA를 만드는 야무진 꿈도 꿀 수 있지 않을까?

쉽지 않은 기대지만 그래도 실험해서 성공한다면 충분히 돌파구가 될 수 있었다. 그리고 실제로도 그랬다. 유리딘 대신 슈도유리딘이 들어간 mRNA 조각은 각종 RNA 분해 시스템의 공격을 피해 잘도 살아남았다. 즉, 유리딘은 분해되지만 슈도유리딘은 분해되지 않았다. 그리고 mRNA로 정상적으로 작동해 단백질을 생산해내는 것도 관찰할 수 있었다. 이제 mRNA를 의약품으로 사용할 수 있는 단서가 보였다.

추가적인 결과가 2015년에 발표됐다. 벨기에와 미국의 공동 연구진은 슈도유리딘의 구조를 수식해서 슈도유리딘 유도체를 쓸 때 더욱 안정성이 좋아지고 면역 반응으로 인한 부작용 또한 줄어드는 것을 확인했다. 심지어 mRNA 본연의 기능도 더 충실하게 수행해서 정상적인 mRNA보다 단백질 생산량이 44배가량 늘어나는 것도 관찰했다. 단백질을 발현해야 백신으로 쓸 수 있다는 것을 감안하면 놀라운 성과가 아닐 수 없었다.

이때 사용한 유도체의 구조는 다음 그림과 같다. 슈도유리딘의 질소에 탄소를 하나 연결한 구조인데, 이 구조는 DNA에 쓰이는 골격인 티미딘과도 상당히 유사하다. DNA에 쓰이던 티미딘과 거의 유사하기 때문에 RNA 분해효소가 분해하지 않고 넘어가는 것이 아닐까 추정되고 있다. 그리고 이런 오랜 노력 끝에 개발한 슈도유리딘 유도체는 현재 모더나Moderna와 화이자Pfizer에서 개발한 코로나19 백신에 그대로 이용되고 있다.

학계에서는 RNA의 안정성을 개선하면 원치 않는 면역 반응이 줄어들고 효과가 개선될 수 있다는 개념을 '커리코 패러다임Kariko

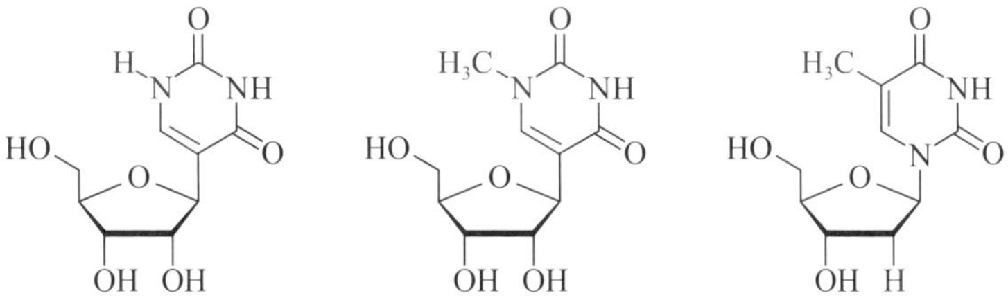

슈도유리딘 슈도유리딘 유도체 티미딘

슈도유리딘과 그 유도체 및 티미딘의 구조 비교.

paradigm'이라고 부르고 있다. 이 명칭은 40년 가까이 무관심 속에서 일했지만 꿋꿋이 자신의 생각을 실현하면서 결국 의약학계에 자취를 남긴 커털린 커리코 박사에 대한 인정을 담고 있다.

역사상 가장 빠르게 만들어진 백신

2010년대에 들어 커리코의 주장대로 mRNA를 이용한 치료제 연구가 본격화되었다. 당장 커리코도 바이오엔텍BioNTech이란 회사와 일하며 실용화 연구에 앞장섰다. 커리코뿐 아니라 모더나, 큐어백CureVac 같은 회사들도 이런 움직임에 동참했다. 이 연구진들이 처음 주목했던 것은 암 치료 분야였다. 그런데 암보다 더 시급한 문제가 지구촌을 덮쳤다. 코로나19였다.

모더나가 가장 재빠르게 움직였다. 코로나19가 중국과 이탈리아를 습격하던 2020년 2월 초부터 암세포 치료를 위한 mRNA 연구 기술을 그대로 백신에 적용했다. 이것이 가능했던 이유는 그들이 원래부터 mRNA를 이용한 암 치료제와 함께 독감 백신도 연구하고 있었기 때문이었다. 그들이 코로나19 바이러스의 백신을 설계하기 시작한 것은 코로나19의 유전체 정보가 공개되고 나서 겨우 이틀이 지났을 때였고 동물실험을 완료하고 임상시험에 돌입한 것은 겨우 66일째가 지나서였으니, 그 신속함은 전문가가 아니라 해도 충분히 짐작할 수 있을 것이다.

커리코가 일하던 바이오엔텍도 이 연구에 뛰어들었다. 바이오엔텍은 거대 제약회사인 화이자와 함께 개발을 진행하며 속도를 높였다. 두 회사의 연구는 역사상 유례가 없을 정도로 빠른 시기에 마무리되어 결국 그해가 가기 전인 2020년 12월 11일에 화이자가, 18일에 모더나가 백신을 긴급 승인받았다. 4284개의 염기 서열로 이루어진 거대한 분자인 mRNA 백신은 임상시험 결과 대조군에 비해 95퍼센트에 가까운 예방 효과를 증명하였기에 시판을 미룰 이유가 없었다. 보통 개발 과정도 그렇지만, 임상시험을 설계하고 환자를 모집하고 대량 생산하는 과정에서도 적잖게 시간이 걸리는데, 코로나19라는 긴급 상황 속에서 이런 절차들은 빠르게 마무리되었다.

그렇다고 해서 임상시험을 대충한 것은 아니었다. 빠르게 개발을 완료할 수 있었던 것은 개발의 다음 단계를 동시에 진행했기 때문이다. 임상시험을 하면서 대량 생산을 함께 하는 방식이었다. 평시라면 임상시험을 통과할지도 모르면서 대량 생산을 할 수는 없다.

임상시험이 실패하면 어쩌려고. 하지만 전 세계적 위기 앞에서 각국 정부와 단체에서 많은 투자금이 몰려들었기에 이처럼 무리한 레이스를 진행할 수 있었다.

흥미로운 것은 큐어백의 백신이다. 큐어백은 슈도유리딘 유도체를 사용한 화이자나 모더나와는 다르게 원래 우리 몸에 존재하는 유리딘을 그대로 사용했다. 불안정할 것으로 예상되는 구조인데도 굳이 그렇게 유지한 이유를 알 수 없지만 어느 정도는 안정적으로 세포 내에 전달할 자신이 있었던 듯하다. 하지만 큐어백 백신은 2021년 7월에 발표한 임상 3상 시험 결과 보고에서 화이자, 모더나 백신의 절반 정도에 그치는 48퍼센트의 예방률을 보였다. 효과가 검증된 다른 두 백신을 두고 굳이 큐어백 백신을 사용할 이유가 사라진 셈이다.

큐어백 백신이 실패한 이유는 여러 가지로 추정된다. 일단 백신의 양 자체를 너무 적게 설정한 것이 아니냐는 의견이 있다. 1회 투여 시에 화이자나 모더나는 각각 30, 100마이크로그램을 주입하는데 비해 큐어백은 12마이크로그램만 주입했다. 나름 자신감을 가지고 선택한 용량이었겠으나 결과적으로는 실패했다. 또한 보관 온도도 2~8도 정도면 충분하다고 자신했지만, 이 또한 달성하는 데에 실패했다. 기존의 화이자나 모더나에 비해 개발 속도가 느린 만큼 다른 장점을 부각하고 싶었던 것으로 추측된다. 그리고 또 하나의 실패 이유로 꼽히는 것은 앞서 언급한 자연적인 유리딘의 사용이다. 아무래도 불안정한 자연 유리딘의 사용이 실패에 영향을 미치지 않왔겠냐는 것. 성공했더라면 아마 이런 이야기가 없었겠지만 실패하면 항상 여러 가지 말이 나온다.

mRNA 치료제 개발의 두 번째 문제도 어느 정도 해결되었다. 바로 세포 내로 mRNA를 전달하는 기술이다. mRNA는 혈관에 있을 때는 그다지 역할을 하지 못한다. RNA 중합효소와 관련 물질들이 있는, 희망의 땅인 세포질로 가야만 스파이크 단백질도 만들고 백신으로서 역할을 할 수 있다. 그런데 mRNA는 세포막을 통과할 수 없다. 원래 mRNA는 DNA가 만들어서 세포 내에서만 작용하면 되는 물질이다. 괜히 세포 밖으로 나갈 필요가 없다. 나가면 분해될 게 뻔하고, 자칫하다가는 염증을 일으켜 아프게만 한다. 심각한 경우에는 죽을 수도 있다. mRNA는 세포 내에서 만들어져서 세포 내에서만 작동할 운명이다. 화학적으로도 mRNA는 완벽한 수용성 물질이고 세포막은 지용성의 기름막이라서, mRNA 같은 수용성 물질을 통과시키지 않는다. 따라서 mRNA 주사를 맞아서 세포 내에서 스파이크 단백질을 만들게 하려면 세포 내로 잘 전달될 수 있는 기술이 필요했다. 분자 조각가가 아니라 분자 배송자가 필요한 시점이었다.

이 난관 또한 많은 화학자들의 노력으로 해결되었다. 수용성의 mRNA를 기름막으로 포장해서 우리 몸에 넣는 것이다. 일종의 보호막으로 둘러싸서 배송하는 전략인데, 이 보호막은 세포막 성분과 유사하기 때문에 세포는 같은 성분으로 인식해 mRNA가 들어가 있는 작은 기름막 입자를 받아들인다. 세포 내 환경에서 풀어지게 설계된 이 기름막은 이후 내용물인 mRNA를 방출하며, mRNA는 물 만난 고기 마냥 세포 속에서 스파이크 단백질을 생산해낸다. 화이자와 모더나의 백신은 이런 방식을 사용하고 있다.

참고로 노바백스Novavax 백신은 원리가 다르다. 이 백신은 화이자, 모더나 백신과는 다르게 코로나바이러스의 스파이크 단백질을 직접 주입한다. 유전자 재조합을 통해 스파이크 단백질을 생산한 것인데, 이런 방식은 이미 기존의 백신을 통해 충분히 효과와 안전성을 검증받았다. 물론 코로나바이러스 백신에 적용한 경우는 이번이 처음이기에 부작용을 걱정할 수는 있으나, mRNA 백신만큼 근본적으로 혁신적인 방식은 아니었다. 혁신이 항상 좋은 것만은 아니고 때로는 예상치 못한 부작용이 올 수도 있기에 비교적 고전적인 방식의 노바백스 백신을 선호하는 사람들도 있다.

한계를 넘어서

지금 우리는 'mRNA'라는 단어 뒤에 자연스럽게 '백신'을 떠올리지만, mRNA 치료 기술은 백신으로만 한정 짓기에 아까운 방법이다. mRNA는 유전 정보를 전달한다. 그러므로 mRNA를 이용하면 기존에는 하지 못했던 방식으로 치료제를 개발할 수 있다.

가령 최근 들어 생물 의약품의 슈퍼스타로 노벨상으로까지 이어진 면역항암제 키트루다Keytruda(성분명 펨브롤리주맙pembrolizumab)를 보자. 이 의약품은 외부에서 항체를 만들어 암 환자의 몸에 넣어주는 방식의 치료제다. 항체는 단백질이고 유전자 발현을 통해서 생산한다. 그렇다면 항체를 넣어줄 것이 아니라 그냥 mRNA를 넣어주고 몸 안에서 만들게 하면 안 될까? 코로나19 바이러스의 특정 단백질도 우리 몸속에서 생산해내는 것을 전 국민이 코로나19 백신으로 체험한 상태다. 다른 단백질이라고 안 될 이유는 없다.

물론 이것은 순수한 기대일 뿐 실현하려면 갈 길이 멀다. 당장 mRNA의 안정성은 여전히 숙제다. 비록 안정성을 개선해서 사용하고는 있지만, 영하 20~80도의 온도에 보관해야 하므로 배송이나 장기 보관이 어렵다. 물류 시스템이 제대로 작동하지 않는 후진국일수록 이런 문제는 치명적일 것이다. 또한 개념적으로 아무리 완벽하다 해도, 정말 제대로 작동하는가를 확인하는 것은 코로나19 백신과는 또 다른 차원의 문제다.

그럼에도 불구하고 mRNA를 통한 단백질 치료제 개발은 여전히 많은 관심을 받고 있다. 왜냐면 돈이 되기 때문이다. 애리조나 대학교에서 발표한 통계에 따르면 앞서 언급한 키트루다의 2021년 매출액이 대략 20조 원이었다. 무시할 수 없는 매출이다. 키트루다뿐만 아니라 전체 의약품의 매출 순위를 매겼을 때 키트루다와 같은 단백질 의약품이 상위 30위 중에서 18개를 차지하고 있으며, 이들의 매출액 합계는 270조 원에 이른다. 이런 거대한 시장의 흐름을 재편할 수 있는 실마리가 mRNA 의약품 기술에 숨겨져 있으니 관계자들이 주목하는 것도 무리는 아니다. 참고로 2021년에 삼성전자의 전체 매출액이 279조 원이었다. 30위권 밖에도 생물 의약품은 많다는 점 또한 염두에 두기 바란다.

화학과 생물학이 질병을 바라보는 관점은 많이 다르다. 하지만 서로가 상대방의 다른 관점을 이해하고 힘을 합칠 때 엄청난 시너지가 일어난다는 것은 지금껏 여러 차례 증명이 되었다. 유전자를 바꾼다거나 단백질을 이용하는 연구는 어느 한 분야에서 할 수 있는 일이 아니다. 화학자와 생물학자가 서로 힘을 합쳐야 하는데, 이런 '과학 어벤져스'들의 성과는 인류가 질병과 싸우는 최전선에서 큰 기여를 했다. mRNA 백신의 기초를 닦은 커리코도 '과학 어벤져스'의 한 명이다. 지금도 mRNA 백신과 노벨상을 연결 짓는 사람들이 많은데, 노벨상을 검색하면 관련 검색어로 커리코의 이름이 따라 나오곤 한다.

커리코 외에도 많은 사람들이 이 연구에 동참했다. 그들이 행했던 연구들이 결국 하나로 귀결되고 있는 것인데, 여기서 말하는 그들에는 화학자나 생물학자가 당연히 포함된다. 생물체를 세포 차원이 아닌 유전자와 단백질을 포함한 유기화합물로 인식하는 순간, 생물학자는 화학자와 함께할 수 있다. 그러기 위해서는 서로를 좀 알 필요가 있다. 서로가 무슨 연구를 하는지 조금이라도 알아야 할 것 아닌가.

이런 흐름에 맞춰 학문 체계도 조금씩 바뀌고 있다. 예전에는 화학과 생물학이 별개의 학문 분과로 나뉘었다면 지금은 생화학biochemistry, 화학생물학chemical biology, 화학유전체학chemical genetics처럼 두 학문의 교집합이 자라나고 있다. 단순히 자라나는 차원을 넘어서 이제는 대세가 되었다는 느낌도 든다. 세계 최고의 명문대학으로 손꼽는 하버드 대학교를 예로 들자면, 우리가 흔히들 화학과라고 부르는 곳의 정식 명칭은 '화학 및 화학생물학부 Department of chemistry and chemical biology'이다. 변화는 최첨단에서 먼저 시작되기도 한다.

혼자서는 못해도 둘이서는 어떻게든 하는 경우가 있다. 혼자서 잘하는 것을 둘이서 할 때 더 좋은 결과를 보이는 경우도 많다. 화학자들에게도 이런 친구가 있다. 언제나 함께해왔던, 그리고 앞으로도 함께할 친구, 생물학자들이다.

더 들어가기

인공지능과 신약 개발

화학자들에게 친구가 생물학자만 있는 것은 아니다. 요즘 들어서는 공학자들과도 친하게 지내는데, 5장에서 언급했던 화학반응의 기계화와 같은 여러 분야에서 함께할 일이 많기 때문이다. 화학공학chemical engineering이란 분야는 이제 더 이상 생소한 분야가 아니다. 화학이나 생물학 못지않게 공학이 가지는 영향력도 사회 전반에 걸쳐 있다. 그러므로 힘을 합치는 게 여러모로 도움이 될 것이 분명하다. 그런데 최근에 이런 기존의 영향력과는 차원이 다른 공학적 이슈가 나타났다. 바로 인공지능이다.

인공지능이 못하는 게 뭘까. 운전, 진료, 주식 투자, 바둑, 기사 작성까지 못하는 것이 없다. 그렇다면 신약 개발 과정에서도 인공지능의 도움을 받을 수는 없을까? 지금까지 설명한 것처럼 약을 개발하는 데 소요되는 기간이 너무 길다 보니 여러 가지 문제들이 발생한다. 인공지능으로 이런 과정을 조금 더 앞당길 수는 없을까? 실제로 이러한 연구가 현재 진행되고 있다. 혜성과 같이 등장한 인공지능은 신약 개발 트렌드에 거대한 변화를 몰고 오는 중이다.

우선 인공지능은 합성법을 제시할 수 있다. 화합물을 만드는 방법은 항상 화학자가 고안해왔다. 경험 많은 화학자일수록 예상되는 문제를 잘 파악해서 최적의 합성 경로를 찾을 것이다. 초반에 필요한 물질이 불안정하여 장기 보관이 어렵다든지, 중간에 도입한 작용기가 뒷단계의 반응에 원치 않는 영향을 미친다든지, 반응이 계획한 대로 진행할지를 예측하는 것은 다년간의 경험이 뒷받침되어야만 제대로 판단할 수 있는 문제다. 합성 단계가 길어지면 경험의 차이는 더욱 크게 나타난다. 세 단계 만에 끝나는 합성은 학부생을 데리고 실험해도 되지만, 30단계 만에 끝나는 합성은 경험 많은 박사가 해야 한다. 길 찾기와 유사하다. 최적의 경로를 찾는 것은 경험이 필요하다. 유사한 화합물을 만들어본 경험이 있다면 더 좋을 것이다. 비슷한 길을 가본 사람은 길을 헤맬 가능성이 낮다.

그런데 우리는 정말 길을 찾을 때 경험에만 의존할까? 이전에 가본 길은 경험에 의존해서 갈 수 있지만, 새로운 길을 가야 할 때 우리는 내비게이션이 필요하다. 내비게이션에서 알려주는 경로를 선택하면 최단 경로, 무료 경로, 어린이 보호구역 우회 경로 등 다양한 옵션으로 목적지에 도착할 수 있다. 화합물을 만드는 과정이 최적의 경로를 선택하는 과정이라면 이러한 분야에는 내비게이션을 만들 수 없을까?

알파고가 바둑을 잘 두는 이유는 기보를 많이 보았기 때문이다. 화학에도 기보에 해당하는 자료가 있다. 기존에 알려진 화합물의 합성법은 잘 정리되어 데이터베이스로 존재한다. 그러므로 이 데이터베이스를 잘 조합한다면 그럭저럭 괜찮은 합성 경로를 제안할 수 있을 것이다. 합성법만 데이터베이스로 정리되어 있는 것이 아니다. 검색이 되지 않으면 여행도 못 가고 음식도 못 시켜 먹는 세상이다. 시약회사라고 다를 게 없다. 시약회사는 자신들이 어떤 물질을 얼마에 파는지를 앞다투어 정리·공개·업데이트하고 있다. 그러므로 이런 빅데이터를 이용한다면 시약 가격까지 고려해서 합성 경로를 제안할 수 있다. 화학자들은 인공지능 덕분에 편해졌고, 또 위험해졌다.

인공지능과 관련해서 튜링 테스트라는 개념이 있다. 1950년에 앨런 튜링Alan Turing이라는 수학자이자 암호 해독가가 제안한 개념인데, 컴퓨터 너머로 대화를 나누는 주체가 사람인지 컴퓨터인지 구별하지 못하면 통과하는 인공지능 판별법이다. 화학계에서도 관련 주제가 급부상하고 있다. 숙련된 화학자에게 합성 전략을 보여주었을 때, 이 전략을 사람이 짠 것인지 인공지능이 짠 것인지 판별하도록 하는 방법이다. 화학적 튜링 테스트chemical Turing test라고 불리는 이 방법으로 확인해 보면 사람과 인공지능이 거의 같은 수준에 도달해 있어서 판별이 어려운 수준이다.

다만 인공지능이 제시하는 경로가 완전한 것은 아니다. 자율주행이 위험한 것도 뻔히 막을 수 있는 어처구니없는 사고가 한 번씩 발생하기 때문이다. 인공지능이 제안하는 경로도 마찬가지다. 2019년에 MIT 연구진은 인공지능을 이용해 합성 과정을 고안하고 로봇을 이용해 자동화하는 논문을 〈사이언스〉에 발표했다. 관련 분야에서는 역사적인 성과로 받아들이지만 여전히 한계는 있다. 당장 논문에서도 미흡한 점을 언급하는데, 예를 들면 인공지능이 제시한 반응 용매가 출발물질을 녹이지 못해서 반응이 일어나지 않는 경우 등이 있었다. 이러한 일은 화학자가 경험적으로 해결할 수 있는 문제들이다.

그 뒤로 발전은 없었을까? 현재 일부 데이터베이스에서 제공하는 서비스 중에는 원하는 화합물 구조를 입력하면 합성 경로를 제시하는 프로그램이 있다. 하지만 구조가 복잡해지거나 합성 단계가 길어지면 여지없이 비벅거리며 답을 제시하지 못하거나 엉뚱한 답을 내밀곤 한다. 아직까지는 인공지능이 제시한 합성 경로를 그대로 따라가는 경우가 드물다. 그보다는 하나의 참고 자료로 삼을 뿐이다. 내비게이션이 제시하는 경로도 참고 자료일 뿐, 결국 경험 많은 운전자가 모든 것을 감안해서 운전하는 것과 비슷하다.

인공지능이 강점을 보이는 경우는 합성법을 제시하는 것 외에도 여러 가지가 있다. 신약 개발의 가장 큰 화두는 '어떻게 만들까'와 '무엇을 만들까'로 요약할 수 있다. 그리고 인공지능은 지금 설명한 것처럼 '어떻게 만들까'에 대한 답 못지않게 '무엇을 만들까'에 대한 답, 즉 약이 될 구조도 제시하고 있다. 2021년에 스위스 연구진은 머신러닝을 이용해 원하는 표적단백질에 결합하는 25가지의 구조를 도출했다. 이후 실제 화합물을 만들어 활성을 확인했을 때 12개의 화합물이 예상한 수준의 활성을 보인다는 것도 발표하였다. 거의 절반에 가까운 확률이다. 기존의 활성 검색법으로는 100만 개의 화합물을 시험했을 때 겨우 10여 개의 유효물질을 찾곤 했는데, 그에 비하면 확실히 개선된 방법이라 볼 수 있다.

하지만 이런 성공적인 사례는 그렇게 많지 않다. 또한 생각보다 허점이 많다. 예를 들어, 알려진 표적단백질에 대해서는 기존의 저해제에 대한 정보를 학습했으므로, 기존의 구조를 그대로 제시하는 경우가 많다. 새로운 것을 창조해야 하는데 정작 인공지능은 같은 구조를 제시해버려서 쓸모가 없다. 어떤 알고리즘을 짜느냐에 따라 달라지겠지만 생각보다 이런 창조성에서 허점을 보이는 경우가 많다. 새로운 표적단백질은 어떨까? 머신러닝을 통해 학습할 정보가 거의 없다. 그러므로 뜬금없는 구조를 제시하는 경우가 많고, 이런 물질은 합성했을 때 활성이 나올 확률이 좀 낮은 편이다. 그나마 만들 수 있는 구조를 제시하면 다행이다. 아예 합성도 불가능한 구조를 제시해버리면 답이 없다. 현장 연구소의 목소리를 들어보면 아직은 사람이 제시하는 구조에서 활성이 훨씬 잘 나오는 편이라고 한다. 갈 길이 많이 멀다.

그리고 실제로 의약품 개발에서 병목현상을 일으키는 부분은 화합물을 합성하고 개발하는 초기 단계가 아니다. 후반부의 임상시험에서 훨씬 많은 시간과 노력이 든다. 그리고 실패했을 때의 부담도 커진다. 물론 처음에 잘 만들면 후반부의 임상시험도 잘 통과하겠지만 의약품을 연구하는 초기 단계에서 이러한 가능성을 확인하는 것은 무척이나 어렵다. 인공지능이나 머신러닝이 이런 부분에서 적절한 조언을 해주면 좋겠지만 아직은 먼 미래의 일이다.

위험성도 제시되었다. 2022년에 미국의 한 제약회사에서 발표한 결과에 따르면 약을 만드는 알고리즘을 이용해 화학무기를 만드는 것도 가능하다. 불과 6시간 만에 4만 종의 독성 물질을 제시하는 알고리즘을 개발했다고 하는데, 아무래도 위험하다는 느낌을 지울 수가 없다.

약과 독이 결국 같은 물질이고 중요한 것은 양이긴 하지만, 아무래도 살리는 것보다 죽이는 것이 더 쉽다. 인공지능의 미래가 무조건 장밋빛이지만은 않은 이유다.

표적단백질에 대해서도 인공지능의 조언을 받을 수 있다. 어떤 단백질을 저해해야 원하는 생리적 효과가 나타날지를 예측하는 것은 무척이나 어려운 일이다. 어떤 단백질의 역할을 알아내려면 유전자 조작으로 그 단백질을 완전히 제거하거나 과발현해서 관찰해야 하는데, 유전자 조작이 말처럼 그렇게 쉬운 일은 아니다. 보통은 쥐에게 이러한 유전자 조작을 하는데 쥐와 사람이 다르다는 것도 큰 한계다. 결국 각종 단백질이 가진 특징과 그들이 관여하는 네트워크를 일일이 확인하는 수밖에 없다.

인공지능은 이런 힘든 작업을 도와준다. 각 단백질이 가지는 특징과 생리적 효과, 저해제의 유무, 그들이 속한 체내 시스템 등을 파악하면서 어떤 단백질을 건드렸을 때 원하는 효과가 가장 잘 나타날지 알려준다. 인공지능이 주는 정보는 물론 기존에 발표된 자료를 바탕으로 조합하는 것이지만, 자료가 워낙 방대한 까닭에 사람의 노력으로는 정리하기가 쉽지가 않다. 구글이나 네이버로 아무리 열심히 검색해도 불가능하다.

인간 유전체 프로젝트가 완성되고 인간의 유전자 지도가 정리된 지 벌써 20년 가까운 시간이 흘렀지만, 사람들은 유전자의 특성에 그다지 다가가지 못했다. 그래서 대안으로 나타난 흐름이 단백질에 대한 연구인데, 여기서도 사람이 가진 전체 단백질 중 20퍼센트 정도밖에 연구가 되지 않았다. 인간의 노력으로는 아무래도 속도나 깊이에 한계가 있다. 바둑으로 비유하자면 맨날 같은 수만 두는 것이다. 알파고처럼 생각지도 못한 수를 둬야 판을 흔들고 새로운 약들이 나올 텐데, 기존의 흐름을 깨기는 무척이나 어렵다. 물론 일신우일신하여 나날이 영역을 확장하는 연구자들도 많고 이들의 결과가 합쳐지다 보면 새로운 것이 나올 것은 분명하다. 하지만 이런 과정을 포함해 보다 많은 자료를 정리하고 잊히기 쉬운 중요한 데이터를 정리하는 데 인공지능만 한 적임자도 없을 것이다.

사람들이 이렇게 열심히 표적단백질을 특정하려는 이유는 간단하다. 표적단백질이 활성을 보이는 데 있어서 특히 중요한 부위를 파악하고, 그 틈에 끼워서 거대한 단백질의 움직임을 멈출 수 있는 소중한 돌멩이 하나가 바로 약이 되기 때문이다. 그 돌멩이 하나를 조각하기 위해 분석화학자, 약물학자, 의약화학자, 독성학자, 약제학자와 같은 수많은 전문 인력들이 달려든다.

여기에 인공지능이 더해진다면 더 좋은 결과를 낼 수 있을 것이다. 아직 걸음마 단계이지만 인공지능의 발전 속도는 항상 예측을 뛰어넘는다. 지금도 관련 논문과 알고리즘이 쏟아져 나오고 있고 우리나라에서도 국가 차원에서 전폭적인 지원이 이루어지고 있다. 챗GPT가 신약의 화학 구조까지 제안하는 발칙한 상상을 해본다.

나가는 말

지난 200여 년 동안 신약 개발 기술은 눈부시게 발전했고, 그 과정에서 여러 분자 조각가들이 노벨상을 수상했으며 '마법의 탄환'이라는 찬사를 받는 약들도 여럿 등장하였다. 하지만 신약 개발은 여전히 어렵다. 관련 일을 하면서 귀에 박히게 들었던 하소연이 의약품 개발의 어려움이었는데, 실제로 이 일에 20년 넘게 종사했지만 주변에서 신약을 개발한 경험이 있는 사람은 손에 꼽을 정도다. 모두 해당 분야의 전설 같은 인물임은 두말할 것도 없다.

그럼에도 우리는 이미 많은 약을 복용하고 있다. 『텐 드럭스』를 쓴 과학저술가 토머스 헤이거는 미국인들이 평생 복용하는 약이 5만 개를 넘을 것으로 추정했다. 열악한 미국의 의료 제도와 상대적으로 접근성 좋은 한국의 의료 제도를 비교한다면 한국인도 그보다 약을 많이 먹었으면 먹었지 적게 먹을 것 같지는 않다. 실제로 약국에 근무하는 분들의 이야기를 듣다 보면 처방전에 적힌 약이 너무 많아서 두 장을 넘어가는 경우도 종종 있다고 한다.

신약 개발이 어렵다는 사실과 지금도 우리가 많은 약을 복용하고 있다는 현실은 일견 양립하기 어려워 보인다. 그럼에도 이 명제는 둘 다 명백한 참이다. 자연스럽게 우리는 두 가지 커다란 질문을 해볼 수 있다. 하나는 "이렇게 약 만들기가 어려운데, 지금 먹는 약들은 어떻게 만들었을까?"라는 질문이다. 이 문제는 그나마 역사 속에 답이 존재한다. 우연히 개발해서, 자연을 모방해서, 또는 합리적인 설계를 통해서 등 여러 가지 경로로 개발한 약들이 있다. 한 시대를 풍미한 천재들의 치열한 고민이나, 시대적 아픔을 해결하기 위해 발 벗고 나선 이름 없는 학자들의 피, 땀, 눈물이 어우러진 경우도 본다.

그런데 정말 중요한 것은 두 번째 질문이다. "이렇게 약 만들기가 어려운데, 지금 우리가 먹는 약은 과연 안전할까?"라는 질문이다. 완벽한 약이라는 것, 가령 '신의 물질'이라고 할 만한 약이 존재하지 않는다는 것쯤은 이 책을 여기까지 읽은 독자들이라면 충분히 알 것이다. 생각보다 어설프게 개발된 약이 많고 오래전에 개발된 약일수록 더 그러하다. "약은 독이고 독은 약이다"라는 당연한 이야기가 새삼 무겁게 느껴진다. 사람들이 약을 정확한 용법대로 복용해야 하는 이유이고, 국가에서 약 사용을 불편하게 만든 이유이기도 하다. 그리고 학자들이 안전한 약을 열심히 연구하는 이유도 여기에 있다. 다행히도 많은 노력들이 쌓여서 지금 우리는 그나마 발전한 의약품 개발 플랫폼에서 신약을 연구하고, 신약 개발 패러다임을 진화시키고 있다. 물론 여전히 갈 길이 멀지만 말이다.

이 책에서는 신약 개발 패러다임의 변화를 시간 순서와 의식의 흐름에 따라서 서술했지만 모든 화학자들이 화합물 은행의 고효율 검색 시스템만 사용하거나, 모든 생물학자들이 mRNA 기술과 같은 최신 기법만 사용하는 것은 아니다. 지금도 어딘가에서 고전적인 방식으로 천연물에서 약을 추출하려는 시도를 하고 있고, 가끔은 천연물 그 자체를 혼합물 상태로 시판하기도 한다. 박테리아를 감염시켜 암세포를 죽이려는 시도도 이루어지고 있는데, 이 위험천만한 시도가 생각보다 진전이 이루어져서 관계자들을 설레게 하고 있다. 이 책에서 언급한 방법들은 대부분 현재에도 사용하고 있는 접근법이다. 2023년의 이야기다.

세상사에 답이라는 게 있을지는 모르겠지만, 있다면 하나는 아닐 것이다. 약을 만드는 방법도 마찬가지다. 분자 조각가들은 지금도 어떤 방식으로 조각해야 좋은 약이 나올지를 고민하고 있다. 때로는 시스템도 바꾸고 기술도 개량하면서 안전하고도 효과 좋은 약을 만들기 위해 노력하고 있다. 분자 조각가들이 펼치는 신약의 연금술은 지금도 진행 중이다.

나는 여러분들이 아파서 약 먹는 일이 앞으로 단 한 번도 없기를 바라지만, 그럴 리는 없을 것이다. 언젠가 한 번쯤은 약을 복용할 일이 있을 텐데, 그때 한 알의 약 뒤에 숨은 분자 조각가들의 치열한 고민을 잠깐이라도 떠올렸으면 한다.

여러분의 가정에 건강이 가득하기를 바란다.

참고 문헌

들어가는 말

『마법의 탄환』. 다니엘 바젤라, 로버트 슬레이터 지음. 이충호 옮김. 해나무. 2003년.

Novartis Full Year 2022 Product Sales. www.novartis.com/investors/financial-data/product-sales.

「셀트리온, 매출 1조8908억원·영업익 7539억원… 사상 최대」. 뉴데일리경제. 2022년 2월 16일.

『의약화학 제6판』. 의약화학 편집위원회 지음. 신일서적. 2019년.

1장 운으로 찾아내다

「환상이 안겨준 과학기술의 발전. 이종호의 '과학이 만드는 세상'-21」. 사이언스타임즈. 2004년 12월 27일.

『뉴턴과 화폐위조범』. 토머스 레벤슨 지음. 박유진 옮김. 뿌리와이파리. 2015년.

Mauveine – The Discovery and Inventor. www.rsc.org/Chemsoc/Activities/Perkin/2006/minisite_perkin_mauveine_non_flash.html.

『프랑켄슈타인』. 메리 셸리 지음. 임종기 옮김. 문예출판사. 2008년.

Ian Holme (2006) "Sir William Henry Perkin: a review of his life, work and legacy". *Coloration Technology* 122, 235~251. (doi: 10.1111/j.1478-4408.2006.00041.x)

Jeff C. Michaelson (1993) "Aniline in history and technology". *Endeavor* 17(3), 121~126. (doi.org/10.1016/0160-9327(93)90101-8)

What is Tylenol (Acetaminophen). whatistylenol.weebly.com/history.html

Robert H. Howland (2016) "Methylene Blue. The long and winding road from stain to brain: Part 1". *J. Psychosoc. Nurs. Men.* 54(9), 21~24. (doi:10.3928/02793695-

20160818-01)

Robert H. Howland (2016) "Methylene Blue. The long and winding road from stain to brain: Part 2". *J. Psychosoc. Nurs. Men.* 54(10), 21~26. (doi:10.3928/02793695-20160920-04)

『재미있는 약 이야기』. 강건일 지음. 학민사. 1994년

Søren Brøgger Christensen (2021) "Drugs that changed society: history and current status of the early antibiotics: salvarsan, sulfonamides, and β–lactams". *Molecules* 26, 6057~6088. (doi.org/10.3390/molecules26196057)

K. Brune, B. Renner, G. Tiegs (2015) "Acetaminophen/paracetamol: A history of errors, failures and false decisions". *Eur. J. Pain* 19(7), 953~965. (doi:10.1002/ejp.621)

S. R. David, N. S. Sawal, M. N. S. B. Hamzah, R. Rajabalaya (2018) "The blood blues: A review on methemoglobinemia". *J. Pharmacol. Pharmacother* 9, 1~5. (doi:0.4103/jpp.JPP_79_17)

『전쟁과 약, 기나긴 악연의 역사』. 백승만 지음. 동아시아. 2022년.

2장 자연을 모방하다

『우리는 마약을 모른다』. 오후 지음. 동아시아. 2018년.

Paul R. Blakemore, James D. White (2002) "Morphine, the Proteus of organic molecules". *Chem. Commun.* 11, 1159~1168. (doi.org/10.1039/B111551K).

"Editorial - Chemistry in international relations". *Ind. Eng. Chem.* 1925, 17(6), 554. (doi.org/10.1021/ie50186a604)

M. Gates, G. Tschudi (1952) "The synthesis of morphine". *J. Am. Chem. Soc.* 74, 1109~1110. (doi.org/10.1021/ja01124a538)

Jie Jack Li (2006) *Laughing Gas, Viagra, and Lipitor*. Oxford University Press.

Monroe E. Wall, Mansukh C. Wani (1996) "Camptothecin and taxol: from discovery to clinic". *J. Ethnopharmacol* 51, 239~254. (doi.org/10.1016/0378-8741(95)01367-9)

Robert A. Holton et al. (1994) "First total synthesis of taxol. 2. Completion of the C and D rings". *J. Am. Chem. Soc.* 116(4), 1599~1600. (doi.org/10.1021/ja00083a067)

"Medicinal tree used in chemotherapy drug faces extinction". The Guardian. 2011년 11월 10일. https://www.theguardian.com/environment/2011/nov/10/

iucn-red-list-tree-chemotherapy.
K. C. Nicolaou et al. (1994) "Total synthesis of taxol". *Nature* 367, 630~634. (doi.org/10.1038/367630a0)
Tasiu Isah (2015) "Natural sources of taxol". *Br. J. Pharm. Res.* 6(4), 214~227. (doi:10.9734/BJPR/2015/16293)
Laura E. Walls (2021) "Optimizing the biosynthesis of oxygenated and acetylated Taxol precursors in Saccharomyces cerevisiae using advanced bioprocessing strategies". *Biotechnol. Bioeng.* 118(1), 279~293. (doi:10.1002/bit.27569)
Milan Bruncko, Gunther Schlingloff, and K. Barry Sharpless (1997) "N-Bromoacetamide—A new nitrogen source for the catalytic asymmetric aminohydroxylation of olefins". *Angew. Chem. Int. Ed. Engl.* 36, 1483~1486. (doi.org/10.1002/anie.199714831)
Top 200 Pharmaceuticals by Retail Sales in 2021. njardarson.lab.arizona.edu/sites/njardarson.lab.arizona.edu/files/Top%20200%20Pharmaceuticals%202021V2.pdf.
Tu Youyou. "Artemisinin—A Gift from Traditional Chinese Medicine to the World". Nobel lecture 2015. www.nobelprize.org/uploads/2018/06/tu-lecture.pdf.
C. M. Ball, P. J. Featherstone (2017) "The early history of adrenaline". *Anaesth Intensive Care* 45(3), 279~281. (doi.org/10.1177/0310057X1704500301)
Miguel A. Ondetti (1994) "From peptides to peptidases: A chronicle of drug discovery". *Annu. Rev. Pharmacol.* 34, 1~16. (doi.org/10.1146/annurev.pa.34.040194.000245)
Ana L. Oliveira et al. (2022) "The chemistry of snake venom and its medicinal potential". *Nat. Rev. Chem.* 6, 451~469. (doi.org/10.1038/s41570-022-00393-7)
Mayer B. Davidson, Guy Bate, Peter Kirkpatrick (2015) "Exenatide". *Nat. Rev. Drug. Discov.* 4, 713~714. (doi.org/10.1038/nrd1828)
David G. Parkes, Kenneth F. Mace, Michael E. Trautmann (2013) "Discovery and development of exenatide: the first antidiabetic agent to leverage the multiple benefits of the incretin hormone, GLP-1". *Expert Opin. Drug Discov.* 8(2), 219~244. (doi:10.1517/17460441.2013.741580)
Lotte Bjerre Knudsen, Jesper Lau (2019) "The discovery and development of liraglutide and semaglutide". *Front. Endocrinol.* 10, 155. (doi.org/10.3389/fendo.2019.00155).

『미친 연구, 위대한 발견』. 빌리 우드워드 외 지음. 김소정 옮김. 푸른지식. 2011년.
K. C. Nicolaou, T. Montagnon (2008) *Molecules That Changed the World*. Wiley-VCH.
K. C. Nicolaou, Eric J. Sorensen (1996) *Classic in Total Synthesis I*. Wiley-VCH.
Masahiro Hirama, Tohru Oishi, Hisatoshi Uehara, Masayuki Inoue, Megumi Maruyama, Hiroki Oguri, Masayuki Satake (2001) "Total synthesis of ciguatoxin CTX3C". *Science 294*(5548), 1904~1907. (10.1126/science.1065757)
K. C. Nicolaou et al. (2014) "Synthesis and biological evaluation of QRSTUVWXYZA' domains of maitotoxin". *J. Am. Chem. Soc.* 136(46), 16444~16451. (doi.org/10.1021/ja509829e)
Keitaro Umeno et al. (2022) "Convergent synthesis of the WXYZA′ B′ C′ D′ E′ F′ ring segment of maitotoxin". *B. Chem. Soc. Jpn.* 95(2), 325~330. (doi.org/10.1246/bcsj.20210397)
Stephanie H. Chanteau, James M. Tour (2003) "Synthesis of anthropomorphic molecules: The NanoPutian". *J. Org. Chem.* 68, 8750~8766. (doi.org/10.1021/jo0349227)

3장 사람을 연구하다

「세포로 의학 발전에 공헌한 헨리에타 랙스의 불멸의 삶」. 동아사이언스. 2020년 9월 11일.
『헨리에타 랙스의 불멸의 삶』. 레베카 스클루트 지음. 김정한 · 김정부 옮김. 꿈꿀자유. 2023년.
「[아직 살만한 세상] 황금팔 할아버지의 '1173번째' 마지막 헌혈」. 국민일보. 2018년 5월 16일.
The World's First Alternative for Treating Acute Anemia. media.corporate-ir.net/media_files/NSD/BPUR/reports/bpur_ar01.pdf.
Ahmedin Jemal, Elizabeth Ward, Yongping Hao, Michael Thun (2005) "Trends in the leading causes of death in the United States, 1970-2002". *JAMA* 294(10), 1255~1259. (doi:10.1001/jama.294.10.1255)
「반세기 암과의 전쟁, 승자는 누가 될까」. 서울경제. 2018년 7월 8일.
『암 정복 연대기』. 남궁석 지음. 바이오스펙테이터. 2019년.
Gertrude B. Elion. "The Purine Path to Chemotherapy". Nobel Lecture 1988. www.no-

belprize.org/uploads/2018/06/elion-lecture.pdf.

Frieder W. Lichtenthaler (2002) "Emil Fischer, His Personality, His Achievements, and His Scientific Progeny". *Eur. J. Org. Chem.* 24, 4095~4122. (doi.org/10.1002/1099-0690(200212)2002:24<4095::AID-EJOC4095>3.0.CO;2-2)

「일생이 전성기였던 화학자」. 〈사이언스타임즈. 2019년 1월 30일.

Juan Núñez Valdés, Fernando de Pablos Pons, Antonio Ramos Carrillo (2022) "Gertrude Belle Elion, Chemist and Pharmacologist, Discoverer of Highly Relevant Active Substances". *Foundations* 2(2), 443~456; (doi.org/10.3390/foundations2020029)

Women Who Changed Science – Gertrude B. Elion. www.nobelprize.org/womenwhochangedscience/stories/gertrude-elion.

Gertrude B. Elion – Biographical. www.nobelprize.org/prizes/medicine/1988/elion/biographical/.

Nobel Prize Awarded Women. www.nobelprize.org/prizes/lists/nobel-prize-awarded-women/.

『약의 역사』. 김규원 외 지음. 범문에듀케이션. 2017년.

『바이러스, 사회를 감염하다』. 남궁석 지음. 바이오스펙테이터. 2021년

E. J. Corey, Barbara Czakó, László Kürti (2007) *Molecules and Medicine*. Wiley.

Kathryn H. Pattishall (1993) "Discovery and development of zidovudine as the cornerstone of therapy to control human immunodeficiency virus infection". *The Search for Antiviral Drugs: Case Histories from Concept to Clinic*, 23~43. Birkhäuser.

Jie Jack Li (2022) *Conquest of Invisible Enemies.* Oxford University press.

Ryan P. Joyce, Vivian W. Hu, Jun Wang (2022) "The history, mechanism, and perspectives of nirmatrelvir (PF-07321332): an orally bioavailable main protease inhibitor used in combination with ritonavir to reduce COVID-19-related hospitalizations". *Med. Chem. Res.* 31(10), 1637~1646. (doi:10.1007/s00044-022-02951-6)

Global HIV & AIDS statistics — Fact sheet. www.unaids.org/en/resources/fact-sheet.

Timothy Ray Brown (2015) "I am the Berlin Patient: A personal reflection". *AIDS Research and Human Retroviruses* 31(1), 2~3. (doi: 10.1089/aid.2014.0224)

Ravindra K. Gupta et al. (2019) "HIV-1 remission following CCR5Δ32/Δ32 haematopoietic stem-cell transplantation". *Nature* 568, 244~248. (doi.org/10.1038/s41586-

019-1027-4)

"Timothy Ray Brown tribute unveiled at national AIDS memorial grove". POZ. 2021년 10월 19일. www.poz.com/article/timothy-ray-brown-tribute-unveiled-national-aids-memorial-grove

4장 물질을 창조하다

Atanas G. Atanasov (2021) "Natural products in drug discovery: advances and opportunities". *Nat. Rev. Drug Discov.* 20, 200~216. (doi.org/10.1038/s41573-020-00114-z)

Rolf Huisgen (1986) "Adolf von Baeyer's Scientific Achievements — a Legacy". *Angew. Chem.-Int. Edit.* 25(4), 297~311. (doi.org/10.1002/anie.198602973)

Francisco Sánchez-Viesca, Martha Berros, Reina Gómez (2016) "On the Mechanism of the Baeyer-Drewsen Synthesis of Indigo". *Am. J. Chem.* 6(1), 18~22. (doi:10.5923/j.chemistry.20160601.04)

Francisco López-Muñoz, Ronaldo Ucha-Udabe, Cecilio Alamo (2005) "The history of barbiturates a century after their clinical introduction". *Neuropsychiatr. Dis. Treat.* Dec 1(4), 329~343. (PMCID: PMC2424120)

Zeid Yasiry, Simon D. Shorvon (2012) "How phenobarbital revolutionized epilepsy therapy: The story of phenobarbital therapy in epilepsy in the last 100 years". *Epilepsia* 53, 26~39. (doi:10.1111/epi.12026)

William H. Leake, E. Richmond Ward (1925) "Barbital (Veronal) poisoning". *JAMA* 84, 434~436. (doi:10.1001/jama.1925.02660320026009)

Frank J. Geraghty (1941) "Suicide from the ingestion of Veronal or other barbituric acid derivatives". *Med. Clin. N. Am.* 25(2), 415~422. (doi.org/10.1016/S0025-7125(16)36600-7)

Asher Orkaby, Sukumar P. Desai (2021) "The death of sodium pentothal: The rise and fall of and anesthetic turned lethal". *J. Hist. Med. Allied Sci.* 1~25. (doi:10.1093/jhmas/jrab016)

Leon M. Despres (1947) "Legal aspects of drug-induced statements". *The University of Chicago Law Review* 14(4), 601~616.

"Discussion - Drug-induced statements". *Lancet* 1947, 250(6482), 763. (doi.

org/10.1016/S0140-6736(47)90768-X)
「美 살인혐의 부인하던 종신형 복역수, 옥중 사망」. 연합뉴스. 2012년 3월 8일.
Lloyd D. Mayer, Irving Greenfield (1949) "Barbiturate poisoning. Report of three cases". *Arch. Intern. Med. (Chic).* 84(3), 379~388. (doi:10.1001/archinte.1949.00230030021002)
Chris Woolston (2013) "Death row incurs drug penalty". *Nature* 502, 417~418.
「해맑게 웃던 히스 레저, 그를 죽인 건 조커도 마약도 아니다」. 매경프리미엄. 2020년 6월 26일.
G. T. Bassil et al. (1962) "Thalidomide and glutethimide". *Br. Med. J.* 2, 672~673. (doi.org/10.1136/bmj.2.5305.672)
Teri Randall (1990) "Thalidomide has 37-year history". *JAMA* 263(11), 1474. (doi:10.1001/jama.1990.03440110028006)
"The Nazis and thalidomide: The worst drug scandal of all time". Newsweek. 2012년 9월 10일. www.newsweek.com/nazis-and-thalidomide-worst-drug-scandal-all-time-64655.
"Thalidomide: how men who blighted lives of thousands evaded justice". The Guardian. 2014년 11월 14일. www.theguardian.com/society/2014/nov/14/-sp-thalidomide-pill-how-evaded-justice.
「[분수대] 탈리도마이드를 떠올림」. 중앙일보. 2016년 5월 6일.
J. Sheskin (1965) "Thalidomide in the treatment of lepra reaction". *Clin. Pharmacol. Ther.* 6, 303~306. (doi.org/10.1002/cpt196563303)
"Brazil's new generation of Thalidomide babies". BBC. 2013년 7월 24일. www.bbc.com/news/magazine-23418102.
Lisa Urquhart (2019) "Top drugs and companies by sales in 2018". *Nat. Rev. Drug. Discov.* 18, 245. (doi.org/10.1038/d41573-019-00049-0)
George W. Muller et al. (1999) "Amino-substituted thalidomide analogs: Potent inhibitors of TNF-α production". *Bioorg. Med. Chem. Lett.* 9, 1625~1630. (doi.org/10.1016/S0960-894X(99)00250-4)
이재훈, 방수미 (2006) 「한국인 다발성 골수종의 역학 변화」. *Korean Journal of Hematology* 41(4), 225~234.

「재발·호전 거듭하는 '다발성 골수종'... 4년 새 환자 39%↑」. 동아사이언스. 2020년 1월 17일.

Neil Vargesson (2015) "Thalidomide-induced teratogenesis: History and mechanism. *Birth Defects Res. C-Embryo Today* 105, 140~156. (doi.org/10.1002/bdrc.21096)

Takumi Ito et al. (2010) "Identification of a primary target of thalidomide teratogenicity". *Science* 327, 1345~1350. (doi:10.1126/science.1177319)

J. Blake Bartlett, Keith Dredge, Angus G. Dalgleish (2004) "The evolution of thalidomide and its IMiD derivatives as anticancer agents". *Nat. Rev. Cancer* 4(4), 314~322. (doi.org/10.1038/nrc1323)

Jan Krönke et al. (2015) "Lenalidomide induces ubiquitination and degradation of CK1α in del(5q) MDS". *Nature* 523(7559), 183~188. (10.1038/nature14610)

Etusko Tokunaga et al. (2018) "Understanding the thalidomide chirality in biological processes by the self-disproportionation of enantiomers". *Sci. Rep.* 8, 17131. (doi:10.1038/s41598-018-35457-6)

5장 지금은 어떻게 약을 만들까

R. B. Merrifield, D. W. Woolley (1956) "The isolation and determination of structure of peptides with strepogenin activity. I. Serylhistidylleucylvalylglutamic acid and Serylhistidylleucylvalylglutamylalanylleucine from insulin". *J. Am. Chem. Soc.* 78(2), 358~362. (doi.org/10.1021/ja01583a030)

R. B. Merrifield (1963) "Solid phase peptide synthesis. I. The synthesis of a tetrapeptide". *J. Am. Chem. Soc.* 85(14), 2149~2154. (doi.org/10.1021/ja00897a025)

Bernd Gutte, R. B. Merrifield (1971) "The synthesis of ribonuclease A". *J. Biol. Chem.* 246(6), 1922~1941. (doi.org/10.1016/S0021-9258(18)62396-8)

R. B. Merrifield. "Solid phase synthesis". Nobel lecture 1984. www.nobelprize.org/uploads/2018/06/merrifield-lecture.pdf.

Derek S. Tan, Michael A Foley, Matthew D. Shair, Stuart L. Schreiber (1998) "Stereoselective synthesis of over two million compounds having structural features both reminiscent of natural products and compatible with miniaturized cell-based assay". *J. Am. Chem. Soc.* 120(33), 8565~8566. (doi.org/10.1021/ja981746o)

Walter H. Moos, Clarence R. Hurt, Guillermo A. Morales (2009) "Combinatorial chemistry: oh what a decade or two can do". *Mol. Divers.* 13, 241~245. (doi:10.1007/s11030-009-9127-y)

Ruiwu Liu, Xiaocen Li, Kit S. Lam (2017) "Combinatorial chemistry in drug discovery". *Curr. Opin. Chem. Biol.* 38, 117~126. (doi.org/10.1016/j.cbpa.2017.03.017)

『제약산업학』. 제약산업학 교재편찬위원회 지음. 명지문화사. 2013년.

『텐 드럭스』. 토마스 헤이거 지음. 양병찬 옮김. 동아시아. 2020년.

『사람을 살리는 신약 개발』. 배진건 지음. 메디게이트. 2019년.

Nabil G. Seidah et al. (2003) "The secretory proprotein convertase neural apoptosis-regulated convertase 1 (NARC-1): Liver regeneration and neuronal differentiation". *Proc. Natl. Acad. Sci. USA* 100(3), 928~933. (doi.org/10.1073/pnas.0335507100)

Marianne Abifadel et al. (2003) "Mutations in PCSK9 cause autosomal dominant hypercholesterolemia". *Nat. Genet.* 34(2), 154~156. (doi:10.1038/ng1161)

Jonathan Cohen et al. (2005) "Low LDL cholesterol in individuals of African descent resulting from frequent nonsense mutations in PCSK9". *Nat. Genet.* 37(2), 161~165. (doi:10.1038/ng1509)

「치매약 아두카누맙, '총 쏘고 과녁 그린' 승인인가?」. 메디칼업저버. 2021년 10월 5일.

「탐욕에 꺾인 벤처인의 꿈… 임클론 창업자, 내부자거래로 징역 7년」. 한국경제. 2006년 4월 3일.

「의약품 매출 상위 10개 중 6개가 바이오… 1위 '리피토' 200조」. 바이오타임즈. 2019년 8월 19일.

Hong Jin Yoon, Jie-Hyun Kim, Gi Hyeon Seo, Hyojin Park (2021) "Risk of Cancer Following the Use of N-Nitrosodimethylamine (NDMA) Contaminated Ranitidine Products: A Nationwide Cohort Study in South Korea". *J. Clin. Med.* 10(1), 153. (doi.org/10.3390/jcm10010153)

James Black. "Drugs from emasculated hormones: The principles of syntopic antagonism". Nobel lecture 1988. www.nobelprize.org/uploads/2018/06/black-lecture.pdf.

6장 mRNA와 분자 조각의 미래

「휴미라, 고지혈증 치료제 1위 '리피토' 앞지른다」. 팜뉴스. 2019년 8월 20일.

『인류의 운명을 바꾼 약의 탐험가들』. 도널드 커시, 오기 오거스 지음. 고호관 옮김. 세종서적. 2017년.

『암 정복 연대기』. 남궁석 지음. 바이오스펙테이터. 2019년.

Paul Berg, David Baltimore, Herbert W. Boyer, Stanley N. Cohen, Ronald W. Davis, David S. Hogness, Daniel Nathans, Richard Roblin, James D. Watson, Sherman Weissman, Norton D. Zinder (1974) "Potential Biohazards of Recombinant DNA Molecules". *Science* 185(4148), 303.

『코드 브레이커』. 월터 아이작슨 지음. 조은영 옮김. 웅진지식하우스. 2022년.

『유전자의 내밀한 역사』. 싯다르타 무케르지 지음. 이한음 옮김. 까치. 2011년.

전보영 (2011) 「BCG백신에 대한 고찰과 최근 결핵예방백신 개발 현황」. 주간 건강과 질병 제4권(제36호), 645~648.

Irving H. Goldberg, Murray Rabinowitz (1963) "Comparative utilization of pseudouridine triphosphate and uridine triphosphate by ribonucleic acid polymerase". *J. Biol. Chem.* 238, 1793~1800. (doi.org/10.1016/S0021-9258(18)81139-5)

『mRNA 혁명, 세계를 구한 백신』. 전방욱 지음. 이상북스. 2021년.

「[김우재의 보통과학자] 팬데믹의 희망과 과학자의 고난」. 동아사이언스. 2020년 12월 31일.

Katalin Kariko, Michael Buckstein, Houping Ni, Drew Weissman (2005) "Suppression of RNA recognition by Toll-like receptors: The impact of nucleoside modification and the evolutionary origin of RNA". *Immunity* 23, 165~175. (doi:10.1016/j.immuni.2005.06.008)

Oliwia Andriesa, et al. (2015) "N1-methylpseudouridine-incorporated mRNA outperforms pseudouridine-incorporated mRNA by providing enhanced protein expression and reduced immunogenicity in mammalian cell lines and mice". *J. Control. Release* 217, 337~344. (doi:10.1016/j.jconrel.2015.08.051)

"Moderna's groundbreaking coronavirus vaccine was designed in just 2 days". Insider. 2020년 12월 20일. www.businessinsider.com/moderna-designed-coronavirus-vaccine-in-2-days-2020-11.

「세 번째 mRNA 코로나19 백신 큐어백 끝내 '낙제점'」. 동아사이언스. 2021년 7월 1일.

「독일 큐어백 백신의 낮은 효과, '투여량 부족' 때문일 수도」. 코메디닷컴. 2021년 6월 18일.

Connor W. Colly et al. (2019) "A robotic platform for flow synthesis of organic compounds informed by AI planning". *Science* 365, eaax1566. (doi:10.1126/science.aax1566)

M. H. S. Segler, M. Preuss, M. P. Waller (2018) "Planning chemical syntheses with deep neural networks and symbolic AI". *Nature* 555, 604~610. (doi.org/10.1038/nature25978)

F. Urbina, et al. (2022) "Dual use of artificial-intelligence-powered drug discovery". *Nat Mach Intell.* 4, 189~191. (doi.org/10.1038/s42256-022-00465-9)

Francesca Grisoni et al. (2021) "Combining generative artificial intelligence and on-chip synthesis for de novo drug design". *Science Advance* 7, eabg3338 (doi:10.1126/sciadv.abg33)

Patrick Cramer (2021) "AlphaFold2 and the future of structural biology". *Nat. Struct. Mol. Biol.* 28, 704~705. (doi.org/10.1038/s41594-021-00650-1)

이미지 출처

들어가는 말

8쪽 en.wikipedia.org/wiki/Piet%C3%A0_(Michelangelo)#/media/File:Michelangelo's_Pieta_5450_cropncleaned.jpg

10쪽 content.time.com/time/covers/0,16641,20010528,00.html

1장 운으로 찾아내다

23쪽 commons.wikimedia.org/wiki/File:Frankenstein_wiki.jpg

36쪽 en.wikipedia.org/wiki/File:Queen_Victoria_-Golden_Jubilee_-3a_cropped.JPG

40쪽 en.wikipedia.org/wiki/Dr._Ehrlich%27s_Magic_Bullet

43쪽 americanhistory.si.edu/collections/search/object/nmah_720128

44쪽 dnascience.plos.org/2016/09/22/finding-the-famous-painting-of-the-blue-people-of-kentucky/

52쪽 (좌) www.amazon.ae/Account-Foxglove-some-Medical-Uses/dp/1484938240
(우) en.wikipedia.org/wiki/Portrait_of_Dr._Gachet

2장 자연을 모방하다

63쪽 commons.wikimedia.org/wiki/File:A_busy_drying_room_in_the_opium_factory_at_Patna,_India._Lit_Wellcome_V0019160.jpg

65쪽 chargedmagazine.org/2012/12/bizzare-series-heroin/

67쪽 timesmachine.nytimes.com/timesmachine/1925/06/07/issue.html

73쪽 theguardian.com/environment/2011/nov/10/iucn-red-list-tree-chemotherapy

83쪽 zachrannasluzba.cz/adrenalin-a-mozek-nove-poznatky-stara-dilemata/

87쪽 scmp.com/tech/science-research/article/1840853/chinese-scientists-use-yeast-brew-blood-clot-fighting-snake

95쪽 commons.wikimedia.org/wiki/File:Gila_monster2.JPG

102쪽 twitter.com/curiouswavefn/status/1116435031285592064

3장 사람을 연구하다

114쪽 media.corporate-ir.net/media_files/NSD/BPUR/reports/bpur_ar01.pdf

129쪽 nobelprize.org/prizes/medicine/1988/elion/photo-gallery/?gallery_style=page

140쪽 timesmachine.nytimes.com/timesmachine/1987/03/21/issue.html

147쪽 science.org/toc/science/374/6575

153쪽 poz.com/article/timothy-ray-brown-tribute-unveiled-national-aids-memorial-grove

4장 물질을 창조하다

170쪽 trumanlibrary.gov/photograph-records/59-848

176쪽 riverfronttimes.com/news/william-heirens-chicagos-lipstick-killer-dies-in-prison-2608770

183쪽 Francisco López-Muñoz, Ronaldo Ucha-Udabe, Cecilio Alamo (2005) "The history of barbiturates a century after their clinical introduction". *Neuropsychiatr. Dis. Treat.* Dec 1(4), 329~343. (PMCID: PMC2424120)

191쪽 bonkersinstitute.org/medshow/femsquawk.html

196쪽 helix.northwestern.edu/2009/07/28/the-thalidomide-tragedy-lessons-for-drug-safety-and-regulation/

197쪽 uchicagomedicine.org/forefront/biological-sciences-articles/courageous-physician-scientist-saved-the-us-from-a-birth-defects-catastrophe

200쪽 I. P. Kahawita, D. N. J. Lockwood (2008) "Towards understanding the pathology of erythema nodosum leprosum". *Trans. Roy. Soc. Trop. Med. Hyg.* 102, 329~337. (doi.org/10.1016/j.trstmh.2008.01.004)

5장 지금은 어떻게 약을 만들까

242쪽 astbury.leeds.ac.uk/facilities/biomolecules/solidphase/

6장 mRNA와 분자 조각의 미래

285쪽 themandarin.com.au/141824-nobel-prize-two-women-scientists-share-chemistry-prize-for-the-first-time-for-work-on-genetic-scissors/

찾아보기

ㄱ

ㄴ

ㄷ

ㅇ

ㅈ

ㅊ

ㅋ

숫자

A~Z

분자 조각가들

1판 1쇄 2023년 4월 26일
1판 5쇄 2024년 4월 17일

지은이 백승만
펴낸이 김정순
편집 장준오 허영수
디자인 이강효
마케팅 이보민 양혜림 손아영

펴낸곳 (주)북하우스 퍼블리셔스
출판등록 1997년 9월 23일 제406-2003-055호
주소 04043 서울시 마포구 양화로 12길 16-9(서교동 북앤빌딩)
전자우편 henamu@hotmail.com
홈페이지 www.bookhouse.co.kr
전화번호 02-3144-3123
팩스 02-3144-3121

ISBN 979-11-6405-205-9 03430

* 해나무는 (주)북하우스퍼블리셔스의 과학 브랜드입니다.

아내 최수현 씨와 아들 백건우 군에게 감사드립니다.